1st edition

헤어미용학

Hair and Beauty

장지연 · 서선민

청구문화사

머리말

"시각적인 아름다움을 창조하는 힘, 헤어미용"

저희가 여러분께 제공하는 이 교재는 헤어미용 분야에 대한 폭넓은 지식과 기술을 제공하기 위해 만들어졌습니다. 헤어미용은 우리의 외모와 자존감을 높여주는 중요한 요소 중 하나입니다. 이 교재를 통해 여러분은 헤어 스타일링, 컷팅, 염색, 펌 등의 다양한 기술을 배우면서 헤어미용의 전문가로 성장할 수 있는 기회를 가질 것입니다.

헤어미용은 단순히 머리를 다듬는 것 이상의 의미를 갖습니다. 우리의 헤어스타일은 우리의 개성과 스타일을 표현해주는 도구입니다. 이 교재는 이를 이해하고, 창의적이고 예술적인 요소를 통해 개인의 아름다움을 끌어내는 방법을 가르쳐줄 것입니다.

여러분은 이 교재를 통해 헤어미용의 기초적인 이론부터 실용적인 기술까지 폭넓게 학습할 수 있을 것입니다. 또한, 헤어미용 분야의 최신 동향과 트렌드에 대한 정보도 함께 제공될 것입니다. 이를 통해 여러분은 항상 변화하는 헤어미용 시장에서 최신 지식과 기술을 습득할 수 있을 것입니다.

제1장에서는 미용 분야의 전반적인 진로 선택과 직업군에 대한 안내이며, 2장은 미용에 대한 역사를 수록하였습니다. 3장부터는 헤어미용의 영역별 기술에 따른 이론을 쉽게 이해하고 응용할 수 있도록 수록하였습니다. 그리고 단원별로 요점정리를 하여 그 단원의 중요한 부분을 강조하였으며, 단원별 형성평가를 통하여 본인의 지식 수준의 달성 정도를 확인할 수 있습니다.

이 교재를 통해 여러분은 헤어미용의 열정과 사랑을 키울 수 있을 것입니다. 헤어미용은 사람들의 삶을 더욱 아름답게 만들어주는 특별한 직업입니다. 여러분이 이 교재를 통해 헤어미용의 매력과 잠재력을 발견하고, 성공적인 헤어미용 전문가로 성장할 수 있기를 진심으로 바랍니다. 끝으로 이 교재를 발간하는데 많은 도움을 주신 청구문화사 이상태 사장님, 편집부 여러분들께 감사의 말씀을 드립니다.

2023년 여름
저자일동

목 차

01

헤어미용 직업의 세계

1. 헤어미용의 정의

학습목표

- 헤어미용의 정의를 설명할 수 있다.
- 미용인의 자세를 설명할 수 있다.

1) 헤어미용이란?

헤어미용은 얼굴이나 모발 등을 시술하여 용모를 건강하고 아름답게 관리하는 것을 말하며 헤어, 피부, 메이크업, 네일 등 4가지 영역으로 분류한다. 공중위생관리법 제2조 5항에 의하면 미용업(일반)은 파마, 머리카락 자르기, 머리카락 모양내기, 머리피부 손질, 머리카락 염색, 머리감기, 의료기기나 의약품을 사용하지 않는 눈썹 손질, 얼굴 손질 및 화장을 행하는 영업으로 정의하고 있다. 즉, 헤어미용은 다양한 도구와 재료를 이용하여 커트와 파마, 염색과 탈색 등의 시술로 헤어디자인을 하고 고객의 얼굴과 모발 및 두피를 관리 개선하여 개개인의 외모를 건강하고 아름답게 꾸미는 종합 응용예술분야다. 특히 사회, 경제, 문화의 발달로 생활수준 향상과 소비패턴 및 생활양식의 다양화와 함께 글로벌화가 가속화되고 있는 현대사회구조 속에서 건강하게 즐거운 삶의 질을 유지하려는 인간의 소망과 더불어 아름다워지려는 여성들의 욕구는 지속되고 있다. 이에 많은 여성들은 각자의 독특한 이미지와 아름다움을 표현하기 위해 시간과 노력 그리고 경제력으로 자신을 아름답게 꾸미는데 투자하고 있을 뿐만 아니라 다양한 대중매체의 발달로 인해 최신 트렌드를 빠르게 접하기 때문에 헤어미용의 발달을 가속화함과 동시에 미용인 양성의 필요성이 강조되어 미용교육을 통해 전문성을 갖춘 창의적인 인재를 길러 평생 직업을 갖도록 하고 있다.

Tip

'미용사는 펌, 머리카락 자르기, 머리카락 모양내기, 머리피부 손질, 머리카락 염색, 머리감기, 손톱손질 및 화장, 피부미용, 얼굴의 손질 및 화장을 그 업무로 한다.'로 규정하고 있다.

2. 미용인의 자세

미용인은 고객을 대상으로 용모를 아름답게 관리하는 역할을 담당한다. 따라서 고객에 따라 위생적인 측면과 미적인 측면을 분석하여 고객에게 어울리는 헤어스타일과 메이크업, 피부관리 등 아름다운 용모관리를 위한 조언을 할 수 있어야 한다.

특히 헤어미용은 두피·모발의 상태에 따른 관리와 얼굴형에 따른 헤어스타일을 위한 창의력을 겸비해야 하며 새로운 트렌드에 관한 정보를 신속하게 받아들여 재구성 활용할 수 있도록 해야 한다. 또한 고객이 불쾌함을 느끼지 않고 편안한 분위기에서 서비스가 진행될 수 있도록 하기 위해서는 미용사의 자세가 매우 중요하다.

- 고객에게 예의를 갖추고, 정중하게 대한다.
- 고객과의 약속을 지키고 책임을 다하여 신뢰감을 준다.
- 고객의 상담에 진지하고 적극적인 태도를 보인다.
- 고객에게 심리적으로 편안함과 안락함, 만족감을 줄 수 있도록 주변 환경 청결에 유의한다.
- 고객에게 친절한 상담 및 조언을 할 수 있어야 한다.
- 헤어미용에 관련된 전문 지식을 습득하여 고객에게 정확한 정보 제공을 한다.
- 고객 상담 후 차트를 작성한다.
- 고객의 헤어스타일링에 필요한 미용 기기와 제품을 적절하게 선택 활용한다.

1) 미용의 특수성

미용의 소재는 신체 일부로 각기 다른 개성을 가진 고객을 대상으로 요구사항과 부합된 결과를 만들어내야 하는 시술로써 몇 가지 제한이 따른다.

(1) 의사표현의 제한

미용은 고객 신체를 소재로 하기 때문에 고객의 의사표현을 우선적으로 존중해야 하나, 미용사는 서비스에 대한 설명과 유행스타일을 제안할 수 있으나 고객의 요구사항을 존중하지 않고 자유롭게 시술할 수 없기 때문에 미용사의 의사표현은 제한된다.

(2) 소재 선정의 제한

고객의 신체 일부가 미용 소재이므로 자유롭게 선택을 바꿀 수 없으며, 신체에 행해지는 시술인 만큼 사용되는 제품, 도구와 기구 사용에 대한 정확한 지식과 시술을 통해 사용상의 주의가 필요하다.

(3) 시간적 제한

고객 신체에 행해지는 시술이므로 정해진 시간 내에 작품을 제작하여 완성해야 하기 때문에 시간적 제한을 받는다. 따라서 충분한 미용지식과 숙련된 기술을 갖추어야 한다.

(4) 소재 변화에 따른 미적 효과의 고려

고객에게 직접 시술되기 때문에 고객의 연령, 직업, 메이크업, 의상, 시간과 장소 등에 따른 미적 효과를 고려해야 한다.

(5) 부용예술로써의 제한

작가의 사상을 자유롭게 표현할 수 있는 그림이나 조각 등의 자유예술과는 다르게, 미용은 고객의 요구에 따라야 하는 부용예술로써의 특수성을 갖는다.

2) 미용사의 위생 및 자세

미용사는 건강한 신체와 마음을 유지해야 하며 주변 환경 및 복장, 신체를 위생적으로 청결하게 해야 한다. 자칫 고객이 불쾌함을 느낄 수 있으며, 세균 감염 등과 같은 심각한 문제가 발생할 수 있으므로 기본적으로 전문 미용사는 위생관리에 철저해야 한다.

(1) 위생

- 구취, 채취 등이 나지 않도록 신체를 청결하게 유지하여 고객이 불쾌감을 느끼지 않도록 구강 및 신체 위생에 신경써야 한다.
- 주변을 깨끗하게 정돈하고, 미용시술에 사용된 도구 및 기기는 소독하여 세균에 감염되지 않도록 한다.
- 상담 또는 헤어미용 시술 시 고객의 피부에 상처를 입히거나 혹은 시술 시 방해가 될 우려가 있으므로 손톱은 청결하게 관리하고, 두발을 항상 단정하게 유지하도록 한다.

(2) 용모

- 시술하기 편안한 복장을 착용하되 너무 요란하거나 거부감이 드는 복장은 피해야 한다.
- 고객이 신뢰감을 갖도록 명찰을 부착하여 미용사의 신분을 명확히 한다.
- 신발은 편안한 것을 신고, 고객이 편안한 감정을 유지할 수 있도록 구두소리는 최대한 나지 않도록 한다.
- 고객이 모발이 엉키거나 피부에 상처를 입을 수 있으므로 악세서리를 착용하지 않도록 한다.

(3) 미용시술 시 작업 자세

미용사는 장시간 서서 시술하거나 앉아서 시술하는 직업의 특성에 따라 신체의 일부분이 무리한 힘에 의해 변형되어 신체적 건강을 해칠 수 있기 때문에 건강을 위해 바른 자세로 작업해야 하며, 규칙적인 운동과 식습관으로 건강한 몸을 유지해야 한다. 이는 고객에게도 좋은 이미지를 줄 수 있으며, 바른 자세는 자신의 용모와 태도는 자신감 있는 이미지까지 완성시킬 수 있다.

- 서서 작업 시 다리는 어깨 넓이보다 벌어지지 않도록 주의한다.
- 작업 대상의 높이는 심장의 높이와 평행하도록 하는 것이 바람직하다.
- 작업 시 적정한 힘의 배분을 적절히 사용한다.
- 명시거리는 안구에서 25 cm 정도 거리를 두고 시술하는 것이 적당하다.
- 고객의 샴푸 시 발을 약 15 cm(6인치) 정도 벌리고 등을 곧게 펴도록 한다.
- 얼굴이나 손톱과 발톱 등 앉아서 시술할 경우에는 등이 굽지 않도록 의자에 바르게 앉아 시술할 수 있도록 한다.

3) 미용의 과정

미용의 과정은 하나의 헤어스타일과 화장을 조화롭게 연출하기 위해 디자이너들이 소재를 파악하고 구상한 후 제작하여 보정하는 과정을 거친다. 미용사는 고객의 외모와 개성을 파악하고, 얼굴모양과 표정 등의 특징을 고려하여 전문적인 지식과 숙련된 기술로 모든 면에서 만족할 수 있도록 하는 것이 중요하다.

(1) 소재

고객의 신체를 소재로 하기 때문에 미용서비스 제공을 위해 소재의 특성을 파악하는 단계이다. 고객의 얼굴형, 두상, 모발의 모량과 질감, 모발 상태, 색, 고객의 체형 등의 특징을 정확하게 관찰하고 분석하여 개성미를 파악해야 한다.

(2) 구상

소재를 파악한 후 장점을 부각시키고, 단점을 보완하여 고객의 요구사항을 충족할 수 있도록 작업과정을 계획하는 단계이다. 자신이 고객을 충분히 관찰하여 구상한 계획을 알려주고, 고객의 의견 또는 요구를 참고하여 시술을 계획하는 것을 구상이라 한다.

(3) 제작

제작은 구상을 통해 계획된 작업과정을 구체적으로 표현하는 과정으로 가장 중요한 단계이다. 이에 전문적인 지식과 고도의 기술을 요구한다.

(4) 보정

제작된 디자인을 종합적으로 관찰한 후 균형, 조화, 통일 등을 고려하여 수정·보완하는 단계로 보정작업을 통해 최종적으로 완성하여 고객의 만족감을 높인다.

4) 미용의 통칙

고객에게 미용시술 시 공통으로 적용되는 법칙이다.

연령	고객의 연령층에 따라 선호하는 트렌드가 다르기 때문에 고객의 선호도와 요구에 따라 조화롭게 연출한다.
계절	계절과 기후, 주변 환경에 맞도록 연출한다.
T.P.O	시간, 장소, 상황의 분위기에 맞도록 스타일을 연출한다.

Tip

전문적인 지식이 많다고 하여 고객의 요구사항을 무시해서는 안 된다.
고객의 요구사항이 가장 먼저 고려하고 존중해야 하는 사항이다.

요점정리

1. 미용시술 과정은 하나의 헤어스타일과 화장을 조화롭게 연출하기 위해 미용사들이 소재를 파악하고 구상한 후 제작하여 보정하는 과정을 거친다. 즉 미용의 과정은 소재→구상→제작→수정보완의 단계를 거친다.

2. 미용은 고객의 인체의 일부분이 소재이므로 의사표현의 제한, 소재 선정의 제한, 시간적 제한 등의 특수성을 가지고 있다.

3. 미용은 사람을 대상으로 하는 서비스업이므로 미용시술에 사용된 도구 및 기기는 소독을 하고 위생적으로 청결함을 유지하여 세균감염이 되지 않도록 해야한다.

4. 미용은 헤어미용, 피부미용, 메이크업, 네일미용 등의 분야로 구분할 수 있다. 진로분야에 따라 업무범위가 정해져 있다.

단원 문제

1. 미용의 특수성은 의사표현의 제한, ( ), ( ), 부용예술의 제한이 있다.

2. 헤어스타일을 완성하기 위한 미용의 과정은 ( ), ( ), ( ), ( )순으로 시술한다.

3. 다음 중 미용의 업무에 해당되지 않는 것은?

① 조발
② 머리카락 모양내기
③ 얼굴손질 및 화장
④ 염색

4. 미용사의 사명 중 적당하지 않은 것은?

① 손님이 만족하는 개성미를 살린다.
② 새로운 유행을 손님에게 민감하게 실험 시술한다.
③ 공중위생에 만전을 기한다.
④ 시대풍속을 건전하게 지도한다.

5. 미용사가 미용을 시술하기 전 구상을 할 때 가장 우선적으로 고려해야 할 것은?

① 유행의 흐름 파악
② 손님의 개성 파악
③ 손님의 희망사항 파악
④ 손님의 얼굴형 파악

6. 다음 미용작업 자세 중 틀린 것은?

① 미용사의 신체적 안정감을 위해 힘의 배분을 적절히 한다.
② 다리를 어깨 폭보다 많이 벌려 안정감을 유지한다.
③ 명시거리는 안구에서 25~30cm 유지한다.
④ 작업의 위치는 심장의 높이로 하여 행한다.

7. 미용사의 위생에 해당되지 않는 것은?

① 구취, 채취 등이 나지 않도록 신체를 청결하게 유지한다.
② 주변을 깨끗하게 정돈하고, 미용 시술에 사용된 도구 및 기기는 소독한다.
③ 헤어스타일 시술 시 작업에 용이하도록 손톱을 깨끗이 하면서 약간 길게 한다.
④ 모발을 항상 단정하게 유지하도록 한다.

정답

1. 소재선정의 제한, 시간적 제한
2. 소재 - 구상 - 제작 - 보정
3. ①
4. ②
5. ③
6. ②
7. ③

02
미용의 역사

1. 한국미용의 역사

학습목표

- 한국미용의 역사를 설명할 수 있다.

1) 고대의 미용

우리나라 미용은 단군신화에 등장하는 곰과 호랑이가 인간이 되기 위해 환웅으로부터 마늘과 쑥을 받았다는 단군신화의 내용을 근거로 고조선시대의 미용환경을 짐작할 수 있다. 쑥은 전통적으로 미백효과가 있는 식물로 피부의 잡티제거, 피부병을 예방하는 효과까지 기대할 수 있다고 전해 내려오며, 마늘 역시 미백효과가 있는 것으로 알려져있다. 이를 바탕으로 고조선시대에는 하얀 피부를 이상적으로 여겼음을 짐작할 수 있다. 또한 한민족의 첫 주거지가 박달나무인 단목(壇木) 근처였다는 기록으로는 향유 또는 향료를 발견하여 제사 의식 등에 사용했음을 유추할 수 있다.

원시화장의 시작은 변한, 마한 사람들의 장식을 위한 문신은 장식의 의미와 신분을 구분하기 위한 수단으로 사용되었고, 귀신의 금기색인 붉은색 물감인 단주(丹朱)를 사용하여 표현하였다. 과거 우리 선조는 모든 화장재료를 자연에서 채취하여 사용하였는데 식물의 즙이나 곡물가루, 해조류, 쌀겨, 진흙 등을 이용하여 로션이나 세안제로 이용하였으며, 머리를 감을 땐 창포물을 이용하였고, 오디나 홍화에서 뽑은 홍색소로 색조화장을 했다.

2) 삼국시대

삼국시대는 왕권 중심의 중앙집권적 귀족국가 체제로 왕권이 크게 강화되었고, 귀족들은 정치의 실권을 가지고 귀족회의를 거쳐 국가의 중요사를 결정했다. 삼국은 서로 경쟁하며 중국의 침략에 맞서는 한편 문화적으로 활발히 교류하면서 독자적인 문화를 발전시켰다. 삼국은 각국의 국사를 편찬하였으며 불교 수용으로 왕권강화를 정당화하고 왕과 귀족을 위한 대규모 무덤들이 전해져 내려와 오늘날 이를 바탕으로 삼국의 생활상과 머리형태를 유추할 수 있다.

(1) 고구려

고구려시대의 벽화에 그려져 있는 사람들이 입었던 옷과 문양, 머리형태 등으로 시대의 생활상과 여러 종류의 머리형태 파악할 수 있다.

진파리 1호분에는 미혼 남자와 여자가 모발을 두 갈래로 갈라 머리 위 양쪽으로 묶은 형태인 총각을 하고 있고 각저총과 무용총에는 성인 남녀들이 정수리에 높이 상투를 틀고 있는 것을 볼 수 있다. 특히 남자들은 절풍을 착용하였으며 관료 계급은 착용한 절풍에 2개의 조우를 꽂아 신분을 표시하였고 귀인들은 자주색 비단을 많이 사용하였다.

진파리1호분

각저총

무용총

상투

조우

건괵

덕흥리 고분
(쌍계)

무용총
(묶은중발머리)

각저총
(쪽진머리)

무용총 주실 우벽의 밥상을 든 여성 머리 형태를 보면 후두부 모발을 땋아서 전두부 쪽으로 틀어 감아 올린 얹은머리와 쪽진머리를 한 기혼여성들을 볼 수 있다. 그리고 편리한 생활을 위하여 모발을 낮게 묶어 반으로 꺾은 후 모발 끝이 위로 향하도록 묶어주거나 단발형으로 간편하게 묶은 중발머리를 하였다. 덕흥리 고분벽화에 장년층과 노년층 여인의 머리형태를 보면 머리 좌우에 2개 이상의 모발을 묶은 쌍계를 하고 있다. 이처럼 고구려시대에는 상투나 얹은머리, 머리트는 방법 등이 다양하였으며, 비녀를 사용한 것으로 알려진다.

(2) 백제

백제는 평야가 많고 풍류를 즐기는 여유로운 생활로 국민의식과 예술적 감각이 풍부하였다. 불교를 학문적, 사상적, 예술적으로 발전시켰으며 사찰의 건물을 장식하는 종교미술인 불교회화를 신라와 일본까지 전수하였다.

고란사 벽화

낙화암의 고란사법당 그림을 보면 모발을 땋거나 둥그렇게 환을 지어 구슬로 장식한 쌍환계의 머리형태를 볼 수 있으며 중국문헌인 북사열전에는 '여성은 머리를 땋아 뒤로 늘이되 출가하면 두 갈래로 나누어 머리위에 얹는다.'라고 기록되어 있고, 주서에는 '미혼녀는 모발을 머리 위에 둥그렇게 얹고 한 갈래로 내려 수직하며, 기혼녀는 두 갈래로 나눈다.'라고 기록되어 있다. 이러한 문헌을 보더라도 미혼녀는 길게 늘인 머리를 하였고, 기혼녀는 모발을 땋아서 머리 위에 얹은 머리형을 한 것을 알 수 있다.

쌍환계

(3) 신라

신라는 6세기 무렵 국가의 통치조직을 확대하고 정비하였으며 두개의 골(骨)과 여섯 개의 품(品)에 따라 신분을 나눈 골품제도가 있었다. 특히 신라시대에는 영육일치사상(靈肉一致思想)의 사상의 영향으로 즉 '아름다운 육체에 아름다운 정신이 깃든다.'라는 의미로 남, 여 모두 외모에 대한 관심이 높은 시기였다.

고구려 신라 백제

평민계급과 지배계급을 구분하기 위해 남자는 모자나 관을 착용하였고, 여자는 머리형태에 즐(櫛)과 채(釵)를 사용하였으며 금, 은, 진주 등을 소재로 다양한 머리꾲이를 만들어 사용하였다. 또한 여인들의 머리모양으로는 '북서'와 '구당서'에 모두 '신라여인은 머리를 땋아 두상에 두르고 비단과 구슬로 장식하였다'라고 기록하고 있고, '태평어람'에는 '머리카락이 아름다우며 길이가 길다'고 기록되어 있다. 이러한 기록에 의하면 머리모양은 얹은머리 형태로 신라뿐 아니라 고구려, 백제의 부인들 사이에 공통적으로 보편화되었던 머리모양이었음을 알 수 있다.

3) 통일신라시대

통일신라시대의 귀족들은 막대한 토지와 부를 가지고 권력을 휘두르며 사치스러운 생활을 하였으나 이후 사회가 점차 안정되면서 과학기술과 문화의 발전으로 건축과 조각, 공예품, 미술품 등이 높은 수준에 이르렀다. 또한 불교에 대한 깊은 신앙을 바탕으로 불국사, 해인사, 석굴암의 장엄한 불상, 다보탑과 석가탑, 에밀레종 등과 같은 빼어난 불교문화를 꽃피웠다. 이 시대의 남성들은 관모를 쓰기에 편리하도록 모발을 잘라 팔고 흑건을 썼으며, 자른 모발은 가체를 만들었다. 여성은 모발을 길러 땋은 후 머리에 두르고 비단이나 구슬로 장식하고 가체를 사용하여 높은 얹은머리를 하였다.

4) 고려시대

고려는 북진정책을 내세워 거란과 여진에 대하여 강경한 입장을 고수하고 중국 송나라와는 우호관계를 맺었다.

경남 밀양에서 발견된 고려시대 고분벽화에 있는 아환계는 중간 가르마를 타고 양쪽 귀 밑으로 둥근 환을 지어 내린 형과 하나의 환을 머리 위에 올리고 양쪽 귀 밑으로 둥근 환을 지은 형, 양쪽 귀 밑으로 둥근 환을 지은 다음 머리위에 연꽃 장식을 한 형, 꽃 대신 모자를 쓴 형 등이 있다. 즉, 환을 지었을 때 가운데가 비어있지 않은 아계와 가운데가 비어있는 환계로 나눌 수 있다.

이후 원나라의 영향을 받아 여성들은 모발을 양쪽으로 나누어 묶은 쌍수계를 하였고 남성들은 정수리 부분을 남겨두고 두정부 주변을 깎은 후 남겨둔 모발을 땋아 늘이는 몽골의 풍습인 개체변발을 하였으며 이 머리형은 임금과 신하들이 우선적으로 하였다.

추마계
한희재야연도

아환계
밀양고분벽화

개체변발
공민왕

Tip

기생의 분대화장 유행, 개체변발을 한 사람은 궁에 사는 왕족과 신하들, 백성의 일부였으며, 그 후 본래의 고유한 수발 양식인 상투와 얹은머리로 되돌아갔다.

5) 조선시대

조선왕조는 성리학을 나라를 다스리는 근본사상으로 삼아 삼강오륜에 따른 행실이나 충효, 가례, 군주에 대한 충성과 가부장제도 등을 마련키 위해 숭유정책과 함께 경국대전의 법적 체계를 성종대에 완성하였다. 경국대전은 전형적인 문치주의를 표방하고자 백성을 중인화 또는 서민화한 반면 예술인을 법적으로 천민화하여 신분의 차별을 정착시켰다.

조선시대의 신분은 양반과 평민의 이중구조이며 이때 반가의 규수들은 귀밑머리로 귀를 가렸으나 서민들은 귀를 가리지 않았다. 혼인 전날 관례에는 모발을 후두부에 둥글게 틀어 환을 지어 비녀를 꽂은 쪽진(낭자)머리형을 하였으며, 이를 도와주는 수모(首母)의 손을 복수(福手)라 하였고 신부의 친구나 친척 중에서 선택하는 풍속이 있었다. 즉 모발을 땋아서 늘어뜨렸는지 아니면 쪽진 낭자를 지었느냐에 따라 미혼과 기혼을 구분 지었다.

(1) 쪽머리

조선시대에는 쪽진 머리형태를 북계, 후계, 낭자머리라 하였으며 쪽은 결혼한 여자가 모발을 가지런히 빗어 후두부에 모아 땋은 후 목덜미 중앙에 둥글게 지어 비녀를 꽂아 결혼한 여자들의 머리모양이며 이마 가운데 가르마를 타고 땋은 다음 후두부에 한데 모아 검정댕기 또는 자주댕기로 묶었으며 상(喪)시에는 흰색댕기로 묶었다.

꾸밈족두리

비녀

댕기

(2) 새앙머리

궁중 여인들의 새앙머리는 모발을 후두부에서 묶은 후 두 갈래로 나누어 땋고 다리를 이용하여 땋은 한 쌍을 매개댕기로 묶었으며 댕기의 색깔로서 계급을 나타냈다. 양반가의 규수들은 정초나 동지에 입궐할 때 새앙머리를 하고 떨잠이나 봉, 나비 등이 조각된 뒤꽂이 등으로 장식하였다. 일반 규수도 내인으로 들어가면 궁중 제도에 맞춰 새앙머리를 해야 했다.

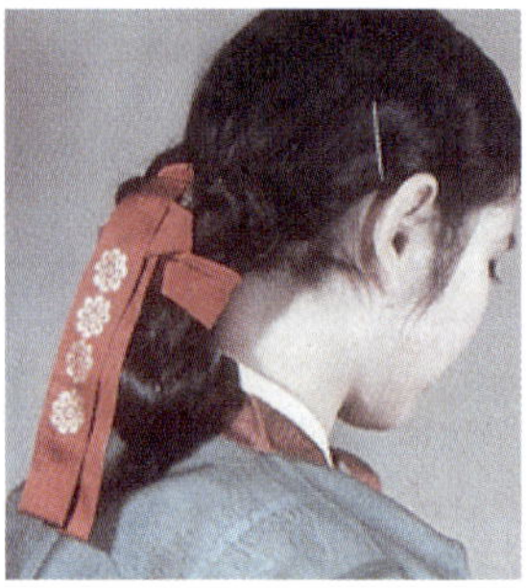
비녀

댕기

(3) 어여머리

어여머리는 궁중 또는 왕가 부녀들과 지밀상궁, 의식 또는 혼인할 때 하는 부녀자의 머리형으로 금, 옥, 진주 등을 사용하여 화려하게 꾸몄으며 어유미라고도 하였다. 특히 대례복을 입고 예장 할 때 머리에 솜 족두리나 어염족두리를 쓰고 그 위에 2줄로 돌린 큰 가체를 머리둘레 얹어 화잠으로 장식하였다.

어여머리

(4) 대수머리

대수머리는 궁중에서 대례를 행할 때 왕비나 공주, 옹주가 대례복 차림에 가체로 제작된 다리를 착용하였다. 다리는 모발을 어깨까지 곱게 빗어 내려진 양끝에 봉이 조각된 비녀를 꽂고, 뒤쪽은 모발을 두 갈래로 땋아 자주색 댕기를 늘이고 전두부에 떨잠과 봉 비녀로 장식하였다.

대수머리

떨잠

(5) 얹은머리

얹은머리는 직급에 따라 그 형태를 달리하여 가체를 사용하기도 하였으나 신분이 낮은 여성들은 가체사용을 하지 못하였다. 이 시대의 얹은머리는 5가지 유형이 있다. 첫째 유형은 후두부에서 한 가닥으로 묶은 후 두 갈래로 땋아 가닥을 엇갈리게 하고 오른쪽 가닥은 왼쪽 귀 뒤편으로 대고 왼쪽 가닥은 오른쪽 귀 뒤편으로 올려 앞이마에서 맺는다. 둘째 유형은 후두부에 묶은 후 후두부 중앙부에서 약간 왼쪽으로 기울여 위로 올린 다음 이마의 중앙 가르마 쪽에서 또아리 모양으로 둥글게 틀고 그 밑으로 두 개의 모 다발을 모아 왼쪽으로 내리고 땋은 머리 한 가닥으로 크고 둥글게 만들어 검정이나 자주색의 길이 45~50 cm, 폭 3~4 cm의 댕기를 드렸다.

셋째 유형은 반가 부녀들의 머리형으로 숱이 적은 다리를 사용하여 장식하여 왼쪽으로 귀를 덮는 환이 없는 얹은머리 유형이었다.

넷째 유형은 다리를 사용하지 않고 본인의 모발을 후두부에 묶은 후 두 갈래로 나누어 약간 꼬아서 뒤에서 앞으로 돌린 다음 앞 가르마에서 맺은 일반 부녀들의 얹은머리이다. 다섯째 유형은 코머리로 본인의 모발을 한 갈래 또는 두 갈래로 땋아 빨간 댕기를 한 후 머리에 한 바퀴 돌려남은 모발과 댕기를 옆으로 고정시키는 머리모양으로 하였다. 지방 관청 소속인 우두머리 기녀들이 앞머리에 첩지를 달고 옆선에 붉은 긴 선으로 묶어 신분 표현하기도 하였다.

가체

얹은머리

(6) 떠구지머리

어여머리에다 나무재질로 된 떠구지를 후두부 세워 올리면 떠구지 머리모양이 되고 떠구지 머리모양에다 후두부 쪽에 땋은 모발로 어깨선까지 펼쳐 봉이 조각된 비녀로 고정시키면 대수머리가 된다. 품계에 따라 양반 부녀자들은 질 좋은 다리를 사용하여 크고 보기 좋게 얹고 빨간 댕기를 매었다.

봉비녀

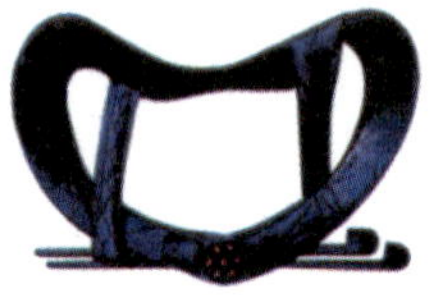

떠구지

떠구지머리

(7) 첩지머리

첩지머리는 조선시대 왕비를 비롯한 내·외명부가 첩지를 머리에 사용하여 장식을 하였으며 왕비는 도금으로 만든 용첩지를, 비와 빈은 도금한 봉첩지를 사용하였고, 정경부인은 도금 개구리첩지를, 정부인은 두미(頭眉)만을 도금한 개구리첩지를, 상궁은 개구리첩지를 사용했으며, 부모상이나 남편상을 입었을 때 흑각 개구리첩지를 사용했다. 어린 내인은 궁에서 15세가 되면 신랑 없이 관례식을 치를 때 모발을 땋아서 쪽을 짓고 첩지를 매었다. 그 외의 경우에는 은, 개구리첩지로 통용되었다. 이렇듯 첩지의 장식문양과 형태, 재료에 따라 신분을 나타내기도 하였다.

첩지

용첩지

봉첩지

개구리첩지

(8) 트레머리

트레머리는 얹은머리에 가체를 높고 풍성하게 얹고 비녀를 꽂고 댕기로 장식하여 아름답고 화려하게 올린 머리모양이다.

트레머리

족두리

화관

(9) 조짐머리

조짐머리는 전두부 가르마에 첩지를 올리고 첩지 끈을 쪽진머리에 얹어 연결하였다. 반가부녀의 머리모양으로 종친이나 양반집의 부녀자들이 문안 차 입궐할 때 첩지와 더불어 쪽을 지었으며 지밀상궁들은 아침에 침전에 올라갈 때는 어여머리에 족두리를 쓰고, 저녁근무일 때는 조짐머리를 하였다.

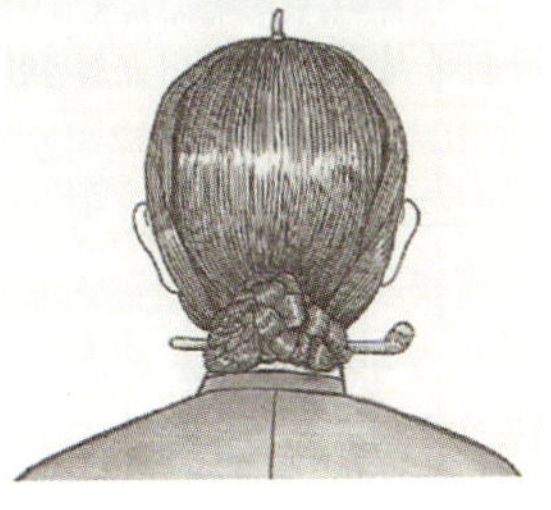
조짐머리

5) 근대

19세기 후반 중국, 일본 등 주변 나라들이 서구열강들에 의해 강제 개항을 하게 되고, 1904년 러·일 전쟁에서 승리한 일본은 영국, 미국 등과 군사동맹을 맺으면서 조선의 지배를 계획하여 1905년 11월 조선의 주권을 빼앗는 을사조약을 강제로 맺었다. 이때부터 일본은 무단통치와 경제수탈을 하기 시작하였고 민중은 노예와 다름없는 고통스런 생활을 이어가야 했다. 일본의 탄압이 심해지면서 여성들은 생활한복 착용과 함께 머리모양이 변화되었다. 개화기에는 젊은 여성들과 직업여성들 사이에 단발령이 확산되기 시작하였고 이때 일본 유학을 하고 돌아온 신여성들의 단발 헤어스타일은 여대생들 사이에 널리 퍼졌다. 이후 영화문화가 일어나면서 배우들의 헤어스타일을 선호하게 되어 짧은 헤어스타일과 퍼머넌트 헤어스타일이 지속적으로 유행하였다.

6) 현대

1894년 고종 31년 일본을 위주로 한 개혁파 김홍집 내각은 갑오개혁을 단행하여 정치, 경제, 사회, 문화 전반에 걸쳐 개혁 작업을 진행하였다. 이중 하나가 단발령으로 고종 자신부터 머리카락을 잘랐다. 갑오개혁 이후 서양문물이 들어오면서 외국공관의 외교관 부인들과 여선교사들의 양장차림과 퐁파두르 스타일의 머리에 모자를 착용하였으며, 이화학당과 정신여학교가 설립되어 서양식 교육을 통해 신여성이라는 말이 나오게 되었다. 또한 우리나라 최초의 문학사인 하란사가 미국 유학을 마치고 양장차림에 모자를 쓴 새로운 헤어스타일로 귀국하여 장안의 화제를 불러 일으켰으며, 1907년에는 동경유학을 마친 최활란은 당시 동경에서 유행하던 앞머리를 덮은 히사시가미를 한 후 구두를 신고 검정 통치마를 입고 귀국하여 당시 최첨단의 새로운 여성스타일로 화제가 되었다. 이 머리 모양은 당시 이화학당의 학생들이 따라하였으나 오래가지 못하였고, 뒤를 이어 트레머리가 유행하였다. 트레머리는 옆가르마를 타서 빗고 뒷머리를 땋아 뒤에다 넓적하게 틀어 붙이는 머리모양이었다. 또한 1907년 3월에 개량한복이 인허를 받으면서 여성들의 헤어스타일에도 변화를 가져와 1910년에는 쟁머리, 트레머리를 많이 하였다.

고종황제 (상투를 자른) 김활란 (1913년 이후 최활란) 최승희

새로운 패션의 변화에 발맞춰 여성의 미용을 위한 전문 미용실이 생기면서 최초의 미용사가 등장하였다. 제1차 대전 이후 헤어스타일은 기능적으로 변화되면서 단발머리가 유행하게 되었고 단발스타일을 대표할 수 있는 신여성 중 당시 무용가인 최승희에 의해 신여성과 멋쟁이 여성들 사이에서 급속히 유행으로 퍼져나갔다.

1930년대 여성들의 활동이 더욱 활발해지면서 문학, 예술, 교육 등 각 분야에서 확고한 위치를 차지하여 다양하고 깊이 있는 활동을 전개하였다. 이때 우리나라 여성 최초로 미용실을 개설한 오엽주는 일본에서 미용공부를 하고 돌아와 1933년 화신백화점 안에 화신미용실을 개설하였으며, 이는 장안의 화제가 되었고 퍼머 값은 지금은 상상할 수 없도록 비싸서 한 번 퍼머하는데 쌀 두 섬 정도의 가격이었으나 부유층 여성들과 멋쟁이 여성들은 앞 다투어 줄을 섰다고 한다. 그 당시 퍼머는 전기 퍼머 또는 히트 퍼머로 열을 이용한 웨이브였으며, 퍼머뿐만 아니라 아이론, 마사지, 염색 등을 시술하였고, 고객은 주로 기생들과 멋쟁이 신여성, 영화배우, 연극단 배우들이 주요 고객이었다.

1945년 8월 15일, 우리 민족은 일제의 식민통치에서 벗어났으나 미국과 소련이 남북을 분할 점령하였으며 1947년에 열린 제2차 미소공동위원회의의 실패로 민족의 분단국가 수립이 현실화 되었다. 특히 광복 후 오엽주는 제일 먼저 미용학원을 개설하였으며 뒤를 이어 임형선이 예림 미용학원, 권정희가 정화고등기술학교를 설립하여 많은 미용인을 배출하였다. 이렇게 미용교육기간이 생겨나면서 1947년에는 미용사자격시험 준비위원회가 구성되면서 1948년 10월 1일 서울시청에서 제 1회 미용사 자격시험이 이루어 졌다. 시험과목은 환경위생 중 소독법에 관한 이론시험과 핑거웨이브, 세트, 퍼머의 실기시험으로 서울 위생과에서 시행하였다. 이후 미용실을 개설하려면 자격시험 합격증이 있어야 했다.

1960년은 자유당의 장기 집권에 항거하여 고등학생부터 대학생, 교수, 지식인들까지 일어난 4.19의거와 이후 5.16 군사 혁명으로 등의 사회적인 현상과는 달리 여성들의 헤어스타일은 새롭게 변하여 갔다. 크라운 부위에 백콤을 넣거나 헤어싱을 넣어 볼륨을 형성시켜 높은 헤어스타일을 연출하였다. 1980년부터는 다양한 컬러와 굵은 웨이브가 유행하기 시작하였고, 현재는 다양한 커트와 컬러, 헤어드라이, 업스타일, 가모와 두피관리 등이 최신 트렌드에 맞추어 활성화되고 있다.

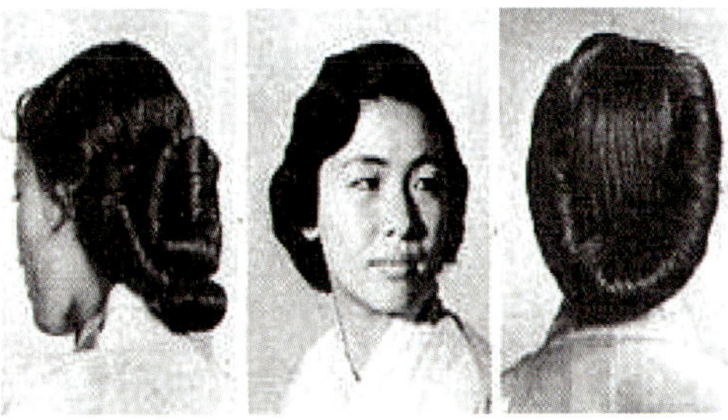

1930년대 후반 헤어스타일

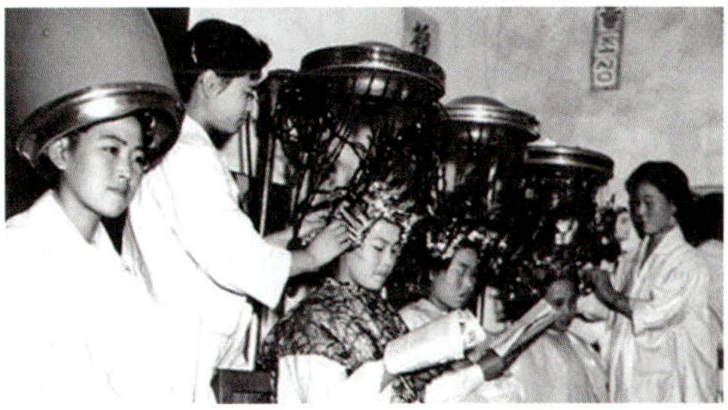

미용사들의 활동

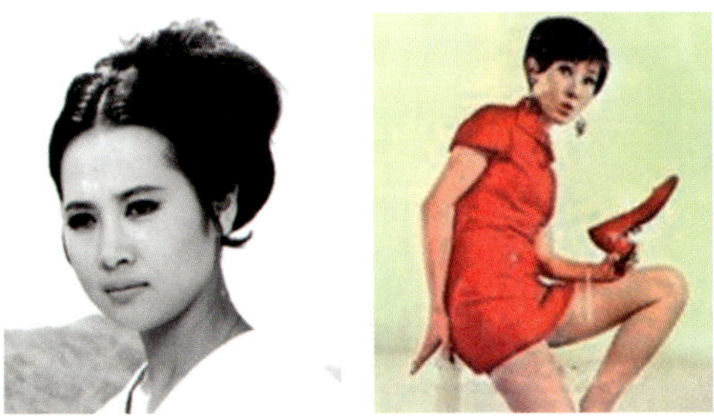

1960년대 헤어스타일(짧은머리: 윤복희)

1970년~1980년대

1980년대 여대생과 직장여성을 중심으로 바리깡과 레이저를 사용하여 펑크헤어, 디스코 머리와 같은 중성적인 헤어스타일이 유행하였다. 커트와 퍼머의 디자인이 다양해졌고, 최신 미용기구가 많이 등장하였다. 80년대 말에는 긴 머리의 굵은 퍼머 스타일과 스트레이트가 계속 유행하였고, 전체적인 염색보다는 포인트를 주거나 대담한 컬러가 사용될 만큼 헤어컬러링은 헤어 패션에 필수적인 요소로 자리 잡았다. 1981년에는 대한 미용사회에서 '미용회보'를 발간하여 국내의 미용정보를 파악할 수 있었고 미용인은 예술가라는 긍지를 갖게 되었다.

1990년대에는 개성을 추구하는 풍조가 정착되는 시기로 60년대 복고풍으로 돌아가 크라운 부위에 퍼머로 양감을 살리고 앞부분은 롤 스트레이트를 한 로맨틱 보브가 유행하기 시작하였다. 퍼머는 다양하게 개발된 특수 로드에 의해 진행되었고, 코팅 퍼머가 유행하면서 퍼머와 컬러를 동시에 할 수 있었다. 헤어 컬러링은 더욱 다양해지면서 머리 전체를 염색하거나 머리카락을 부분적으로 블리치하여 각자의 개성에 맞는 색으로 염색하기도 하였다. 90년대 말에는 퍼머와 염색 등에 의해 손상된 모발 건강을 생각하면서 모발 재생 개념으로 클리닉이 유행하였고, 모발 전문 관리실도 등장하였다. 1991년에는 전문대학에서 미용과 또는 피부관리과가 개설되면서 미용학이 학문으로 인정받기 시작하였다.

Tip

1982년에는 세계미용연맹 CIC와 OAI에 정식 회원국으로 가입하면서 36개 회원국의 일원이 되었다.

2. 서양의 미용 역사

학습목표

- 서양미용의 역사를 설명할 수 있다.

1) 고대

(1) 이집트(Egypt)

나일강 유역에 거주한 이집트인들은 뜨겁고 건조한 아열대성 기후에 적응할 수 있고 직사광선을 피하기 위해 남녀 모두 가발(wig)이나 머릿수건인 네메스를 사용했다. 초기에는 린넨과 종려나무 섬유로 만든 가발을 착용하였으나 후기에는 울이나 모발로 부피를 크게 만들어 모자처럼 착용하였다. 초기의 가발은 길이가 짧고 각이진 단발형태였으나 후기에는 폭이 넓고 길이가 길어지면서 구슬, 리본, 꽃, 금 등으로 장식하였다. 가발 착용 후에 통풍을 고려해 그물로 된 캡(cap)으로 머리와 캡 사이에 공간이 있도록 제작하여 머리의 열이 발산되고 통풍이 잘 되도록 하여 시원한 효과를 주었다. 일반적으로는 검정색이 많았으나 식물성 염료를 사용하여 청색과 황금색으로 염색하여 사용하였으며, 나일강 유역의 진흙과 물을 혼합하여 모발에 바르고 둥근 나무막대를 이용하여 모발에 감은 후 태양에 말려 곱슬한 웨이브를 형성하는 일시적인 퍼머넌트웨이브를 연출하였다.

이집트 벽화

(2) 그리스(Greece)

그리스 시대는 머리를 풀어내려 목에서 자유롭게 묶는 형태가 유행하였으나 후기에는 후기에는 의상이 화려해지면서 머리치장에 관심이 많아져 머리를 깨끗이 하고 컬을 만들거나, 잿물로 모발을 표백한 후 노란 꽃을 으깬 물에 헹구어 황금색으로 착색하고 화려한 의상과 함께 머리장식도 복잡해져 머리를 뒤로 틀어 올려 그물이나 리본, 긴 밴드로 묶거나 머리쓰개를 쓰고 핀을 꽂는 머리모양을 하였다.

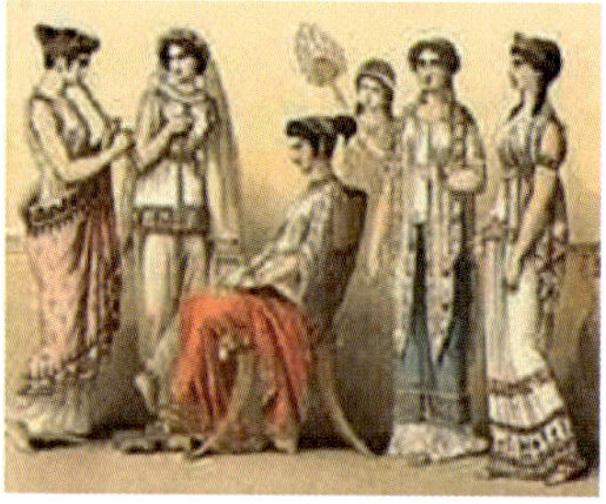

(3) 로마(Rome)

로마인은 소박하고 정교한 아름다운 머리모양을 주로 하였으며 앞 가르마를 타고 양쪽 머리를 곱슬거리게 늘어뜨리거나 전체적으로 짧게 컬하는 머리모양을 하였다. 이후 전두부에 작은 컬로 높게 하고 뒷머리는 땋아서 늘어뜨리거나 위로 둥글게 말아 쌓아 올리고 리본과 진주, 보석 등의 장식품으로 치장하였다.

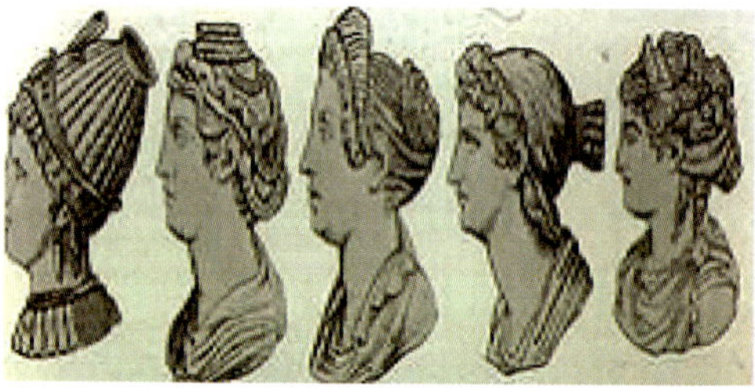

2) 중세

중세 초기의 귀부인들은 황금이나 가는 은, 밴드 등을 머리에 장식하였으나 일반적인 여자 머리형은 남자와 같이 자연 그대로의 머리를 내려뜨리거나 양 옆으로 길게 땋아 내리는 형을 하였다. 중기의 상류층 여자들은 어린아이의 모자와 같이 끈으로 턱에다 묶는 작은 모자형태의 코이프(coif)를 착용하기 시작하였으나 일반 여자들은 앞 가르마를 타고 모발을 두 가닥 또는 세 가닥으로 길게 땋거나, 모발과 리본을 함께 땋아 길게 늘어뜨렸다. 수녀와 미망인, 일반 부녀자들은 윔플(wimple)이라는 흰색의 베일을 외출할 때 또는 종교 행사 때 사용을 하였다.

말기에 들어서 젊은 여성들은 모발을 느슨히 늘어뜨렸고 기혼 여성은 모발을 전부 위로 올린 후 밴드 또는 끈으로 묶거나 머리 중앙에서 가르마를 가르고 양쪽으로 땋아 둥글게 환을 지어 양 귀를 덮는 스타일을 하고 도크형의 관을 쓰거나 금, 은, 견사와 보석으로 장식한 그물망(net)을 덮어쓰기도 했다.

3) 근세

(1) 르네상스 시대

르네상스 시대 여자들은 앞 이마를 드러내고 머리에 꼭 맞는 모자를 썼다. 모자를 쓰지 않을 경우에는 양 옆 사이드 모발에 컬을 형성시키고 나머지 모발은 간단하게 뒤로 모아서 장식하기도 했다. 이 시기에는 목을 강조하며 얼굴형을 각지게 보이도록 하기 위해 게이블드 헤드드레스(gabled headdress) 등을 사용하였으며 다양한 색상의 모자와 베일 그리고 장식에 많은 변화가 있었다.

(2) 바로크 시대

바로크 시대의 여성 머리모양은 칼라 둘레와 크기의 영향을 받아 다양하게 변화했다. 17세기 초에 대형 러프나 부채형 모양으로 세운 위스크 칼라가 유행하여 머리모양을 높게 연출하였다. 또한 귀족적인 분위기를 나타내기 위해 가발을 이용한 헤어싱을 넣고 포마드로 굳혀서 높이 빗어 올린 후 보석과 진주로 장식된 핀을 꽂았다. 이후 플랫칼라가 유행하면서 높은 헤어스타일은 없어지고 자연스러운 컬을 어깨 위로 늘어뜨려 풍성하게 보이도록 하며 머리 위에 리본 또는 새털로 장식을 하기도 하였다. 루이 14세 시대에는 귀족적인 의상에 어울리도록 탑 부분을 부풀게 하여 퐁탕주(fontange)라는 우아한 헤어스타일을 하였다.

(3) 로코코 시대

18세기 초까지는 바로크 시대에 유행했던 퐁탕주(fontange)형을 많이 하였으나, 루이 14세 이후에는 머리카락을 부풀리지 않고 뒤로 빗어 넘긴 낮은 머리형으로 조화나 리본, 레이스 캡, 깃털 등의 섬세한 장식을 한 퐁파두르(pompadour)형이 유행하게 되었다. 1760년경이 되면서 여자 머리형이 점차 높아지고 그 위에 장식 등으로 높게 쌓았다. 헤어디자이너 레오나드 오티에는 마리 앙투아네트의 머리모양을 고안하였고, 모든 여자들은 계급에 관계없이 여왕의 머리모양을 모방하여 그 크기가 상상을 초월한 거대한 높이와 장식을 하였다. 귀부인들은 약 10일 간, 중류계급의 여인들은 3개월 정도까지 빗지 않아 악취와 가려움증이 극에 달했다. 이를 해소하기 위해 황금이나 상아로 만든 가늘고 긴 빗을 사용하여 머리를 긁었고 향수가 널리 사용되었다. 또한 로코코 시대는 주로 남자들이 미용사를 하였고, 파리에 학원을 운영하여 후진 양성을 하였으며 예술가로서의 자부심을 가지고 있었다. 1795년경부터는 궁중의 공식적인 행사에만 높은 머리형을 하였고 간소한 복장과 자연스러운 헤어스타일을 하였다.

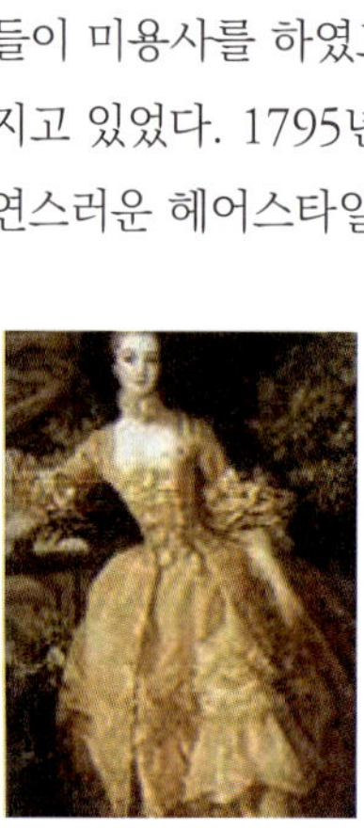
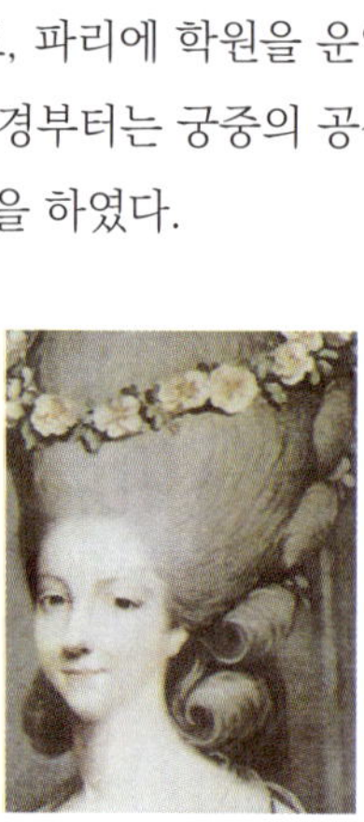
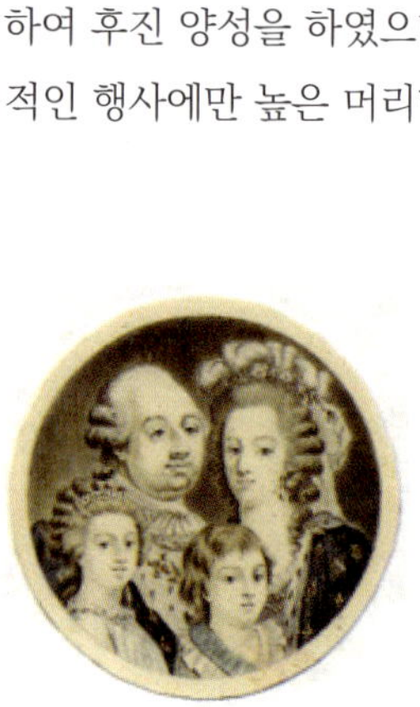

3) 근대

(1) 나폴레옹 1세 시대(1789~1815)

이 시대에 여자들의 머리형태는 로마 황제 티투스(titus)의 머리모양처럼 고대풍의 단발머리를 하였으며, 짧게 자른 머리에 컬을 형성시켜 밴드를 착용하거나 중간 가르마를 타고 귀 아래쪽에서 컬을 하여 부풀린 상태의 머리모양을 하기도 하였으며 앞머리는 자연스럽게 내리고 나머지 모발은 컬을 하여 올리고 리본과 깃털로 장식된 챙이 넓은 모자를 착용하기도 하였다.

(2) 왕정복고 시대(1815~1848)

이 시대는 귀족을 연상케 하는 상류사회의 생활 중심이 되었고 귀족적인 화려함과 환상적이고 로맨틱한 분위기를 연출 표현하려고 했다. 여성들은 중간 가르마를 타고 양옆으로 컬을 형성하여 귀 위쪽에서 부풀게 한 머리형과 컬을 한 머리의 일부는 두정부 쪽으로 올리고 나머지 머리는 귀 아래로 내려서 챙이 넓은 모자에 꽃, 깃털 등의 장식을 하고 착용하였다. 모자를 착용하는 방법, 옆으로 또는 뒤로 젖히는 등 멋을 가하여 여성스러운 분위기를 연출하였다.

(3) 나폴레옹 3세 시대(1848~1870)

나폴레옹 3세 시대의 여자들은 여성적인 머리형을 선호하여 앞이마에서 가운데 가르마를 타고 아이론을 사용하여 강한 컬을 형성시킨 머리를 양쪽으로 자연스럽게 늘어뜨렸다. 여기에 바볼레(bavolet)을 착용하였다. 이 시대에는 염색약과 탈색제를 사용하여 붉은 계열의 갈색머리를 만들고 머리색상, 의복색상과 조화를 이룰 수 있도록 리본, 새의 깃털 등으로 장식한 보닛을 착용하였다. 보닛의 크기는 예전보다 작아 머리형태를 볼 수 있게 되었다.

(4) 19세기말

19세기말은 버슬스타일과 아르누보 스타일로 컬을 형성시켜 뒤로 늘어뜨리거나 굵게 땋아서 늘어뜨리거나 컬한 머리를 높게 올려 장식을 하였다. 19세기말 이전까지는 여성들의 사회진출이 필요하지 않았으나 기술적 혁신으로 산업이 발달하고 여성의 필요성이 대두되면서 여성의 위치를 나타낼 수 있도록, 즉 사회생활을 하기에 편리한 복장과 실용적인 헤어스타일을 하게 되었다.

4) 현대

1900년 초에는 퐁파두르 스타일이 유행하였으며 퐁파두르는 가르마를 하지 않고 머리카락을 두상에 붙여 빗어 올려 머리 뒤에서 정리해 양쪽 귀 밑으로 애교머리를 내는 방식으로 나타났으며, 1903년에 볼륨 있는 굵은 웨이브를 하였고, 1906년에 찰스네슬러에 의해서 퍼머넌트 웨이브가 창안되면서 많은 여성들의 환영을 받게 되었다.

1910년대는 여성의 바쁜 사회생활로 짧은 단발머리인 보브 스타일(bob style)과 아이론으로 컬을 형성시키는 마르셀 웨이브(Marcel wave)를 일반적으로 하였다. 이 후 점차적으로 머리형태를 작고 간편하게 보이도록 하였고 이는 예전의 무거운 스타일에서 가벼운 스타일로 되기까지 20여년이 걸렸으며 보브스타일의 경우 1920년대에 본격적으로 붐을 일으켰다.

1930년 이후 짧은 머리를 멀리 하기 시작하였고 다시 웨이브가 있는 긴 머리 스타일을 하게 되었다. 1936년에는 스피크만(Speakman)이 콜드 퍼머넌트 웨이브(cold permanent wave)를 창안함에 따라 영구적인 웨이브를 할 수 있었다.

1950년대부터 1960년대는 비교적 짧은 머리 스타일인 보브스타일과 비대칭커트가 선을 보이면서 부피감 있는 스타일을 위해 탑 쪽으로 올려서 매듭, 시뇽, 폴, 브레이드 등을 하였다. 즉 머리를 땋거나 포니테일로 묶어서 리본으로 장식하고 다양한 기법을 응용하여 창의적인 머리형태를 하였다.

1970년대에는 업스타일은 볼륨감을 주기 위해 싱의 사용과 가발의 사용으로 목선이 드러나는 올림머리를 하였다. 2000대에는 비대칭의 컷트와 굵은 웨이브로 내추럴한 이미지를 주었고 현재는 화려하고 다양한 업스타일과 가볍게 할 수 있는 업스타일이 공존하며 각자의 개성에 따라 다양한 헤어스타일을 원하고 있으며 아이론과 블로우 드라이로 하는 물결 웨이브와 퍼머넌트 웨이브 솔류션으로 할 수 있는 물결퍼머넌트 웨이브가 유행을 하고 있다.

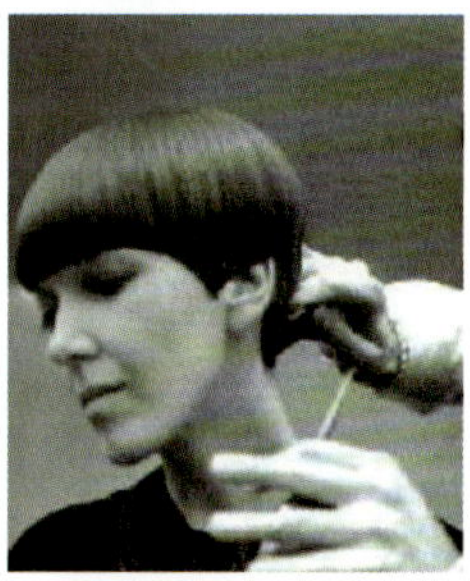

요 점 정 리

1. 백제시대에는 미혼녀는 길게 늘인 머리를 하였고, 기혼녀는 모발을 땋아서 머리 위에 얹은 머리형을 한 것을 알 수 있다.

2. 신라시대에는 영육일치사상(靈肉一致思想)의 사상, 즉 '아름다운 육체에 아름다운 정신이 깃든다.'라는 사상의 영향으로 남, 여 모두 외모에 대한 관심이 높은 시기였다.

3. 조선시대의 신분은 양반과 평민의 이중구조이며 이때 반가의 규수들은 귀밑머리로 귀를 가렸으나 서민들은 귀를 가리지 않았다.

4. 우리나라 여성 최초로 미용실을 개설한 오엽주는 일본에서 미용공부를 하고 돌아와 1933년 화신백화점 안에 화신미용실을 개설하였다.

5. 나일강 유역에 거주한 이집트인들은 뜨겁고 건조한 아열대성 기후에 적응할 수 있고 직사광선을 피하기 위해 남녀 모두 가발(wig)이나 머릿수건인 네메스를 사용했다.

6. 18세기 초까지는 바로크 시대에 유행했던 퐁탕주(fontange)형을 많이 하였으나, 루이 14세 이후에는 머리카락을 부풀리지 않고 뒤로 빗어 넘긴 낮은 머리형으로 조화나 리본, 레이스 캡, 깃털 등의 섬세한 장식을 한 퐁파두르(pompadour)형이 유행하게 되었다.

7. 1936년에는 스피크만(Speakman)이 콜드 퍼머넌트 웨이브(cold permanent wave)를 창안하여 영구적인 웨이브를 하였다.

단원 문제

1. 조선시대 옛여인이 예장할 때 정수리 부분에 꽂던 머리장신구는?

① 빗 ② 봉잠 ③ 첩지 ④ 비녀

2. 우리나라 고대 머리형태 중 머리를 뒤통수에 낮게 틀어 올려 비녀를 꽂은 머리는?

① 높은머리
② 쪽진머리
③ 쌍상투머리
④ 민머리

3. 고대미용의 발상지인 이집트에 관해 잘못된 사항은?

① 퍼머넌트 기원을 알 수 있는 곳이다.
② 가발을 주로 이용하여 신분을 나타내었다.
③ 식물성 염모제인 헤너를 사용했다.
④ 원형 목욕당이 유명했고 향료품, 염료기술이 발달했다.

4. 우리나라에서 1933년 서울 종로에 최초로 화신 미용실을 개설한 사람은?

① 오엽주 ② 이숙종 ③ 권정희 ④ 김활란

5. 18세기 초까지는 바로크 시대에 유행했던 ( )형을 많이 하였으나, 루이 14세 이후에는 머리카락을 부풀리지 않고 뒤로 빗어 넘긴 낮은 머리형으로 조화나 리본, 레이스 캡, 깃털 등의 섬세한 장식을 한 ( )형이 유행하게 되었다.

6. 영국의 스피크먼이 화학약품만의 작용에 의해 콜드웨이브를 창안한 시기는?

① 1936 ② 1883 ③ 1905 ④ 1933

7. 다음 머리 모양으로 알맞은 것은?

① 떠구지 머리
② 대수머리
③ 새앙머리
④ 어여머리

정답

1. ③
2. ②
3. ④
4. ①
5. 퐁탕주, 퐁파두르
6. ①
7. ④

03
모발과 두피

1. 모발

학습목표

- 모발의 특성 및 기능에 대해 설명할 수 있다.
- 모발의 구조에 대해 설명할 수 있다.
- 모발의 구성성분에 대해 설명할 수 있다.

1) 모발의 정의

모발(hair)이란 포유류 특유의 피부 부속기관으로 모모의 상피세포가 케라틴 섬유로 단단하게 밀착된 각화세포로 이루진 고형의 원추섬유이다. 즉 피부의 각질층이 변화해서 생긴 섬유성 단백질인 케라틴으로 구성된 죽은 세포로 피부 부속기관 중 하나이며 손바닥, 발바닥, 손가락 및 발가락의 말단부, 점막의 경계부, 귀두부를 제외한 몸 전체에 분포되어 있다.

모발의 수는 전신에 약 130~140만 개로 이중 두피모발이 약 10만 개 정도로 출생 시 모발의 수가 결정되며 출생 후에는 모낭이 생기지 않으나 생장기 모낭은 줄어든다. 이는 인종이나 색, 모질 등에 따라 개인차가 있고 남성보다 여성이 모발의 수가 많다.

성장속도는 하루에 0.4mm, 한 달에 1~1.5cm 자라며 영양상태, 체질, 질병, 연령, 유전, 환경 등의 요인에 의해 달라질 수 있다.

2) 모발의 특성 및 기능

모발의 역할은 기능학적 의미와 미용학적 의미로 나눌 수 있는데 기능학적 의미의 역할로는 보호의 기능으로 벌레, 땀, 먼지와 같은 이물질이 신체 내부로 침입하는 것을 막아주고 외부의 온도변화나 직사광선으로부터 인체를 보호한다. 또한 쿠션역할을 하여 물리적 충격을 최소화하고 체내의 불필요한 노폐물과 중금속 등을 배출하는 기능도 있다. 미용학적 의미의 역할로는 장식의 역할로 볼 수 있으며 헤어스타일의 경우는 미적인 외형적 형태변화로 개개인의 독특한 개성과 멋을 표현하는 수단으로 첫인상을 돋보이게 하며 사람의 외모를 결정짓는 중요한 요소로 작용한다. 그러기 때문에 현대에 와서는 기능적인 역할보다는 미용학적인 역할이 크게 부각되고 있다. 또한 건강한 모발일수록 헤어스타일 연출이 용이하며, 인종에 따라 다양한 색과 형태, 모발 두께 등이 다르다.

모발은 인체의 부위에 따라 땀, 먼지, 미생물과 세균의 침입, 외부의 충격 등으로부터 인체를 보호하는 작용과 땀을 배출하여 체온을 조절하는 작용, 태양 빛을 흡수하여 vitamin D를 합성시키며 온도와 압력에 대한 감각작용과 촉각작용을 한다. 또한 체내에 축적되어 있는 유해한 비소, 수은, 아연 등의 중금속을 체외로 배출하는 배설기능도 있다. 이러한 작용과 특성을 가지고 있는 모발의 성장은 두피 모근부의 모낭 및 여러구조들에 의해서 일어난다.

(1) 보호의 기능

전신에 있는 모발은 외부의 충격이나, 직사광선, 더위, 추위, 미생물과 세균 등으로부터 인체를 보호하며 모발이 있는 신체 주위에 따라서 벌레나 이물질, 땀의 침투 등을 막아주기도 한다. 머리카락은 두개골을 외부의 충격으로부터 뇌를 보호하는 중요한 기능을 지니고 있다.

(2) 배출의 기능

전신에 있는 모발은 일광과 더위 등을 막고 체내에 축적되어 있는 독소와 수은, 아연 등의 중금속을 체외로 배출하는 기능이 있다. 이러한 중금속을 간(liver) 다음으로 가장 많이 체외로 배출하는 기능을 한다.

(3) 장식적 의미의 기능

현대사회에 가장 부각되는 기능 중 하나로 남성과 여성의 특징을 가장 잘 나타내며 헤어스타일과 색상으로 같은 사람임에도 불구하고 색다른 느낌을 주어 자신의 아름다움과 개성을 어필하여 다른 인상을 줄 수 있다.

(4) 감각전달의 기능

모근부 주위에 존재하는 지각 신경에 의해 외부로부터 자극에 민감하게 반응할 수 있는 촉각으로 인체를 보호하는 기능이다.

3) 모발의 분포 및 분류

모발은 입술과 손·발바닥, 눈꺼풀을 제외한 인체의 모든 부위에 분포되어 있다.

(1) 모발의 굵기에 따른 분류

인체의 부위와 모발의 길이, 굵기에 따라서 취모, 경모, 연모로 나누며 경모는 길이에 따라서 1cm 이상은 장모, 1cm 이하는 단모로 구분한다.

장모는 머리카락, 수염, 음모 등이 있으며 단모는 눈썹, 속눈썹, 코털, 귀털 등을 들 수 있으며 먼지나 이물질로부터 보호하는 역할을 한다. 연모는 뺨, 이마 등 신체 대부분에 있는 가늘고 부드러운 솜털로 땀을 효과적으로 발산하는데 도움을 주며 멜라닌 색소가 적고 모수질이 없다. 취모는 모태에서 4~5개월까지 거의 전신에 발모하며 가장 가늘고 연한 모발이며 머리카락은 10~11만개 정도이다.

직모는 모낭이 정상적인 형태를 하고 단면이 원형이며 웨이브가 없으며 세포분열 속도가 일정하며 동양인에게 많다. 파상모의 단면은 타원형으로 모낭이 약간 구부러져 있어 웨이브가 있으며 서양인에게 많이 볼 수 있다. 곱슬머리 또는 축모는 거의 단면이 편평하고 축모는 완전히 구부러져 있으며 흑인들에게 많이 볼 수 있다.

〈모발 굵기에 따른 분류〉

취모	굵기 0.02mm의 배냇머리
연모	0.08mm 이하, 모수질이 없는 다갈색, 사춘기 이전 또는 탈모진행형 모발
경모	0.15~0.20mm의 모발. 단백질이 결합된 상태(경케라틴), 30대 이후 연모화 됨
종모	연모 > 경모화 > 이후의 모발

(2) 모발의 형태에 따른 분류

모발은 그 형태에 따라 직모, 파상모, 축모의 3종류로 나뉘며 이들 간에 명확한 구분은 인종에 따라 확연하게 구별된다. 이러한 구분은 유전에 기인한다. 모발의 횡단면 최소 직경은 최대 직경으로 나누어 100배나 되는 수치를 모경지수라 하며 이 지수가 100일 경우 완전한 원형이고 작으면 타원형이나 편평한 모양이다. 동양인의 모발은 거의 원형으로 보통 직모가 많고 원형과 타원형의 혼합이면 약간 곱슬머리, 타원형과 편형의 혼합이면 심한 곱슬머리가 된다.

〈모발의 형태에 따른 분류〉

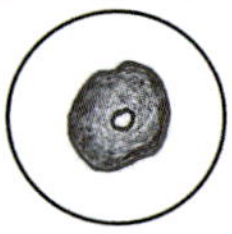	직모(straight hair)	모발단면이 원형을 띤다.
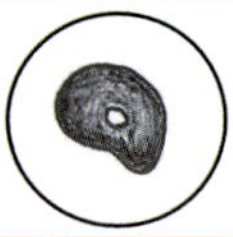	파상모(curly hair)	직모와 축모의 중간형태인 타원형의 모발단면을 띠며 유전적인 영향이 크다.
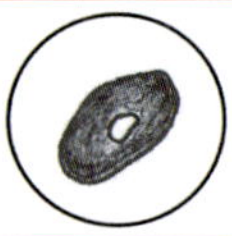	축모(kinky hair)	흑인종에서 많이 보이는 곱슬모, 타원형 형태로 파상모보다 웨이브가 조금 더 심하다.

4) 모발의 성분

모발은 18종의 아미노산(amino acid)으로 구성되어 있는 케라틴(keratin)이라는 단백질로 되어 있으며 케라틴은 14~18%의 시스틴(cystine)을 함유하고 있다. 케라틴은 물리적으로 강도가 강하고 탄력이 크며 여러 종류의 화학약품에 저항력이 강하다. 모발의 화학적인 성분은 여러 가지 색에 따라 다르며 어두운 색의 모발은 탄소가 많고 산소가 적지만 밝은 색 모발은 이와는 반대의 화학적 성분으로 이루어져 있다. 일반적인 화학적 성분으로는 탄소(carbon) 45%, 수소(hydrogen) 6%, 질소(nitrogen) 15%, 유황(sulfur) 5% 그리고 산소(oxygen) 28%로 구성되어 있다. 모발의 주성분은 단백질 80~90%, 수분 10~5%, 멜라닌색소 3%, 지질 1~8%, 미량원소 0.6~1%로 되어 있다.

<모발의 구성성분>

단백질 (keratin)	수분	멜라닌색소	지질	미량원소
80~90%	10~15%	2~3%	1~8%	0.6~1.0%

탄소 (carbon, C)	산소 (oxygen, O)	질소 (nitrogen, N)	산소 (hydrogen, H)	산소 (sulfur, S)
45%	28%	15%	6%	5%

5) 모발의 구조

모발은 피부 외부의 모간부(hair shaft)와 피부 내부의 모근부(hair root)로 나눈다. 모간은 두피 바깥으로 나온 모발의 줄기 부분으로 모발의 형태, 크기 그리고 모낭의 굽은 정도를 알 수 있다.

직모는 모낭이 정상적인 형태를 하고 단면이 원형이며 웨이브가 없으며 세포분열 속도가 일정하며 동양인에게 많다. 파상모의 단면은 타원형으로 모낭이 약간 구부러져 있어 웨이브가 있으며 서양인에게 많이 볼 수 있다. 곱슬머리 또는 축모는 거의 단면이 편평하고 축모는 완전히 구부러져 있어 흑인들에게 많이 볼 수 있다. 이러한 모간은 모수질(medulla)과 이를 둘러싸고 있는 모피질(cortex) 그리고 모표피(cuticle)로 구성된다.

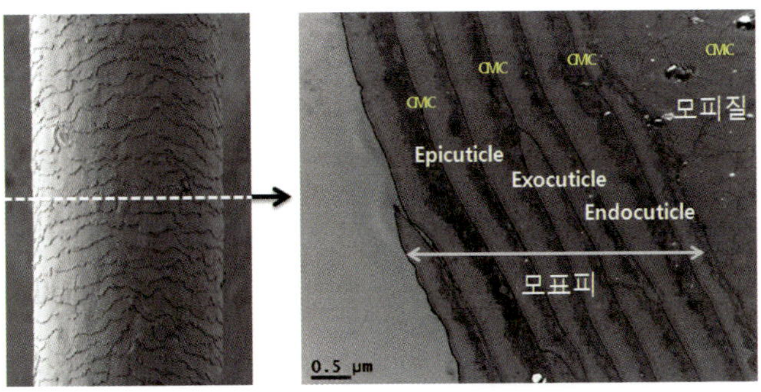

<모발 SEM 촬영 및 TEM 촬영>

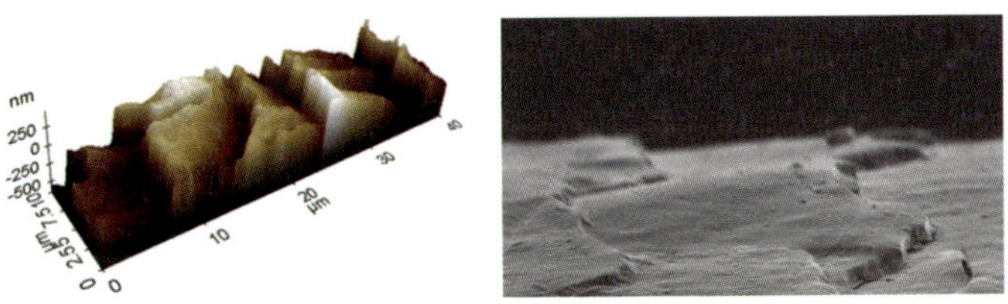

<모발 AFM 촬영 및 SEM 촬영>

(1) 모표피(hair cuticle)

모간의 가장 외측 부분으로 케라틴이라는 경단백질로 구성되어 있으며 인종과 개인에 따라 5~15층으로 겹쳐 있는 편평 무핵 세포이고 약 15% 정도의 수분을 함유하고 있다. 각각의 모표피 세포는 두께가 약 50~250Å의 얇은 세포외막으로 둘러싸여 있다.

모표피는 강한 친유성으로 물과 약제의 침투와 작용에 대한 화학적 저항성이 크며 모피질을 보호하고 수분 증발을 억제한다. 샴푸 외에 드라이, 백콤 등의 물리적 자극에 의해 쉽게 손상되며 한번 손상된 모표피는 스스로 재생하지 못한다. 모표피는 상표피와 세포간 결합물질로 이루어져 있으며 상표피는 에피큐티클(epicuticle), 엑소큐티클(exocuticle), 엔도큐티클(endocuticle)로 구성되어 있다. 이러한 모표피가 많을수록 모발은 단단하고 투명, 습윤, 광택, 마찰에 대한 강도가 높으며 많은 keratin 함유로 화학적 저항성이 높다. 세포간 물질은 모피질의 세포내 단백질을 쉽게 분해하는 알칼리와 환원제에 대해서 강한 저항성이 있다.

• 에피큐티클(epicuticle)

에피큐티클은 모표피 중 최외측에 위치하고 시스틴(cystine)의 함유량이 많으며, 두께는 10 μm로 얇은 막으로 구성되어 있다. 수증기는 통과하나 물은 통과하지 못하는 특성을 가지고 있고, 각질 용해성 또는 단백질이 견고하게 결합되어져 있기 때문에 단백질 용해성의 약품에 대한 저항성이 가장 강한 층이다. 그러나 딱딱하기 때문에 물리적인 자극에는 쉽게 손상되기 쉽다.

• 엑소큐티클(exocuticle)

엑소큐티클은 약 50~300 μm의 두께로 모표피층의 15%를 차지하고, 부드러운 케라틴으로 이루어진 층으로 시스틴 함량이 높다. 하지만 불안정하여 퍼머넌트 웨이브제와 같이 시스틴을 절단시키는 약품에 대해서는 자극을 받기 쉬운 층이다.

• 엔도큐티클(endocuticle)

엔도큐티클은 엑소큐티클과 대조적으로 시스틴 함량이 적고, 세포막복합체(CMC)로 인접한 모피질을 밀착시키고 있다. 케라틴 침식성의 약품에는 강하지만 모발을 잡아당기면 엔도큐티클이 갈라지거나 파열된다. 즉 물리적인 자극에는 가장 약한 부분이다.

(2) 모피질(hair cortex)

모피질은 모발에서 80~90% 차지하며 모양과 크기가 다양하며 탄력, 강도, 감촉, 질감, 색상과 모발의 성질을 나타내다. 물과 쉽게 친화하는 친수성으로 멜라닌색소를 함유하고 있고 화학적 작용을 쉽게 받는 부분이다. 모피질은 크게 결정영역인 피질세포와 비결정영역인 세포간 결합물질로 나눈다. 피질세포와 피질세포 사이는 세포간 결합물질인 간충물질이 서로 강하게 연결되어 있다.

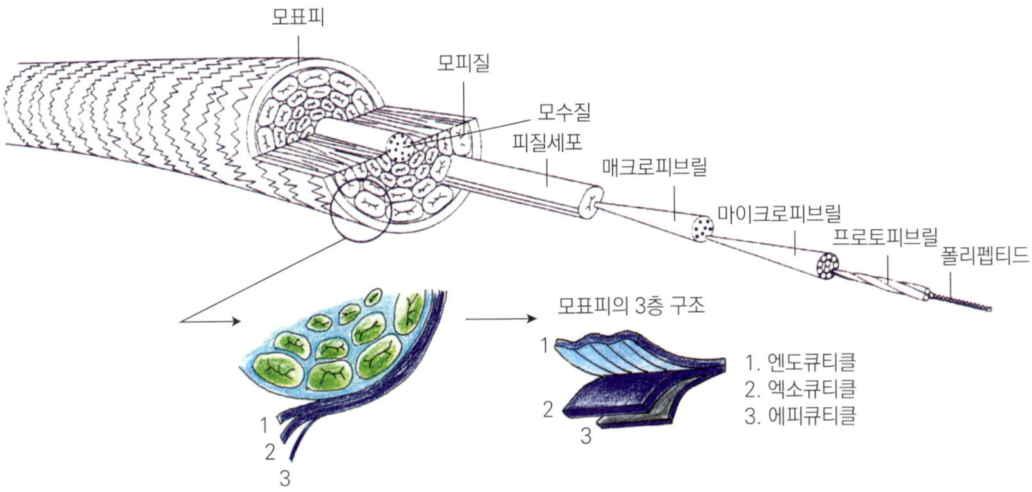

〈모간의 구조〉

(3) 모수질(hair medulla)

모발의 중심 부분에 공동으로 가득 찬 다각형의 세포로 형성되어 있고 멜라닌 색소를 함유하고 있으며 시스틴 함량은 모피질보다 적다. 0.09mm 이상의 굵은 모발은 모수질이 있고 0.07mm의 가는 모발은 모수질이 없으며 나이가 들수록 모수질의 크기는 커져가는 현상이 나타나 모발의 백발화와도 관계가 있다.

6) 모근 관련 구조

모근은 피부가 함몰되어 모누두부, 협부, 모낭하부로 된 모낭으로 구성되어 있다. 각질층에서부터 피지선 위쪽부분까지를 모누두부, 피지선 아래부위에서 입모근 위쪽까지를 협부, 입모근 아래부터 모구부 아래부위까지를 모낭하부라 하며 세포분열이 일어나 각화 되어가는 부분이다.

모발의 영양을 담당하는 모유두(hair papilla)가 있다. 모유두에 접하고 있는 세포를 모모세포 즉, 모기질이라 하고 모모세포가 분열하여 새로운 모발세포를 만들어 낸다. 모근 아래쪽의 둥근 부분의 모구(hair bulb), 피지선(sebaceus gland), 한선, 기모근 등의 구조를 가진다.

(1) 모낭(hair follicle)

모낭은 표피가 피하조직까지 함몰되어 주머니모양으로 태생 9주~12주에 생성되며 모발이 자연스럽게 피부표면 한 방향 위로 올라올 수 있는 각도로 되어 있고 피지선이 달려있다. 모낭은 모발을 직접 감싸는 내모근초와 안쪽의 외모근초로 구성되어 있으며 모낭의 윗부분 2/3 지점에 입모근이 접하고 있다. 모유두와 무기질 상피세포를 포함하고 혈관이 풍부하며 모세포 분열을 조절한다.

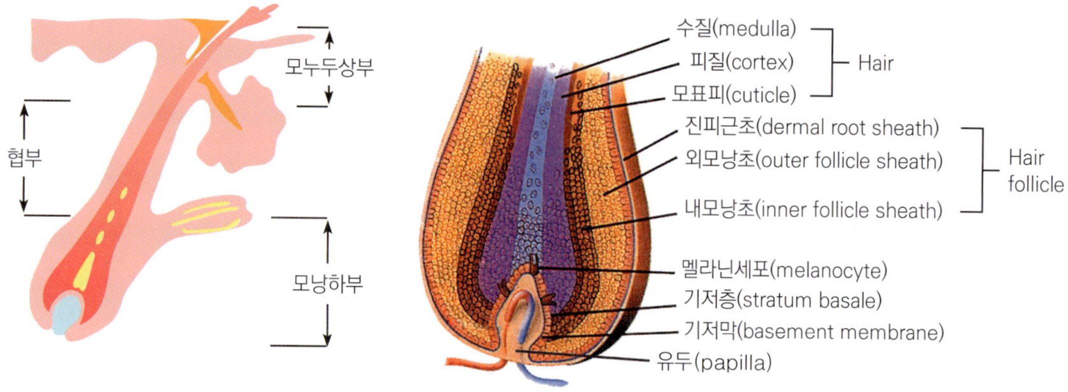

<모근의 구조>

(2) 모구(hair bulb)

모근의 아래 부분에 원형으로 부풀려 있는 부분을 말하며, 진피 세포층에서 나온 모유두가 있으며 모모세포와 멜라닌세포로 구성되어 있다. 모모세포는 수분이 많은 구형세포로 영양분을 공급받아 분열하고, 분열된 모세포가 모구부의 상부에서 각화되면서 위로 서서히 가늘고 긴 모양의 방추상으로 변해 올라와 모발을 만든다. 멜라닌세포는 모발 색을 결정하며 모피질을 만드는 모모세포로부터 색소세포인 멜라노사이트에 의해 생성되어 모피질 또는 모수질로 되는 세포로 복잡하게 된다.

(3) 모유두(hair papilla)

모구 아랫부분의 모유두에는 모세혈관과 자율신경이 연결되어 모세포에 산소와 영양을 공급하며 모발이 생성되도록 한다. 자율신경은 모유두에 아미노산이 도착하면 단백질 합성효소에 작업 명령을 전달하는 역할을 한다. 모유두를 둘러싼 부분을 모기질이라하며, 모발의 굵기에 따라 모유두의 크기도 달라진다. 즉, 모발의 성장을 돕는 직접적인 영양 공급원이다. 에프린이라는 성장물질을 분비하여 모발 성장을 조절하고 모질과 굵기를 결정한다.

(4) 피지선(sebaceous gland)

피지선은 모낭 위의 1/3 지점인 모낭벽에 위치하며 손·발바닥을 제외한 전신에 존재하고 부위에 따라 크기, 형태, 밀도가 다르다. 머리, 이마, 코, 가슴 부위에는 많이 분포되어 있고 말단으로 갈수록 적게 분포되어 있다. 모낭과 관계없이 독립적으로 존재하는 피지선을 독립피지선이라 하고 입술, 대음순, 성기, 유두, 귀두, 눈점막 부위에 분포되어 있다. 피지는 pH 4.5~5.5의 약산성으로 계절, 연령, 호르몬, 환경, 온도, 피지막의 두께, 발한에 따라서 피지분비가 달라지며 엷은 막을 형성하여 수분 증발을 저지하고 습윤 및 유연성을 줄 뿐만 아니라 세균의 침입을 방지한다.

피지는 1일 1~2g 정도 분비되지만 세정 1시간 후엔 20%, 2시간 후엔 40%, 3시간 후엔 50% 정도 분비된다. 사춘기 때 피지가 많이 분비되고 사춘기 이후는 남성이 여성보다 피지분비량이 많지만 점차 나이 들어가면서 감소된다. 이는 남성호르몬은 피지분비 촉진작용을 하고 각질층을 두텁게 하는 작용이 있고 여성호르몬은 피지 분비억제작용을 하기 때문이다. 하지만 당분과 전분, 지방분이 많은 음식을 섭취하면 피지선의 활동을 촉진시켜 지성비듬 발생과 탈모를 유발한다. 피지는 살균, 유화, 수분증발 억제, 흡수조절, 비타민 D 생성작용 등을 한다.

<피지의 작용>

수분증발 억제작용	피지분비로 각질층과 모발 표면에 피지막을 형성하여 두피·모발에 유·수분 증발을 막아준다.
살균작용	피지의 지방산 함유로 화농균과 백선균을 살균한다.
유화작용	피지는 땀과 혼합하여 천연크림과 같은 유화상태가 된다.
흡수조절작용	경피흡수를 조절한다.
비타민 D의 생성작용	프로비타민 D는 일광에 의해 비타민 D로 변환되어 피부로 흡수된다.

(5) 입모근(기모근, arrector pili muscle)

입모근은 모낭 밑에서 약 1/3 지점에 있다. 자율신경의 교감신경에 의해 추위 또는 흥분이나 긴장 상태에서 근육은 자율적으로 조절되며 수축 시 털이 세워진다. 일반적으로 털 1개에 1~2개의 기모근이 존재하고 속눈썹, 눈썹, 코, 뺨, 입술에는 기모근이 없다.

(6) 한선(sweat gland)

한선은 에크린선(eccrine gland)과 아포크린선(apocrine gland)이 있으며 땀샘이라고 한다. 입술, 귀두, 고막을 제외한 전신에 존재하며 특히 손·발바닥, 겨드랑이, 음낭, 대음순, 항문주위에 잘 발달되어 있다. 땀은 약산성(pH 3.8~5.6)으로 세균의 번식을 억제하고 자율신경의 지배를 받으며 연령이 많아짐에 따라 분비세포가 위축되어 땀의 분비가 적어진다. 특히 신체내의 노폐물과 독소를 분비, 제거하는 역할을 하며 피지와 유화하여 피지막을 형성하고 체온을 조절한다.

소한선(eccrine gland)
에크린선은 모낭에 연결되지 않은 독립 한선으로 진피하층 피하조직 내에 실 뭉치 모양으로 약 200~400만 개가 체 표면에 수직으로 연결되어 수분 98%, 염분 25%를 함유한 무색, 무취인 땀을 하루 700~900cc 정도 분비한다. 에크린선은 손·발바닥, 얼굴, 흉부, 팔, 다리 순으로 분포되어 있고, 신경계와 연결되어 있어 더울 때뿐만 아니라 흥분되었을 때에 방출하여 피부체온을 조절한다.

대한선(apocrine gland)

아포크린선에서 분비되는 땀은 단백질, 탄수화물을 함유하고 무취, 무균성이나 공기에 의해 산화되면 유색을 띄며 세균의 작용을 받아 부패되어 약 알칼리성으로 암내라는 특유의 냄새를 발산한다. 특히 여성에게 많이 분포하고 있다. 인종에 따라 분비량이 달라 흑인>백인>동양인 순이며 호르몬의 영향으로 남성보다 여성이, 월경 전과 월경 중에 많이 분비되나 임신 중에는 감소한다.
아포크린선은 생후 5개월 후부터 퇴화하기 시작하여 사춘기 때 겨드랑이 유륜, 외이도, 유두, 항문 주위, 외음부, 배꼽 등 한정된 부위에 존재한다.

7) 모발의 성장과 주기

(1) 모발의 성장(growth of hair)

모발 발생은 출생 6~12주부터 시작하며 개인의 신체부위에 따라 수명과 성장속도, 성장기간이 다르다. 하루 0.2~0.5mm 정도 성장하고 낮보다 밤에 성장이 빠르며 계절적으로는 가을, 겨울보다 봄, 여름이 성장이 빨라 5, 6월에 가장 많이 자란다. 20대에 가장 활발하고 65세 이상이 되면 완만한 성장을 하며 연령과 건강상태에 따라서 다소 차이가 있다. 이는 나이가 들수록 모낭의 크기가 작아지는 생리적 노화현상으로서 모간이 가늘어지고 성장속도 또한 저하된다. 모발은 태어날 때 결정되는 모유두의 수에 따라 모발의 수가 결정된다.

(2) 모발의 주기(hair cycle)

모발은 보통 약 10만 가닥 정도이나 인종과 민족에 따라 다소 차이가 있다. 모발은 하루에 55가닥 전후로 자연탈모 되고 같은 수의 모발이 새로 생겨난다. 성장 길이도 5년간(1.2cm×12개월)×5년 = 72cm 정도이다. 이러한 성장 단계를 모주기라 하며 모발의 주기는 크게 모발이 생성되는 성장기와 성장을 멈추는 퇴화기, 모발의 생성을 위해 휴식하는 휴지기의 3단계로 나눈다.

성장기(anagen)

모발 성장은 한 달에 평균 1~1.5cm 정도 자라며 연령과 질병 및 호르몬, 비타민, 음식물, 등의 영향에 의해 모발의 성장이 변화될 수 있다. 전체 모발의 80~90%가 성장기 단계이며 평균 성장기간은 3~6년으로 남성이 3~5년 여성이 4~6년 정도이다.

퇴화기(catagen)

퇴화기는 성장기 이후 모발의 형태를 유지하면서 휴지기로 넘어가는 중간 시기다. 모낭의 하부 부분이 수축되어 모유두와 분리되며 모발이 모낭에 둘러싸여 위쪽으로 올라간다. 이때 모유두가 퇴화기 동안에 팽륜부 근처로 올라가지 않으면 새로운 모발은 형성되지 않는다. 전체 모발의 1% 정도가 퇴화기 단계에 해당되며, 기간은 약 3~4주 정도다.

휴지기(telogen)
모모세포의 분열 정지로 성장이 멈추고 모유두의 활동이 일시정지 되었다가 모낭의 수축과 동시에 모근이 위쪽으로 밀려 올라와 자연 탈모되며 전체 모발의 10%가 성장이 정지된 휴지기이다. 휴지기에는 활동 중 모낭 길이의 1/3로 모낭의 길이가 짧아지며 탈모 시기는 3~4개월 정도 걸리고 전체 모발의 14~15%를 차지한다. 특히 성장기 모발보다 가늘어 쉽게 식별 가능하며 샴푸 또는 브러싱 등과 같은 물리적 자극에 의해서 자연스럽게 탈모되거나 새로운 모발에 의해 밀려 두피로부터 탈락된다.

8) 모발의 성질

모발은 65~95%의 단백질로 구성되어 있으며 수분, 지질색소 및 미량 성분으로 되어있다. 모발은 18종의 아미노산이 사슬모양의 펩티드 결합으로 길게 연결되어 폴리펩티드 구조를 이룬다. 모발은 10~15%의 수분을 함유하고 있으며 세발 직후는 약 30% 정도 보유하고 있다. 물리적 성질에는 모발의 질감, 밀도, 탄력성, 강도 및 신도, 열변성, 습윤성 등이 관계된다.

(1) 모발의 탄력성(hair elasticity)

모발 탄력성은 모발을 당겼다가 놓았을 때 원상태로 되돌아가는 성질이다. 건강 모발은 원래 길이의 약 20~30%까지 늘어나며 젖은 상태에는 약 50~60%까지 늘어나며, 모발이 손상되었을 때는 탄력성을 잃게 된다.

〈모발상태에 따른 탄력성〉

상태	수분함량	늘어나는 정도
보통 건조된 모발	10~15%	20~30%
젖은 모발	30%	50~60%
퍼머 용액으로 젖은 모발	30%	70% 손상

(2) 모발의 열변성(heat denaturation of hair)

모발은 열을 지나치게 가하면 단백질의 열변성으로 경화되어 원래의 모발상태로 돌아갈 수 없다. 전열기기의 사용은 60℃ 이하일 때 모발 손상을 방지하며 120℃ 전후에서는 팽창되고 130~150℃에서는 변색되기 시작하여 270~300℃가 되면 탄화되어 분해된다. 화학적으로는 130℃에서 10분이면 α-케라틴이 β-케라틴으로 변하며 100℃ 전후의 습열에서 시스틴은 감소한다.

(3) 모발의 습윤성(hair moisture)

모발의 케라틴은 친수성으로 공기 중의 습도가 높으면 수분을 흡수하고 건조하면 수분을 발산하는 성질이 있다. 즉 습도가 보통 상태에서는 10~15% 수분을 함유하고 30~35%일 때 포화상태가 된다. 습윤성은 습도에 따라 습윤률이 달라지고 손상 모발일수록 습윤률도 높아진다. 샴푸 직후는 30~35%의 습윤성이 있으며 건조 후에는 10% 전후의 물을 흡착한다. 모발의 수분이 5~15%이면 결합수, 15~25%이면 침투수, 25~30% 흡착수라 한다.

(4) 모발의 광변성(light denaturation of hair)

태양광선은 파장이 긴 방향부터 적외선, 가시광선, 자외선으로 구분하며 열선인 적외선이 물체에 닿으면 모발의 측쇄결합을 파괴하여 손상을 준다. 화학선인 자외선은 모발의 시스틴 함량을 줄어들게 하고 멜라닌 색소를 파괴하여 모발 손상과 탈색을 유발시킨다.

2. 두피

학습목표

- 두피의 특성 및 구조에 대해 설명할 수 있다.
- 두피의 기능에 대해 설명할 수 있다.

인체의 두부를 보호하고 있는 피부조직을 두피라 하며 외부의 물리적, 화학적 자극으로부터 보호하는 역할을 한다. 두피는 피부 표면에서부터 표피, 진피, 피하지방층으로 나뉜다.

Tip

두피는 대략 수분 70%, 단백질 27%, 지방 2.5%, 무기질(미네랄) 0.5% 정도로 이루어져 있으며 모체 내에서 뇌와 함께 형성된다.

1) 두피의 조직

(1) 표피의 구성층

두피의 표피는 각질층, 과립층, 유극층, 기저층으로 구분하며 약 28일 주기로 새로운 상피세포가 생성되며 scalp care는 약 56일 정도 걸린다. 표피의 세포는 각화과정을 거쳐 각질로 변하여 떨어져 나가게 된다.

① 각질층(stratum comeum)

각질층은 피부의 가장 바깥쪽에 있어 방어의 역할을 하며 무핵의 편평세포가 10~20층으로 비늘처럼 겹쳐져 있어 비늘층이라고도 하며, 생명력이 없는 죽은 세포로 클렌징이나 마찰에 의해 떨어져 나간다. 약 15% 정도의 수분을 함유한 천연보습인자(natural moisturizing factor)가 존재한다. 또한 피지막을 형성시켜 피부내부조직을 보호하지만 수분함량이 부족하면 피부가 거칠어진다.

② 과립층(stratum gradulosum)

과립층은 편평 무핵 또는 방추형인 2~5층의 과립세포로 구성되어 있고 케라토히아린(keratohyaline)과립이 함유되어 있으며 각질화 과정이 시작되는 층이다. 수분증발 저지막(rein membrane)이 있어 외부로부터 수분의 침투와 피부 내부의 수분유출을 막아주는 역할을 해서 미용층이라고도 하며 물리적 압력이나 화학적인 이물질을 방어하는 중요한 역할을 한다.

③ 유극층(stratum spinosum)

표피층 중 가장 두꺼운 층으로 가시돌기 형태의 유극 세포가 존재해 가시층, 극세포층이라고도 한다. 이 가시돌기는 다른 세포와 연결되어 5~10층을 구성하기 때문에 표피 중 가장 두꺼운 층으로 70%의 수분을 함유하고 있다. 표피 전체의 영양을 관장하며 노화가 진행될수록 얇아진다. 유극세포 사이로 림프액이 흐르기 때문에 림프마사지 시 노폐물 배출 및 피부의 피로회복에 관여한다.

④ 기저층(stratum basale)

기저층은 배아층이라고도 한다. 유극층과 함께 살아있는 세포층으로 호염성 세포질과 계란형의 핵을 가지고 있고, 단층의 원주형 세포로 구성되어 평균 수분 함량은 70%로 표피층 맨 아래층에 위치하여 진피의 유두층과 물결모양을 이루어 접하고 있으며 한 줄로 된 기저세포로 이루어져 있다. 기저층에는 각질형성세포(keratinocyte)와 색소형성세포(melanocyte)가 존재하며 새 세포를 생성하여 유극층으로 이동시키고, 피부 표면의 상태를 결정짓는 중요한 층으로 상처를 입거나 손상이 되면 재생이 어려워 흉터가 남게 된다. 또한 멜라닌 형성세포에 함유되는 멜라닌 과립은 자외선을 방어하여 피부를 보호하는 중요한 역할을 한다. 즉, 자외선의 진피층 내 침투를 막고 모세혈관으로부터 영양을 공급받는다.

(2) 진피(dermis)의 구성층

진피는 표피와 피하지방층의 사이에 놓여 피부의 두께에 관여하고 유두층과 망상층으로 구분되며 피부의 90% 이상을 차지한다. 표피보다 20~40배 가량 훨씬 두꺼우며 표피를 지지하는 치밀한 결합조직으로 주요성분은 진피의 90%를 차지하는 단백질인 교원섬유(collagen fiber)와 피부의 탄력성과 신축성을 결정짓는 중요한 요소인 탄력섬유(elastin fiber) 그리고 결합섬유 사이를 채우고 있는 무코다당류로 구성되어 피부의 탄력과 윤기를 유지하는 역할을 한다.

교원섬유(collagen fiber)는 진피성분의 90%를 차지하는 단백질로 세포결합 및 세포분화와 창상치유 등 염증반응과 병적 치유 과정에 관여한다. 진피의 탄력과 주름에 관여하며 피부를 자외선으로부터 보호한다.

탄력섬유(elastic fiber)는 진피에 있는 섬유 중 비교적 적은 부분을 차지하며 변형된 피부가 원래 모습으로 돌아올 수 있도록 피부의 탄력을 결정짓는다.

기질(ground substance)은 진피의 결합섬유 사이를 채우고 있는 세포외 물질을 말하며 진피의 0.1~0.2%를 차지한다. 기질은 주위의 다른 조직성분을 지지하면서 결체조직 대사와 염분, 수분의 균형에 관여하며 수분을 자신의 부피보다 1,000배 정도 함유할 수 있다.

① 유두층(papillary layer)

표피와 진피를 이어주며 성긴결합조직으로 구성된다. 진피에서 표피쪽으로 돌출된 부분을 진피유두(dermal papilla)라고 한다. 유두층은 불규칙적인 섬유결합조직으로 배열되어 있으며 피부 내 영양 공급 및 체온조절을 한다. 피부탄력 및 유연성에 관여하며 신경유두와 혈관유두가 분포되어 촉각과 통각을 느낀다.

② 망상층(reticular layer)

망상층은 유두층 아래에 있으며 불규칙 치밀 결합조직으로 구성되어 있다. 즉, 섬유단백질인 교원섬유(collagen fiber)와 탄력섬유(elastin fiber)로 이루어져 있으며 표피보다 두꺼우며 굵고 치밀한 섬유 다발을 이루며 서로 엉켜 배열되어 있어 피부를 지지해주며 탄력성을 유지시켜 준다. 유두층과 뚜렷한 구분은 없다. 압각, 냉각, 온각을 느낀다.

(3) 피하조직(hypodermis)

피하조직은 진피 밑에 있는 지방을 저장하는 조직으로 피부 밑 조직, 피부 밑 지방층 또는 지방조직이라 하며 근본적으로 성긴 조직과 동일하나 주로 지방세포(fat cell)로 구성되어 있다. 결합조직, 정맥과 동맥, 림프관, 지방세포, 모유두 등으로 이루어져 있다. 지방성 결합조직층으로 탄력성이 있어 외부충격으로부터 충격흡수장치와 같은 완충역할을 하는 동시에 생체의 에너지로 활용되는 영양분을 저장한다. 또한 비타민 D를 합성하는 지방을 함유하여 동맥이 영양분과 산소를 공급하고 정맥이 세포로부터 이산화탄소와 노폐물을 보낸다. 피하조직은 남성보다는 여성이, 성인보다는 어린이에게 더 발달되어 있으며 눈꺼풀, 고환, 정강뼈(경골)에는 존재하지 않는다.

2) 두피의 기능

인체는 매일 외부의 위험 요소(자외선, 온도변화, 감염원 등)에 노출되며, 이와 같은 외부 위험 요소에 대한 첫 방어선인 피부는 내부조직을 보호하고 화학물질을 분비하여 세균의 성장을 억제한다. 이는 땀과 눈물에 함유하고 있는 젖산과 리소자임에 의해 보호 기능을 수행한다. 또한 피부는 수많은 감각기관을 가지고 있어 주변 변화를 인지할 수 있도록 하여 보호 기능, 흡수 기능, 호흡 기능, 분비배설 기능, 체온 조절 기능, 감각 수용 기능, 비타민 D 합성의 기능 등을 수행한다.

(1) 보호 기능

두피는 뇌를 중심으로 근육, 뼈 조직들을 외부의 물리적 자극으로부터 보호하고 이물질과 산·알칼리를 중화시켜 화학적 자극과 자외선으로부터 두피를 보호하며, 단단한 각질층과 피하 결합조직의 탄력성이 스프링역할을 하여 완충역할을 하여 보호해 준다. 또한 두피표면의 산성막은 세균발육 억제 및 박테리아의 감염과 미생물의 침입으로부터 두피를 보호한다.

(2) 흡수 기능

두피는 두개골을 감싸고 있는 기능뿐 아니라 모발성장 및 두피의 영양에 필요한 영양분을 각질층의 경로와 피부 부속기관을 통해 외부로부터 흡수하는 기능을 가지고 있으며, 제품은 모공, 한공(한선), 표피 순으로 흡수된다.

(3) 호흡 기능

대부분 인체는 약 97%가 폐로 호흡을 하지만 약 1~3% 정도 피부로 호흡한다. 폐를 통한 호흡을 외호흡, 피부조직을 통한 호흡을 내호흡이라고도 한다. 두피에 각질이나 노폐물들이 피지와 섞여 표면에 쌓이게 되면 모공을 막아 원활한 피부호흡 기능이 떨어져 모발의 성장 및 염증을 발생시켜 모발이 가늘어지고 독소 배출이 원활하지 않기 때문에 두피를 청결하게 관리하여 원활한 호흡과 배설을 할 수 있도록 관리하여야 한다.

(4) 분비 배설의 기능

두피에는 피지를 분비하는 피지선과 땀을 분비하는 한선이 존재한다. 이를 통해 분비되는 땀과 피지는 체온조절 및 인체 내 중금속과 독소를 배설한다. 이러한 분비배설 기능으로 인해 두피와 모발을 윤택하게 한다.

(5) 체온 유지기능

인체는 항상 36.5℃를 유지하는 항상성을 지니며 한선, 혈관, 입모근, 피하조직 등의 역할이 요구된다. 이는 인체의 신진대사 기능의 정상화를 위해 매우 중요하다. 두피에서 분비되는 땀은 인체의 체온유지에 도움을 주며, 두피 조직의 모세혈관은 수축과 이완을 통하여 혈류량을 조절한다.

(6) 지각전달의 기능

감각기관의 기능으로 외부의 자극을 뇌에 전달하여 촉각, 압각, 통각, 온각, 냉각, 소양감 등을 느끼게 한다.

(7) Vitamin D 생성의 기능

프로비타민 D는 자외선을 받으면 생체 내에서 비타민 D로 바뀌어 체내에 흡수되며 칼슘의 흡수를 촉진시켜 뼈와 치아의 형성에 도움을 준다.

3. 두피 · 모발진단 및 관리

학습목표

- 두피 · 모발진단을 할 수 있다.
- 두피 · 모발관리를 할 수 있다.

1) 두피 및 모발관리 목적

두피 · 모발관리는 생리적, 화학적, 물리적, 환경적 요인에 의해 일어나는 모발과 두피의 질병을 분석, 관리하여 두피에 염증, 지루성, 비듬성 두피 등의 문제성 두피를 예방 및 개선하여 건강하고 윤기있는 모발이 성장할 수 있도록 두피를 관리하는 것이다. 두피와 모발의 건강한 관리를 위해서 먼저 두피에 쌓여 있는 노폐물을 제거하고 청결하게 하여 두피의 신진대사와 산소공급을 원활하도록 해야 하며 잦은 화학적 시술을 자제해야 한다. 또한 손상모발의 개선 및 예방과 두피의 혈행 촉진 및 이상증상, 두피의 정상화와 모발성장의 저해가 되는 환경을 개선하여 탈모 등을 극복하고 모발이 잘 자랄 수 있도록 한다.

두피는 민감성, 염증성, 비듬성 두피 등으로 나누고 모발은 크게 손상모와 건강모로 나눌 수 있으며 탈모 상태에 따라 적정한 화장품과 기기 및 관리 테크닉을 적용하여 지속적인 관리를 한다. 이를 통하여 두피의 피로, 스트레스, 피지분비의 불균형과 여러 가지 미생물, 모낭충 등으로 비듬과 염증이 수반되는 것을 완화시키기 위한 목적으로 한다.

2) 두피 · 모발의 상담 및 진단과정

두피관리에서 상담 및 진단은 고객과의 첫 대면단계이며, 고객의 생활패턴, 건강상태 등의 정보를 상담하고 문제점을 알아내기 위해 내적, 외적인 사항을 표면화시켜 분석한 후 관리방법을 결정하기 때문에 매우 중요한 과정이다.

(1) 문진

상담카드 및 진단카드를 작성하기 위한 여러 가지 체크사항을 통해 고객의 생활패턴을 파악한다.

(2) 시진

두피의 색상, 각질 상태, 피지 분비량, 모공 내 피지분비 형태 등과 함께 모발의 손상여부는 육안을 통해 파악한다.

(3) 촉진

피지상태, 땀의 분비량, 긁어서 밀려나오는 피지 및 각질여부와 두피의 탄력도 및 경직상태 등으로서 손에 만져지는 촉각으로 파악한다.

(4) 두피진단기 측정

두피진단기로 관찰하여 모발의 밀집도 → 모발의 굵기 → 모발(처음-중간-끝)의 손상도 측정 → 두피의 색상 → 두피의 문제 → 두피의 피지량 및 땀의 분비량 → 모공상태 및 각질 상태 등을 파악할 수 있다.

〈모발 및 두피 분석방법〉

상담과 진단을 통해 모발 및 두피 상태를 분석하여 관리방법을 결정

문진
상담에 의한 진단

촉진
손으로 만져보고 진단

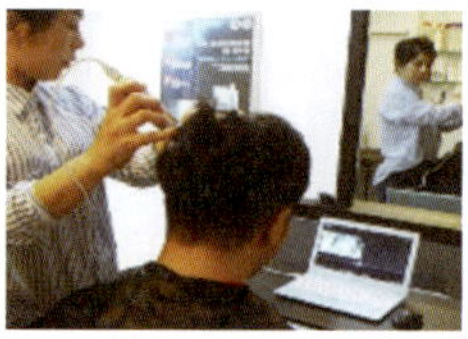

시진
눈으로 관찰하여 진단

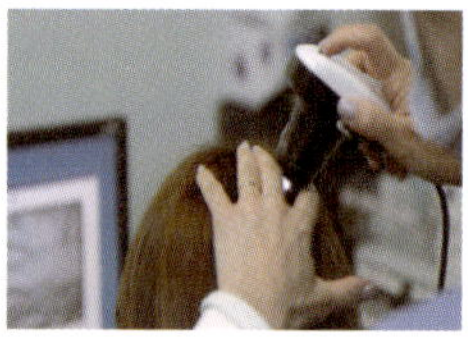

검진
모발 및 두피진단기

3) 두피 · 모발관리의 과정

(1) 스캘프 트리트먼트(scalp treatment)

모발이 건강하게 성장하기 위해서는 두피 청결과 영양공급이라는 조건이 필수적이다. 마사지 등을 통하여 혈액순환이 원활하게 될 수 있도록 기반을 마련해 주고, 청결하고 건강한 두피유지와 육모제 등을 두피에 도포하여 영양을 공급하는 것은 두피관리의 주요한 방법이다. 즉, 스캘프 트리트먼트는 두피의 상태를 파악하여 관리해주는 것이다.

※ 방법

물리적 방법	• 두피 및 모발에 마사지나 도구의 사용으로 물리적 자극을 주어 두피의 생리기능을 활성화시키는 방법이다. - 브러시 머니플레이션에 의한 방법 - 스캘프 머니플레이션에 의한 방법 - 스팀타월, 헤어스티머, 적외선 등을 이용한 방법
화학적 방법	• 두피에 양모제(헤어로션, 헤어토닉, 헤어크림 등)를 사용하여 두피의 생리기능을 활성화시키는 방법이다.

(2) 두피 스케일링(scalp scaling)

두피 스케일링이란 노화된 각질, 피지 분비물, 비듬 등 두피에 쌓이게 되면 모발의 성장뿐만 아니라 두피의 건강까지 양향을 받는다. 이러한 두피의 이물질을 제거하는 것으로 두피관리에 있어 가장 기초적인 관리이며 중요하다.

※ 방법

물리적 방법	• 두피 세정기를 이용하여 두피에 물리적 자극을 주어 각질 및 화학성분, 피지 분비물 등을 제거하는 방법으로 두피마사지의 효과를 동시에 볼 수 있어 두피 건강에 매우 효과적이다.
화학적 방법	• 두피 연화제 등 두피 클렌징 제품을 물리적 방법을 시술하기 전 두피에 도포하여 노화된 각질과 두피에 쌓여 있는 이물질이 쉽게 제거될 수 있도록 하는 방법으로 두피상태별 관리가 용이하다.

〈스케일링 방법〉

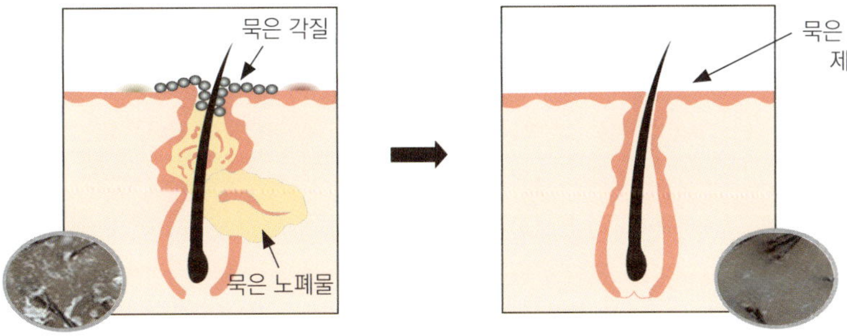

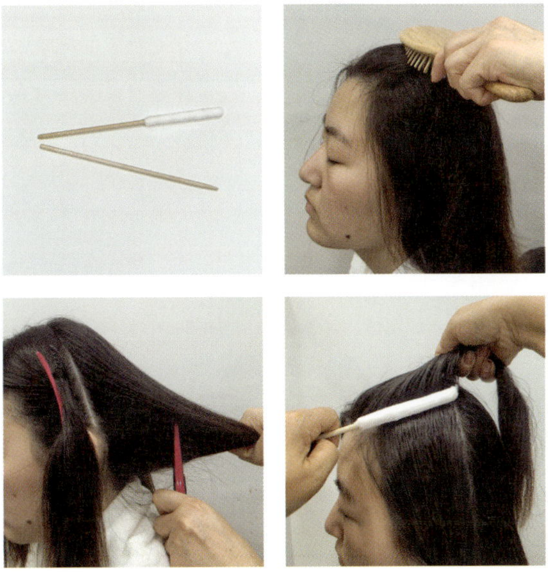

4) 두피·모발상태에 따른 관리

(1) 두피상태에 따른 관리

두피는 각질층의 수분량과 피지량, 두피 톤, 두피의 탄력성, 각질 유, 무 등에 따라 정상, 건성, 지성두피로 분류한다. 정상두피 즉 건강한 두피는 부드러운 탄력성과 외부로부터의 자극에도 저항성을 가지고 있으며 두피 색은 맑고 투명하고 두피의 생리작용 또한 활발하다. 지루성 두피는 붉은색, 탈모성 두피는 황색으로 나타난다. 또한 기존모와 신생모의 굵기가 같은지를 확인하여 신생모가 가늘게 자라면 모발성장에 이상이 있는 것으로 추후 탈모로 갈 수 있으므로 정확한 두피 진단이 필요하다.

두피에 이상이 없을 경우 신경과 근육을 자극하고 혈액순환을 원활하게 하도록 두피마사지(머니플레이션)를 한다. 이때 두피의 피지선을 자극하여 모유두에서 영양분을 분비하여 두피의 건강상태를 향상시키게 된다. 또한 비듬으로 인한 가려움증을 최소화하고 스트레스로 누적된 피로를 풀어 최상의 컨디션을 유지하도록 도와준다. 그러나 두피에 감염이 있는 경우, 빨갛게 부풀어 오른 경우, 종기가 있거나 혈액순환 계통이나 심장병이 있는 경우와 두피에 유분이 많은 경우, 펌이나 블리치 염색 전인 경우에는 삼가한다.

① 정상두피

정상두피는 모공이 열려있고 각질과 불순물이 없는 깨끗하고 가장 이상적인 두피다. 두피 톤은 청백색, 투명 톤으로 연한 살색을 띄며 전체적으로 맑고 수분은 약 15% 정도이다. 잦은 화학적 미용시술은 피하고 올바른 식생활과 샴푸 등으로 건강한 두피상태를 유지할 수 있도록 주기적인 관리가 필요하다.

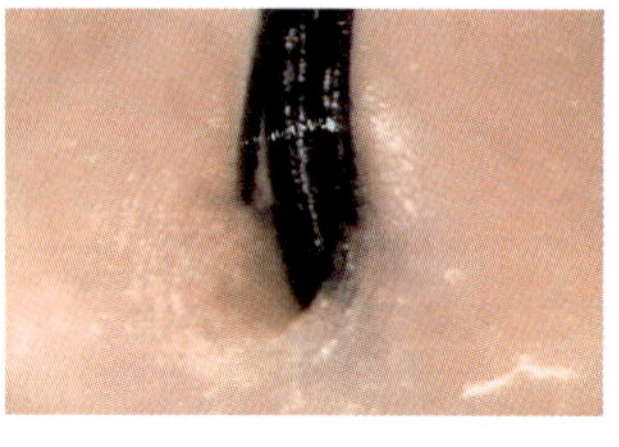
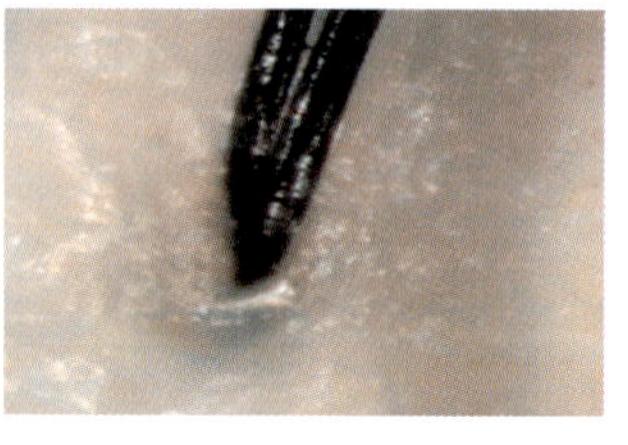

※ 관리방법

- 현재 정상두피 상태를 유지하는데 중점을 두고 관리한다. 즉, 올바른 식생활과 올바른 샴푸 등으로 건강한 두피 상태를 유지하기 위해 주기적인 관리가 필요하다.
- 건강한 상태를 유지하도록 모공에 쌓인 각질을 제거하여 청결하게 한다.
- 어깨 근육을 풀어 혈액순환이 잘 되도록 한다.
- 두피와 모발이 건조화되는 것을 방지하기 위해 영양공급의 균형을 맞추어 관리한다.

② 건성두피

피지분비 부족으로 피지막 형성이 되지 않아 피부 표면이 건조하고 거칠며 각질이 일어 가려움증을 동반하며 모공 부위에 유분이 없어 세균, 먼지, 화학성분 등에 의해 두피에 이상이 생긴다. 이를 치유하지 않을 경우 외부로부터의 방어 능력이 없으며 두피가 불규칙하게 갈라져 보이고 영양 결핍 등으로 인한 두피 건조화 현상으로 예민성 두피가 된다.

건성두피의 원인으로는 잦은 샴푸 및 드라이 시술과 퍼머 염색 등의 자극적인 요인과 비누로 샴푸를 할 경우 건성비듬이 생긴다. 지나친 유분과 당분이 많은 음식물 섭취와 영양공급 부족(Vit A, F 단백질 결핍) 및 유전적인 요인, 기후, 난방, 환경오염, 스트레스 및 피지분비의 부족, 호르몬 밸런스 이상 등의 요인으로 건성두피가 될 수 있다.

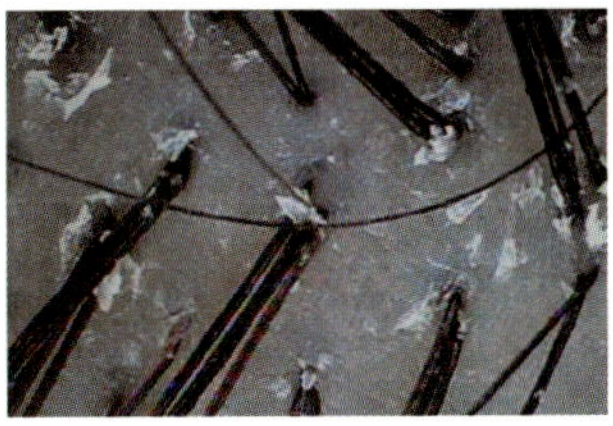
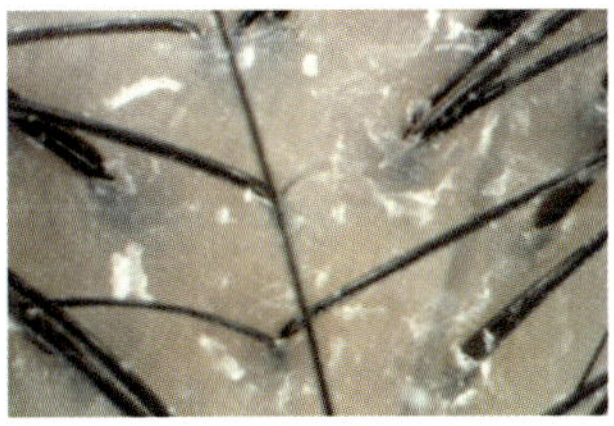

※ 관리방법

- 두피의 각질 제거 및 두피와 어깨 마사지로 혈액순환을 촉진시킨다.
- 충분한 영양을 공급해 두피가 건강해지도록 한다.
- 건성 두피용 샴푸를 사용한다. 유분과 알코올 성분이 많은 헤어제품은 피한다.
- 샴푸 후 과도한 열로 말리지 않는다.
- 유·수분 공급으로 들뜬 각질 세포를 진정시키고 유지막을 형성시켜 외부자극으로부터 두피를 보호한다.
- 샴푸 후에 두피용 토닉을 사용하여 두피를 진정시킨다.

③ 지성두피

지성두피는 트리글리세라이드가 함유된 피지가 과도하게 분비되어 두피가 황색이며 얼룩 현상이 다소 보이고 각질층의 수분은 20% 이상 존재한다. 샴푸 후 3~4시간만 지나도 과도한 피지분비에 의해 비듬과 각질이 피지와 엉켜 모공을 막고 이물질 및 피지 잔류로 심한 악취를 동반할 뿐만 아니라 피지가 안으로 역류하여 심하면 탈모를 유발한다.

지성두피는 피부에 상주하는 곰팡이의 작용으로 누렇고 끈적거리며 세균이 쉽게 번식하여 비듬과 가려움증을 동반하고 홍반 및 염증이 생길 확률이 높다. 따라서 청결한 관리가 무엇보다 필요하다. 샴푸는 1~2일에 한 번 하도록 권하고 피지 분비를 조절할 수 있는 성분이 함유된 제품을 사용하도록 한다. 특히 동물성 지방과 당분섭취 및 자극적인 음식을 섭취하지 않는다.

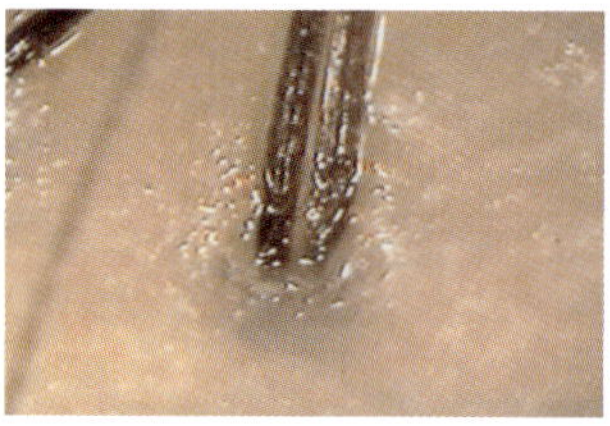
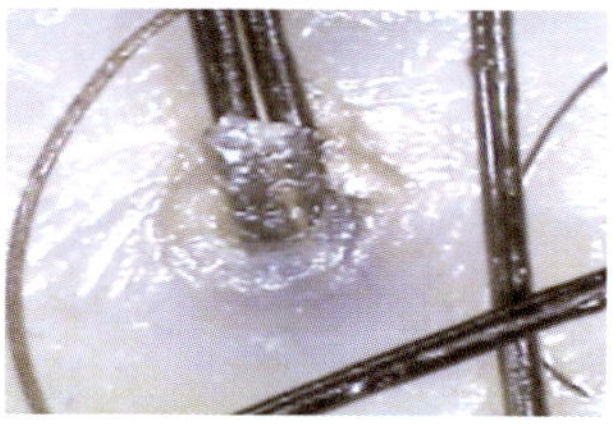

※ **관리방법**

- 두피 세정과 피지 조절에 중점적인 관리를 한다.
- 모공을 열어 피지 응고물을 제거한다.
- 두피의 신진대사를 원활히 하여 세균에 대한 저항력을 키운다.
- 자극적인 음식이나 스트레스, 환경오염, 스타일링 제품의 과도한 사용을 금한다.
- 미온수로 지성 두피용 세정제로 샴푸하며, 세정 후 드라이로 가볍게 두피 및 모발을 말려준다. 강한 두부지압은 피한다.

④ 예민성 두피

예민성 두피는 피부조직이 섬세하고 얇으며 피부표면이 투명한 붉은 빛을 띤다. 모세혈관 확장과 혈액순환 저하로 작은 자극에도 염증이나 홍반을 나타나므로 자극적인 마찰은 피해야 한다. 심한 경우에는 염증성 두피로 발전하기도 한다. 곰팡이, 박테리아, 바이러스 등 세균의 감염으로 인한 염증이 심할 경우 탈모로 진행된다. 특히 건성두피를 오래 방치했을 경우와 영양 불균형, 생리 전후, 출산 후, 호르몬 밸런스 이상 및 피부질환과 세균 감염에 의해서 예민성 두피가 된다.

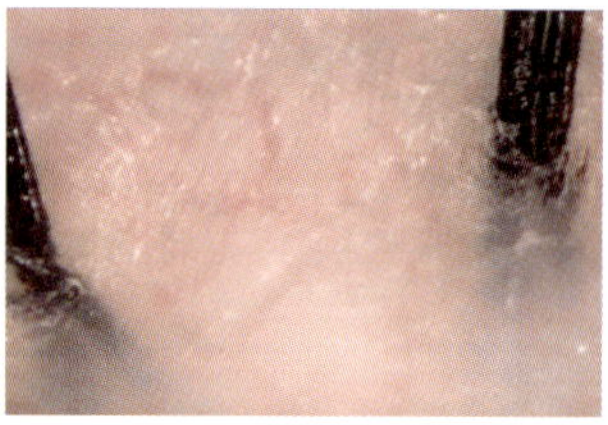
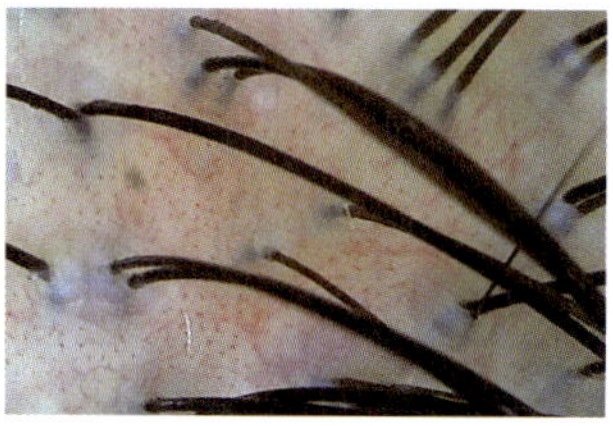

※ **관리방법**

- 화학적인 시술 및 헤어제품 사용을 자제한다.
- 두피의 청결과 세균 번식의 억제 및 탈모로 진행되지 않도록 관리한다.
- 내·외부적 환경요인을 제거하여 두피의 기능을 정상화시킨다.
- 두피의 자극을 최소화하고 저자극성 샴푸사용으로 두피를 정상화시킨다.
- 스트레스를 줄이고 어깨와 목뒤 부분을 마사지하여 혈액순환이 원활하게 한다.
- 홈 케어 시 저자극의 식물성 샴푸를 이용하고 스팀 타월이나 사우나 등은 가급적 피하는 것이 좋다. 관리를 소홀히 할 경우 염증성 두피로 전환될 우려가 있으므로 각별히 신경을 써야 한다.

⑤ 비듬성 두피

비듬성 두피는 각질세포가 새로운 세포에 의해 밀려 올라와 두피표면에서 각질화되어 떨어져 나오지 못하고 쌓여 가려움증이 동반된다. 비듬성 두피의 원인은 남성 호르몬(안드로겐)의 불균형과 비듬균 증식, 유전적 요인, 신경이완제 복용, 스트레스와 불규칙한 생활, 과도한 땀 분비와 불충분한 수면을 취한 경우, 잘못된 식습관, 피지선의 과다분비와 산화 및 각질 주기의 이상 등으로 인한다. 비듬성 두피는 피지분비 상태에 따라 건성, 지성, 혼합형 등으로 구분된다. 건성비듬성은 두피가 건조해지면서 하얀 각질이 일어나고 가려움증을 수반한다. 혼합성 비듬은 오랜 시간 지속된 피지산화 작용으로 인해 생긴 비듬으로 건성비듬에 비해 쉽게 떨어지지 않는다.

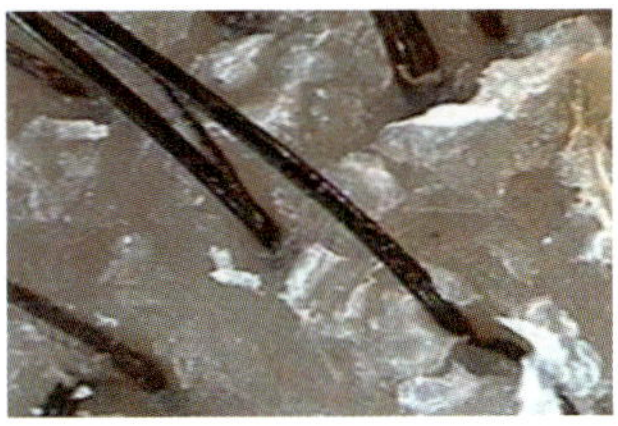

※ 관리방법

- 샴푸를 하기 전 브러싱을 해준다.
- 주 1~2회 정도 비듬 샴푸를 사용한다.
- 특수 관리를 하고 알칼리 제품은 피한다.
- 두피에 영양제 공급과 유·수분을 적절하게 유지하도록 한다.
- 피지 조절과 균에 감염되지 않도록 주의하며 살균하도록 한다.
- 혈액순환 촉진을 위해 두피마사지를 병행하고 과도한 세정은 피한다.

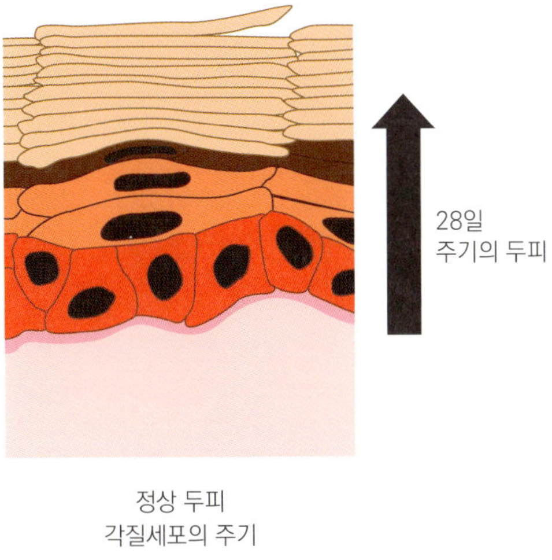

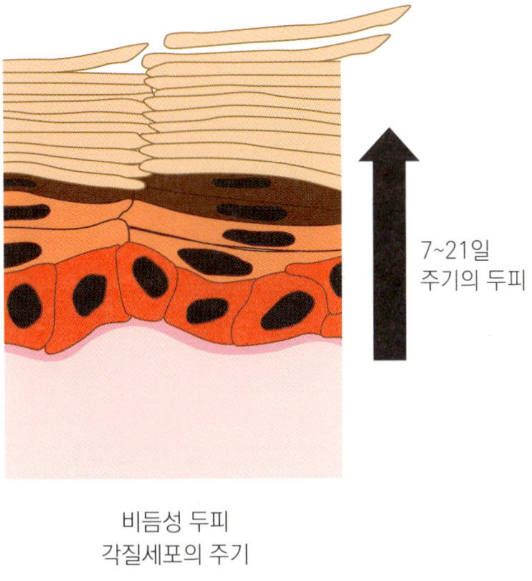

<각질주기의 이상>

⑥ 탈모진행형 두피

탈모진행형 두피일 경우에 두피가 자주 가렵거나 비듬이 평상시보다 많고 피지분비량이 증가된다. 이러한 피지의 증가로 성장이 중지되어 탈모가 발생될 수 있다. 모발 케라틴은 염과 산성에 특히 약하기 때문에 여름철 자외선과 함께 산성도가 높은 비나 눈을 직접 두피에 맞지 않도록 주의해야 한다. 이는 자외선이 모발 성장을 촉진시키기도 하지만 너무 강하면 수분을 빼앗아 모발을 건조시키고 퇴색되게 한다.

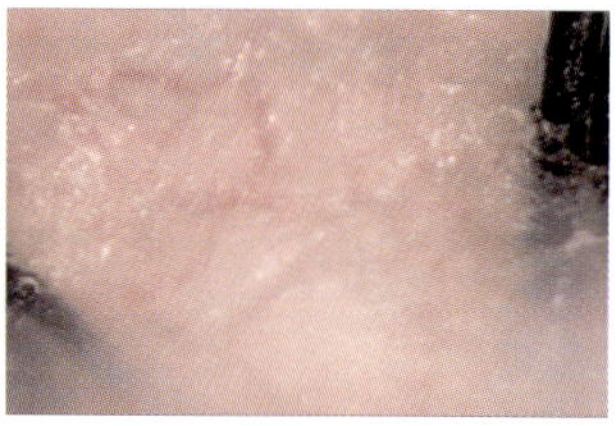

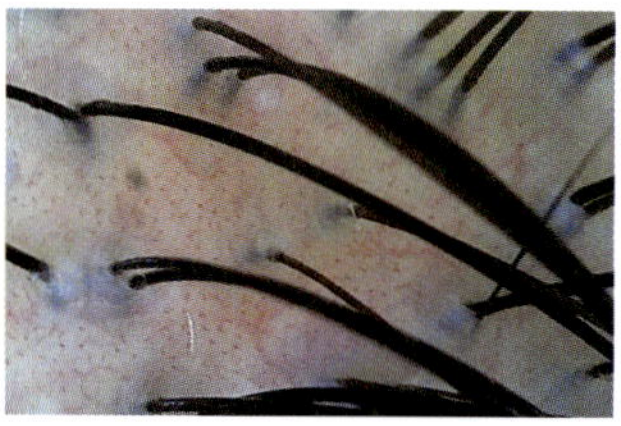

※ 관리방법

- 두피 상태에 맞는 샴푸와 두피 스켈링으로 신진대사를 촉진시킨다.
- 두피 마사지를 통해 혈액순환을 촉진시켜준다.
- 두피에 영양을 공급하여 유분과 수분의 적절한 균형을 맞춰준다.
- 자극적인 음식은 피한다.
- 자극이 강한 제품과 화학적 시술을 피하는 것이 좋다.

5) 모발상태에 따른 관리

모발은 헤어미용의 가장 중요한 소재이며 외적인 아름다움을 나타내기 위해서는 건강한 모발이 필수적이다.

젖은 모발은 화학적, 기계적 손상을 쉽게 받아 모발을 약하게 한다. 이때 트리트먼트제를 모발에 사용하면 손상된 모발을 회복 또는 보호하기도 한다. 트리트먼트제를 전혀 사용하지 않고 계속해서 알칼리성 제품류를 사용하면 모발의 단백질 결핍으로 펌이나 헤어 세팅 등의 웨이브 형성을 어렵게 하며 모발의 탄력성을 잃게 하고 윤기가 없으며 건조화 되어 모발 끝이 갈라지게 된다.

(1) 정상모발 관리방법

정상모는 물리적, 환경적, 화학적 요인으로부터 손상되지 않은 자연 상태의 건강한 상태이다. 모표피가 촘촘하게 배열되어 있으며 윤기 있고 탄력적이며 부드러운 건강한 모발이다.

모발은 한번 손상되면 회복능력이 없다. 따라서 잦은 화학적인 시술을 피하고 적당한 유·수분 공급과 정상모발에 적합한 샴푸와 트리트먼트를 사용하여 지속적으로 정상모발을 유지하도록 노력을 한다. 소량의 고급 왁스와 양이온 계면활성제, 양이온 폴리머를 사용하며 저분자량의 실리콘 오일을 사용하여 모발을 가볍게 코팅해준다.

(2) 지성모발 관리방법

지성모발은 샴푸 후 2~3시간 경과된 후 모공에 피지가 고이기 시작하여 모발의 하단부분이 피지로 덮혀 지성 모발이 되며 지질은 1~5% 정도이다.

지성모발은 모공 내에서 분비되는 피지로 인해 각질과 먼지, 오염물질 등이 흡착되어 쉽게 더러워지므로 샴푸는 매일 하는 것이 좋다. 이때 샴푸 손톱으로 두피를 긁거나 심하게 문지르는 것을 피해야 한다. 샴푸 후 타월로 모발을 비벼서 건조하면 모발이 손상되므로 가볍게 두드려서 건조한다.

(3) 건성모발 관리방법

건성모발은 선천적인 원인과 후천적인 원인이 있다. 후천적인 원인은 외부의 환경적인 요인과 잦은 샴푸, 열기구 사용, 잦은 화학적인 시술 등으로 인해 단백질 성분이 유실되어 손상된 상태를 말하며, 샴푸 후 하루 정도 지난 후에도 모발에 기름기나 윤기가 없는 푸석푸석하고 거친 모발을 말한다. 선천적인 원인은 천연보습인자(NMF: natural moisturizing factor)인 아미노산의 혼합물이 부족한 상태에서 성장한 것으로 모발에 수분을 저장하는 힘과 피지분비의 부족으로 모발의 수분이 증발하는 피지막이 형성되지 않은 경우이다. 즉, 건성모발은 이상모인 동시에 손상모 상태를 말한다. 그러므로 영양분을 공급하여 유·수분의 균형을 적절하게 유지하기 위한 지속적인 관리가 필요하다.

(4) 손상모발 관리방법

손상모는 부분적으로 큐티클층이 탈락되거나, 들뜸현상 및 갈라져 있어 윤기와 탄력이 없다. 이때 관리를 하지 않으면 악화되어 지모나 단열모가 되어 회복이 불가능하다. 손상된 모발은 높은 함량의 고급 왁스와 양이온 계면활성제, 양이온 폴리머가 함유되어 있는 트리트먼트를 사용과 실리콘 오일성분으로 모발의 윤기와 차분함을 더해준다. 또한 모발에 무리한 자극을 주지 않도록 주의해야 하며, 특히 잦은 화학적 시술은 피하는 것이 좋다.

(5) 가늘고 힘이 없는 모발

모표피가 약해 힘이 없는 상태이거나 손상되기 쉬운 모발로 가늘고 정전기가 잘 일어나 서로 엉키기 쉽다. 수분유지 단백질과 유분공급 트리트먼트 시술을 해주며 화학적 시술은 삼간다. 힘없이 축 쳐지는 모발은 샴푸 후 모근부터 말리며, 외출 시 자외선 차단제가 함유된 에센스를 사용한다. 특히 드라이 시 헤어로션을 모발에 도포한 후 약한 바람으로 건조해야 한다.

(6) 굵고 뻣뻣한 모발

큐티클 간격이 좁고 비늘 층이 두꺼워 쉽게 손상되지 않는다. 단백질이 풍부하고 튼튼한 모발이므로 일상적인 보습효과를 주는 제품을 사용한다. 30% 정도의 수분이 모발에 남아있을 때 위에서 아래로 건조시키면 모발이 차분하고 윤기 있어 보인다.

(7) 끈적이는 기름진 머리

잦은 샴푸는 두피나 모발에 더욱 자극을 주어 손상이 될 수 있으므로 하루에 2회 정도 샴푸를 하더라도 저자극성 샴푸제나 수분을 보충해줄 수 있는 보습 샴푸제를 사용한다.

(8) 갈라지고 끊어지는 머리

잦은 화학적 시술로 인해 모발 손상이 가속화되지 않게 영양공급에 중점을 두고 흡수율이 좋은 에센스를 사용한다. 모발에 자극을 주지 않도록 끝이 둥근 브러시나 빗살이 엉성한 브러시를 사용하고 손상이 심한 부분의 모발은 잘라 주어야 한다.

4. 탈모 및 관리

학습목표

- 탈모에 대해 설명할 수 있다.
- 탈모에 따른 관리를 할 수 있다.

1) 탈모

탈모는 세포분열이 왕성하지 못하여 성장기가 짧고 휴지기에서 다음 성장기까지 길어지면서 모발이 약해지고 가늘어지며 다시 자라나는 모발까지 성장하지 못한 채 과다하게 빠지거나 연모화 되는 과정을 탈모라 한다.

인체의 모낭 수는 태어나면서 결정되고 모발이 자라지만 나이가 들어감에 따라 모발의 성장기는 차차 짧아지고 휴지기 모발의 비율이 높아지면서 탈모가 된다.

탈모의 증상은 머리숱이 줄어들고 두피가 자주 가려우며 지루성 비듬이 많이 생기고 모발에 탄력이 없고 잘 끊어지며 두피가 건조하고 당기는 증세가 생긴다. 탈모는 생리적으로 발생하는 자연탈모와 병적인 이상탈모, 강압적인 힘에 의해 물리적인 탈모가 있다.

모발에 영양을 전달하는 모세혈관은 자율신경에 의해 움직이는 신경이며 신경세포에는 교감, 부교감 신경으로 나눈다. 교감신경은 모세혈관을 수축시키는 작용이 있어 모발이나 피부의 영양 공급을 저지시켜 모발의 성장기를 단축시킴으로 탈모와 연결된다. 스트레스, 불안감, 등으로 긴장상태가 계속되거나 영양결핍, 질환으로도 탈모증으로 연결될 수 있으며 스트레스에 의한 탈모는 남성보다는 여성에게서 더 많이 볼 수 있다.

(1) 남성형 탈모

남성호르몬인 안드로젠은 안드로스테론과 테스토스테론으로 나누어지며 모발 성장뿐만 아니라 활발한 피지 생성과 호르몬의 과다 분비 및 모낭의 축소로 인해 모발이 가늘어지면서 안드로젠성 탈모인 남성형 탈모가 일어난다.

안드로겐 탈모증은 테스토스테론보다 DHT(dihydrotestosteron) 호르몬의 영향을 더 받는다. DHT는 탈모의 경우에도 눈썹과 수염 그리고 가슴 털 등은 잘 자라게 성장을 촉진시킨다. 이는 지역과 인종, 문화에 따라 다소 차이를 보인다. 이러한 탈모 유전인자는 모계에서 남녀 모든 자녀에게로 이어지지만 특성상 남성 호르몬에만 반응을 일으켜 발현되고 유전자가 없는 사람에게는 일어나지 않는다. 20~30대 장년 남자의 전두부 및 두정부에 탈모가 시작되어 점차적으로 확대되며 전두부의 모발은 빠지지 않고 남아있는 것이 보통이다.

테스토스테론은 고환에서 생성되는 남성 호르몬으로 5-α 리덕타아제(reductase)의 영향으로 DHT로 바뀌어 점진적으로 탈모가 이루어진다. 5-α 리덕타아제는 주로 전립선, 모낭, 피지선 등에 분포되어 있다. 백인 남성은 황색인 남성보다는 5-α 리덕타아제가 더 많기 때문에 몸에 털이 많고 탈모가 될 가능성도 황색인 보다 높다. 여성들은 5-α 리덕타아제 효소를 남성의 1/2 정도 가지고 있고 DHT의 형성을 감퇴시키는 아로마타아제라는 효소를 많이 가지고 있어 대부분 남성형 탈모가 이루어지지 않는다. 남성형 탈모증은 전체 탈모의 95%를 차지하며 전두부와 두정부에 걸쳐 점차적으로 탈모되어가는 것이 특징이며 크게 M형과 O형으로 나눈다. 보통 40세를 전후로 일어난다.

(2) 여성 탈모증

여성은 40세 전후가 되면 여성호르몬 분비가 감소되기 때문에 남성호르몬의 영향을 받아 남성형 탈모와 같은 형태로 전두부와 두정부의 모발이 적어지고 가늘게 된다. 모발이 빠지는 형태는 남성과 다르게 얼굴 라인의 모발은 탈모 되지 않고 정수리 부분이 탈모된다. 모발은 이전보다 가늘어지면서 머리 전체에서 일정하게 빠지고 전체 탈모 환자의 40%가 여성이다.

여성호르몬인 에스트로겐은 난소에서 분비되며 모발성장을 촉진시킨다. 여성항체 호르몬인 프로게스테론은 모발 성장에 직접적인 영향을 미치지는 않지만 모발의 성장을 억제시키고 체모의 성장은 촉진시킨다. 특히 자궁, 난소 등의 이상에 의해 여성호르몬의 분비가 정상적이지 못할 경우에는 굵고 거친 모발이 발생된다.

여성의 난소에서 분비되는 소량의 남성호르몬(DHT)은 모발이 빠지게 하는 호르몬으로 출산 후 또는 폐경기의 여성들은 여성호르몬이 저하되고 남성호르몬의 기능이 왕성해지기 때문에 탈모가 심하게 이루어지는 경우가 많다. 특히 여성들은 임신과 폐경기 때 탈모가 가속화되며 호르몬의 변화와 병적인 요인, 외적 요인에 의해 영향을 받아 점진적으로 빠진다. 또한 여성은 남성과 같은 탈모는 없으나 갑상선 기능 저하가 되는 갱년기 후의 여성호르몬 이상으로 탈모가 생긴다. 탈모를 유발하는 일반적인 의약품들은 경구 피임약, 갑상선치료약, 혈압약, 우울증 치료제, 혈액 희석제, 소염제, 과다한 비타민A 투여 등이 있다. 그밖에 스트레스로 인한 원형탈모증 및 임신과 출산, 다이어트 약의 복용, 잦은 펌과 컬러(염색)링 그밖에 저혈압, 냉한 체질, 빈혈증 등에도 탈모가 일어날 수 있다. 여성 탈모의 15% 정도는 남성형 탈모 즉 M자형의 탈모가 발생하며 남성보다 DHT의 생성 양이 적어 치료 효과는 높다. 또한 난소 낭종과 같은 질환에 의해 남성 호르몬이 증가되면 생리가 불규칙해지며 남성들처럼 신체 다른 부위에 굵은 털이 나게 된다.

(3) 반흔성 탈모증

반흔성 탈모증은 모낭이 완전 파괴된 경우 또는 모유두 조직의 기능 저하와 외상, 화상 등의 흉터로 인해 모발이 자라지 않는 탈모이다. 병적인 요인으로는 모낭염, 독발성 모낭염, 경피증, 가성독발, 편평태선, 홍반성 루프, 종양 감염으로 모낭이 파괴되어 영구적인 탈모가 된다. 완치된 후에도 머리가 반들반들거리며 모발은 재생되지 않는다.

(4) 비반흔성 탈모증

비반흔성 탈모증은 반흔성 탈모처럼 흉터가 생기지 않으며 조직이 섬유화되지 않고 모낭도 그대로 보존되는 질환으로 휴지기 탈모증, 유전성 안드로젠 탈모증, 생장기 탈모증 등이 있다.

(5) 원형 탈모증(alopecia areata)

원형탈모는 유전적 요인과 정신적인 스트레스로 인해 자각 증상 없이 머리에 동전 크기 모양의 원형으로 탈모되며, 인설이나 다른 염증 증상은 볼 수 없고 건강한 사람에게도 발생할 수 있다. 주로 어린아이들과 20~30대의 젊은 층에서 많이 나타나며 정신적 외상, 자가면역, 국소감염, 내분비장애 등의 원인으로 직경 1~5cm의 원형 또는 타원형의 모양으로 약간 함몰되어 탈모된다. 90% 이상은 6개월~1년 사이에 치료 없이도 좋아지게 되나 2년 이상 지속되는 경우에는 모발이 다시 자라지 않으며 탈모된 부위가 점점 커져 머리 전체의 탈모로 확대될 수 있다.

소아의 경우는 아토피성이 원인이며 치료가 힘들고 악성탈모로 진전되어 눈썹, 속눈썹까지 빠지는 경우도 있다. 탈모의 정도에 따라 모발 전체가 탈락되면 전두 탈모증, 전신의 모발이 탈락되면 전신탈모증이라 부르며 보통 4~12개월에 모발이 재생되지만 재발될 수 있다. 특히 아토피 피부염, 다운증후군, 갑상선염, 백반증 환자에게서 발생할 수 있으며 감별을 요하는 질환으로써는 두부 백선, 매독성 탈모증, 홍반성 루프스, 발모벽 등이 있다. 병변 부위에 나타나는 모발은 대부분 생장기 모발이며 모낭은 크기가 작고 다양하다. 부신피질 호르몬을 사용하여 치료를 하지만 투여 중에는 회복되는 것 같지만 투여를 중지하면 다시 재발하기도 하며 원형 탈모증은 단발성과 다발성으로 나눌 수 있다.

원형탈모 종류	특 징
단발성 원형탈모	• 탈모부위가 점차 늘어나면 난치성 탈모증으로 발전 • 60% 정도는 1~2개월 사이에 자연 치유 • 두정부 전체에 큰 탈모를 형성할 수 있다. • 모든 연령층에서 볼 수 있는 탈모증 • 남성보다 여성에게 많이 볼 수 있다.
다발성 원형탈모	• 2군데 이상의 부위에 탈모 • 6개월에서 2년 정도에 치유된다. • 머리 전체 또는 온 몸에 털이 탈모되는 경우도 있다.
비만성 원형탈모	• 탈모부위의 모근 형상이 원형 탈모증의 일종 • 머리 전체에 많은 양의 모발이 균등하게 탈모 • 1~2년 정도의 치료로 완치되는 경우가 있다.
범발성 원형탈모	• 세포성 면역의 결손, 자가 항체 및 내분비적 인자와 관련 • 전두부에서 유발(미모, 첨모, 수모, 액모, 음모, 사지 등의 경모탈모) • 두부 이외의 탈모증으로 난치성 탈모증, 악성 탈모증이 있다. • 탈모 이외의 신체의 장해는 일어나지 않는다. • 모낭만 전신에서 소멸 또는 극도로 위축되는 질환 • 자신의 면역에 대한 알레르기로도 생각할 수 있다.

(6) 성장기 탈모

성장기 탈모는 성장기 모발에서만 일어나며 모근 파괴로 가늘어진 모발이 성장기 동안에 빠진다. 이외에도 x선 조사와 두피외상 및 압박, 여러 내분비 질환, 항 대사제 또는 체세포분열 억제제 같은 세포 독성이 있는 항암제를 투여한 직후 또는 1~2주 후에 두피 전체에서 심한 탈모가 나타난다. 이와 같이 약효가 지속되는 동안 가늘어지며 두피의 표면에서 부러지거나 빠지기도 하는데 이러한 탈모는 약제사용을 하지 않으면 수 주 이내에 모발이 재생된다.

(7) 휴지기 탈모

모발은 휴지기가 되면 자연 탈모하는데 모발이 그 시기를 기다리지 않고 성장기에서 퇴행기와 휴지기로 가면서 빠지는 경우를 휴지기 탈모라 하며 모낭 내의 염증은 나타나지 않는다. 건강인의 정상 휴지기 모발 비율은 23%이며 25% 이상이 되면 휴지기 탈모증이라 볼 수 있다. 정상인의 1일 탈모 수는 나이, 성별, 인종에 따라 차이는 있지만 보통 50~70개이며 휴지기 탈모는 120~400개 이상이다.

휴지기 탈모는 열병 후 휴지기 탈모, 견인 휴지기 탈모, 산후 휴지기 탈모, 출생 후 휴지기 탈모, 약물성 휴지기 탈모, 만성 정신적 탈모, 영양결핍 만성 두피질환 및 만성원형 탈모증 등으로써 원인 노출이 없으면 6개월 후에 자연적으로 호전된다. 산후 휴지기 탈모는 산후 2~5개월에 나타나기 시작하여 머리 전체에서 나타나기도 하며 모발의 재생은 생후 6개월에 시작된다.

(8) 견인성 탈모

강한 힘을 가하여 모발을 땋거나 감아올릴 때 또는 기계적인 자극을 반복했을 때 모낭이 당겨져서 모낭의 혈류장해가 생기고 모유두 조직 주변에 가벼운 염증이 축적되어 조직의 노화를 앞당기기 때문이다.

(9) 비강성 탈모증

두피의 염증은 없지만 건조한 비듬이 많아지고 모근은 가늘어지며 가려움을 동반한다. 비타민 A, D의 부족에 의한 두피 각화와 비정상 위장장애, 신경쇠약, 자율신경 실조, 빈혈, 결핵, 두피 압박 및 건조상태 등에 의해서 또는 브러싱이나 샴푸 과정을 통해 탈락된다.

(10) 지루성 탈모

지루성 탈모는 과다 피지 생성으로 심한 지루성 인설 및 지루성 피부염으로 탈모가 될 수 있다. 이때 모근에는 하얀 피지 덩어리가 보이며 두피가 끈적끈적하고 모발은 가늘어지면서 부드러워진다. 대체로 남성호르몬의 영향으로 남성에게 나타나며 간혹 여성에게서도 발생한다.

두피를 청결하게 하지 않으면 비듬의 증가와 미생물 번식으로 가렵고 염증을 유발한다. 염증이 심하게 되면 모낭염이나 지루성 습진이 되어 휴지기모의 탈모가 많아진다.

(11) 두부 백선

두부에 백선균의 감염으로 발생된 전염성 피부병으로 모발이나 모근부위에 곰팡이 균이 기생하는 질환이다. 원인균은 피부사상진균으로 주로 15세 미만의 소아에게 잘 생기며 원형에서 타원형의 인설반이다. 모낭염과 함께 농포형성으로 영구탈모를 유발시킬 수 있으며 두부 백선에서도 인설, 홍반, 농포와 함께 탈모의 증세가 나타난다.

(12) 접촉성 피부염에 의한 탈모

염모제, 펌제, 헤어크림 등의 화학적 제품 사용으로 두피에 접촉성 피부염을 일으키는 경우이며 염증이 심해지면 탈모가 된다. 염증 치료 후 수 주일이 지난 다음 휴지기성 탈모를 일으키기도 한다.

(13) 기타 탈모증

종 류	특 징
내분비질환 탈모	• 뇌하수체에서 분비되는 갑상선 호르몬에 의해 탈모를 일으킨다.
영양장애 탈모	• 다이어트 또는 단식을 할 경우 피부의 건조와 함께 탈모가 된다.
약제성 탈모	• 갑상선의 기능을 억제하는 약을 투여하면 휴지기성 탈모 • 항 정신제는 콜레스테롤 합성을 억제로 휴지기성 탈모증을 유발 • 항암제 투여로 생식세포, 모모세포 등의 파괴로 성장기 탈모 유발
비타민A 과잉 탈모	• 모발성장에 필요한 영양소이나 과잉 복용시 피부 건조와 탈모 유발
압박성 탈모	• 무거운 가발 착용, 수술 시 두부를 고정 후 압박에 의한 탈모 • 2~6주 후에 일어나는 탈모 • 위축모의 형태로 빠지지만 경증인 경우는 휴지기모로 빠진다.
장성지단 탈모	• 5~6세의 유아에 발생하는 유전성 피부질환 • 손·발가락에 작은 수포나 농포 동반과 홍반형성 • 손톱의 변형과 염증유발이 머리에 전염되면 탈모가 일어난다.
매독성 탈모	• 매독감염 후 발생하는 탈모증 • 후두부 또는 측두부에 원형이나 타원형으로 탈모가 된다.
모낭충에 의한 탈모	• 0.3 mm 크기의 진드기류인 데모덱스 휘리큘럼과 데모덱스 브레비스의 두 종류 모낭충 기생으로 탈모 유발 • 모낭충은 모낭과 피지선에 기생, 밤에 활동하며 모공에 염증을 일으키면서 탈모된다.

2) 탈모관리

(1) 식생활에 의한 탈모관리

일상생활에서의 탈모예방법은 균형적인 식단구성으로 영양 섭취를 철저하게 하고 충분한 수면과 적당한 운동 및 스트레스를 피하는 생활습관이 필요하다.

동물성 기름인 포화지방은 남성호르몬의 혈중 농도를 높이고 당분이 많은 음식은 인슐린 호르몬의 분비를 높여 남성호르몬의 분비를 촉진시키기 때문에 탈모가 된다. 따라서 포화지방과 당분이 있는 음식을 최소화하며, DHT 생성을 억제하는 녹차를 이용하면 탈모예방에 효과적이다.

탈모가 시작되면 지속적인 관리와 치료가 필요하다. 봄, 가을, 겨울철에는 건조하므로 모발에 보습제를 사용하며 샴푸 후 타월로 충분히 물기를 닦아낸 다음 완전히 말린다.

〈탈모예방 식습관〉

- 하루 식단은 단백질 30%, 탄수화물 40%, 불포화지방 30%로 한다.
- 식물성 단백질(콩), 해산물, 과일, 기름기가 제거된 육식을 한다.
- 감자, 파스타, 빵 등 밀가루 음식은 되도록 피한다.
- 술, 담배, 카페인 등은 최소화한다.
- 인스턴트 음식은 피하고 과식은 금한다.
- 취침 2시간 전에 식사를 끝낸다.
- 조리 시 불포화 지방인 식물성 기름을 사용한다.

(2) 의료에 의한 탈모관리

발모제로는 미녹시딜과 프로페시아를 일반적으로 사용하고 있으며 탈모를 억제하면서 발모를 유도하는 효과가 있다. 이에 반해 발기부전, 성욕 감퇴 등의 부작용을 일으킬 수 있는 부작용도 따른다. 탈모증의 의료치료방법은 자가 모발이식과 약물치료방법이 있다. 약물요법은 미녹시딜, 피나스테리드를 투여하여 탈모 발현 성분을 억누르는 것으로써 남성호르몬을 억누르거나 5-α-환원효소를 억제시켜 탈모를 완화시키고 예방하는 탈모 치료법으로 관리할 수 있다. 또한 스트레스나 심리적 위축으로 인해 우울증이나 불안 증상을 동반하는 경우는 정신과 치료를 요한다.

① 병원치료방법

병원치료방법으로 자가 모발이식(Hair Transplantation)을 들 수 있다. 탈모 환자의 남성호르몬을 억제하는 피나스테리드(Finasteride) 경구투여와 병행하여 시술되고 후두부 모발을 원추형으로 전개하여 이식할 모발을 채취한 후 이식할 부위에 식모하여 봉합한다. 이외에도 두피절개술, 냉동치료법, 조직확장 재건술 등이 있다.

② 약물치료방법

탈모증 치료제는 FDA의 승인을 받은 치료제가 가장 많이 사용된다. 남성형 탈모증 치료제의약품으로는 주로 미녹시딜(Minoxidil)과 피나스테리드(Finasteride)를 사용하고 있다.

• **미녹시딜(Minoxidil)**

미녹시딜은 남녀 모두에게 사용 가능한 두피 도포용으로 남성형 탈모 치료제이며 혈관을 확장시켜 두피의 혈류를 증가시키고 모모세포를 활성화시켜 탈모진행을 더디게 하여 가늘어진 모발을 굵게 하거나 빠지는 현상을 막아준다. 사용 후 2~3개월 후 효과가 나타나며 농도가 높을수록 상승효과가 있다. 그러나 두피 건조로 인한 소양감, 홍반 등의 증상과 알레르기성 접촉 피부염 및 안면부 다모증도 나타날 수 있다. 미녹시딜은 남성호르몬이 적게 분비되는 여성들에게서 더 효과가 있으며 여성 탈모의 유일한 치료제이다. 치료 중단 시 다시 원래 상태로 탈모가 되는 현상이 발생하게 된다.

• **프로페시아(Propecia)**

프로페시아는 전립선비대증이나 남성형 탈모를 치료하기 위해 주로 사용되는 경구용 약물이다. 프로페시아는 5-α-리덕타아제 효소의 활동을 억제시켜 탈모 원인의 DHT 호르몬 형성을 감소시켜 탈모 원인을 치료한다. 프로페시아는 사용기간 동안 두정부 모발의 탈모를 방지하고 가는 머리카락을 굵게 성장하는데 효과적이다. 지속적으로 복용할 경우 1~2년에 가장 효과가 좋으며 이후에는 점차 감소된다. 1년 정도 사용하여 효과가 없을 경우에는 더 이상 사용하지 않는 것이 바람직하며 사용 중지할 경우 2개월 정도 지나면 예전에 빠져야 할 머리카락까지 함께 빠지게 된다. 폐경기가 지난 여성이 사용할 경우 탈모를 방지하는 효과를 전혀 볼 수 없다. 부작용으로는 성적 욕구의 감소, 발기부전, 정액량의 감소, 유두에 몽울이 생기거나 통증이 생길 뿐만 아니라 임산부는 기형아 출산의 위험에 노출된다.

(3) 관리사에 의한 탈모관리

두피유형	두피관리방법
정상두피	상담 → 두피진단 → 브러싱 → 마사지 → 헤어스티머(5~10분) → 스케일링 → 헤어스티머 → 두피세정 → 타월드라이 및 건조 → 두피영양공급 → 적외선조사 → 마무리
건성두피	상담 → 두피진단 → 브러싱 → 마사지 → 헤어스티머(5~10분) → 스케일링 → 헤어스티머 → 두피세정(건성용제품) → 타월드라이 및 건조 → 두피영양공급 → 적외선조사 → 마무리
지성두피	상담 → 두피진단 → 브러싱 → 마사지 → 헤어스티머(5~10분) → 스케일링 → 헤어스티머 → 두피세정(지성용제품) → 타월드라이 및 건조(냉풍) → 두피영양공급 → 적외선조사 → 마무리
문제성두피	상담 → 두피진단 → 브러싱 → 마사지 → 헤어스티머(5~10분) → 스케일링(강한자극 X) → 자연방치 → 두피세정(두피타입에 맞는 제품 사용) → 타월드라이 및 건조(냉품) → 두피영양공급 → 적외선조사(두피와의 거리 50 cm) → 두피이완마사지 → 마무리
비듬성두피	상담 → 두피진단 → 브러싱 → 마사지 → 헤어스티머(5~10분) → 스케일링 → 헤어스티머 → 두피세정(비듬전용제품) → 타월드라이 및 건조 → 두피영양공급 → 적외선조사 → 두피이완 마사지 → 마무리

요 점 정 리

1. 모발의 역할은 기능학적 의미와 미용학적 의미로 나눌 수 있는데 기능학적 의미의 역할로는 보호의 기능으로 벌레, 땀, 먼지와 같은 이물질이 신체 내부로 침입하는 것을 막아주고 외부의 온도변화나 직사광선으로부터 인체를 보호한다.

2. 모발의 기능은 보호의 기능, 배출의 기능, 장식적 의미의 기능, 감각전달의 기능 등이 있다.

3. 모발은 18종의 아미노산(amino acid)으로 구성되어 있는 케라틴(keratin)이라는 단백질로 되어 있으며, 모발의 주성분은 단백질 80~90%, 수분 10~15%, 멜라닌색소 3%, 지질 1~8%, 미량원소 0.6~1%로 되어 있다.

4. 모발은 모간부(hair shaft)와 모근부(hair root)로 분류하며, 모간은 모수질(medulla)과 이를 둘러싸고 있는 모피질(cortex) 그리고 모표피(cuticle)로 구성된다.

5. 인체의 두부를 보호하고 있는 피부조직을 두피라 하며 외부의 물리적, 화학적 자극으로부터 보호하는 역할을 한다. 두피는 피부 표면에서부터 표피, 진피, 피하지방층으로 나뉜다.

6. 두피·모발관리는 생리적, 화학적, 물리적, 환경적 요인에 의해 일어나는 모발과 두피의 질병을 분석, 관리하여 두피에 염증, 지루성, 비듬성 두피 등의 문제성 두피를 예방 및 개선하여 건강하고 윤기 있는 모발이 성장할 수 있도록 두피를 관리하는 것이다.

7. 탈모는 세포분열이 왕성하지 못하여 성장기가 짧고 휴지기에서 다음 성장기까지 길어지면서 모발이 약해지고 가늘어지며 다시 자라나는 모발까지 성장하지 못한 채 과다하게 빠지거나 연모화되는 과정을 탈모라 한다.

단원 문제

1. 다음 중 모발의 성장주기를 바르게 나열한 것은?

① 휴지기 - 발생기 - 퇴행기
② 성장기 - 퇴행기 - 휴지기
③ 퇴행기 - 휴지기 - 성장기
④ 퇴행기 - 성장기 - 휴지기

2. 문진법으로 정확히 파악할 수 있는 내용이 아닌 것은?

① 식사
② 생활습관
③ 수면
④ 두피타입

3. 트리콜로지스트가 갖추어야 할 필수요건으로 맞지 않는 것은 ?

① 두피와 모발의 전문가적인 분석 능력
② 전문관리 제품에 대한 지식과 활용 능력
③ 상내별보다는 주관적인 관리시술과 테크닉
④ 신뢰감을 주는 상담 능력

4. 남성형 탈모의 원인은?

① 에스트로겐의 과다 생성 때문이다.
② 알레르기, 유전, 자율신경 이상 등이 원인이다.
③ 땀의 과다 분비 때문이다.
④ Testosterone이 5RD의 영향으로 DHT로 바뀌면서 탈모가 일어난다.

5. 다음 중 두피의 작용으로 틀린 것은?

① 보호작용
② 체온조절작용
③ 흡수작용
④ 저장기능

6. 모발 손상원인에 대한 설명 중 맞는 것은?

① 높은 열이나 빛에 의해 색과 구조가 변하지 않는다.
② 모발 손상의 원인은 크게 화학적 원인과 물리적 원인으로 나눈다.
③ 모발은 270~300℃에서 케라틴 구조의 변형을 유발한다.
④ 모발의 자외선의 영향을 받지 않는다.

7. 모발의 화학적 손상이 아닌 것은?

① 마찰에 의한 손상
② 자외선에 의한 손상
③ 퍼머넌트웨이브에 의한 손상
④ 탈색과 염색에 의한 손상

8. 다음의 두피관리 방법의 설명에 해당하는 두피는?

두피세정과 피지조절에 초점을 맞추어 관리하며 두피 마사지를 병행한다.

① 건성두피
② 예민성 두피
③ 비듬성 두피
④ 지성두피

9. 다음 두피에 대한 설명은 어느 두피에 해당하는가?

외관상 예민성두피와 지성두피의 혼합형이며, 피지분비가 많아 염증과 지성 비듬이 자주 발생한다.

① 문제성두피
② 중성두피
③ 비듬성두피
④ 지루성두피

10. 모발성장에 영향을 주는 요인들을 3가지 이상적이고 구체적으로 서술하시오.

정답

1. ②
2. ④
3. ③
4. ④
5. ④
6. ②
7. ①
8. ④
9. ④
10.

- ① 내분비에 의한 요인: 정소에서 분비되는 남성호르몬인 안드로겐과 난소에서 분비되는 여성호르몬이 모발성장에 영향을 준다. 안드로겐의 일종인 테스토스테론은 남성에 있어서 모발성장을 촉진하지만 디하이드로 테스토스테론은 모발성장을 억제하는 것으로 알려져 있다.
- ② 식습관에 의한 요인: 모발의 대부분이 케라틴이라는 구조단백질로 이루어져 있기 때문에 단백질 섭취가 불충분한 경우 머리색깔이 변하고 모발이 가늘게 되고 쉽게 부서진다. 심한 다이어트를 함으로써 영양장애를 일으키면 모발이 윤기를 잃게 된다. 철과 칼슘, 요오드, 아연 등이 부족해도 모발성장에 영향을 받으므로 편식을 자세하고 영양섭취를 골고루 해주는게 좋다.
- ③ 혈액순환장애: 모낭에 혈액이 원활히 공급됨으로써 영양소가 모세혈관을 통해 모낭에 전달되어야 모발이 잘 자랄 수 있나. 혈행징애가 있을 경우 모낭의 영향공급이 부족해서 탈모의 원인이 될 수 있다. 현대인의 식생활이 매우 향상되어 혈액 중의 콜레스테롤이 높아져서 혈액은 탁해지고 흐름은 원활하지 못하게 되어 혈관에는 플라그가 형성되므로 혈관이 점차 좁아져 혈행이 원활하지 못하게 되어 영양분의 공급이 모유두까지 전달되지 못하기 때문에 탈모에 이르게 되어 새로운 모발을 발생시키지 못하게 된다.
- ④ 스트레스에 의한 요인: 바쁜 사회활동과 대기오염 등으로 인한 스트레스는 자율신경계의 혼란을 가져온다. 정신적 건강, 잠재적인 불안감 고뇌에 의해 항상 긴장할 때에는 교감신경이 활발히 작용하게 되는데 교감신경은 혈관을 수축시키는 작용에 관여하므로 모발에 영향공급이 원활하지 못하게 되어 모발의 활동기를 단축시키므로 탈모를 유발할 수 있다.
- ⑤ 병적인 요인: 질병은 모낭의 성장주기를 변화시켜 모발을 가늘게 하고 모발의 색깔을 잃게 하며 성장속도를 저하시킨다. 홍역이나 감기로 인해 고열이 나면 병 발생 후 2개월이 지나면 빠지게 되는데 이것은 휴지기 때 조숙한 모낭세포의 침투 때문으로 알려져 있다. 빈혈, 심장병, 암, 임신 기간에는 혈액공급에 영향을 미쳐 모발 성장을 감소시킨다.
- ⑥ 유전적인 요인: 모발의 색깔, 성장주기, 축모, 대머리, 백발, 탈모, 모발의 굵기 등
- ⑦ 모낭충에 의한 요인: 피지선에 서식하는 모낭충과 모근에 서식하는 모낭충이 있는데 탈모에 관여하는 것은 주로 모근에서 서식하는 모낭충으로 알려져 있다. 모근, 머리끝 부분이 약해지고 두발과 모공에 공간이 생기기 때문이다. 모근이 약해져 뿌리가 흔들리고 모발이 모공에 밀착되지 않고 공간이 생기게 되면 탈모가 시작된다.

04
샴푸 및 컨디셔닝

1. 샴푸

학습목표

- 샴푸의 목적에 대해 설명할 수 있다.
- 계면활성제의 기능을 설명할 수 있다.
- 두피에 따른 샴푸제를 설명할 수 있다.

과거에는 머릿결, 윤기, 보습 등 모발에 중점을 두어 관리를 하였다면 현재는 두피·모발관리가 부각되고 있다. 보통 두피와 모발의 문제라고 하면 남성에게 주로 국한되어 있었지만 요즘은 여성에게도 두피 문제와 모발 감소 및 탈모가 빈번하게 일어나 이로 인해 헤어 스캘프 트리트먼트 시장이 빠르게 성장하고 있다.

탈모의 원인은 주로 호르몬과 스트레스에 있으나 두피질환이나 두피의 세정 불량, 환경문제, 스타일링제를 사용한 뒤 두피에 잔여물이 남아있는 경우 등 관리소홀로 생기는 경우가 많다. 따라서 두피의 유형에 따른 샴푸와 샴푸테크닉, 컨디셔너의 종류와 방법 등을 산업체 실무에 적응할 수 있도록 한다.

1) 샴푸의 목적

샴푸는 헤어스타일링 서비스를 위한 전처리로 모발과 두피를 깨끗하게 하여 모든 시술과정에서 만족하는 결과를 얻기 위한 준비단계이다. 두피와 모발은 세균, 매연, 바이러스, 미생물, 두피노화로 인한 각질, 피지, 외부환경으로부터 유래된 오염물질, 모발화장품 등으로 불결해지고, 피지와 땀으로 인한 생리기능 악화로 탈모가 되는 원인이 된다. 샴푸는 이러한 원인을 제거하여 각종 질병을 예방하고 생리기능을 원활히 하여 모발 성장을 촉진하기 위하여 시술한다. 또한 두피와 모발의 상태에 따른 두피마사지 병행으로 혈액순환과 모근을 강화시켜 생리적인 작용과 모발의 성장 촉진을 돕는다.

2) 샴푸의 성질

샴푸는 주성분이 음이온 계면활성제이며 pH가 중성으로 모발의 피지와 때를 제거해준다. 계면활성제의 분자에는 친유성 원자단과 친수성 원자단으로 되어 있으며 이들 원자단의 힘이 강한 쪽에 따라 계면활성제의 기능이 달라진다.

계면활성제는 성질이 다른 두 물질이 맞닿을 때 경계면에 달라붙어 표면장력을 크게 감소시키는 물질이다. 특히 젖은 모발 표면에서 효과적으로 작용하는 성질을 가지고 있다. 기포작용과 세정작용이 강한 활성제로 유화제 또는 침투제라고도 한다. 즉 계면활성제는 수성 용해제 안에서 용해작용과 유화작용 과정을 도와주는 미셀 구조로 변하기 쉬운 성질이 있다.

Tip

- 샴푸의 pH가 약산성 또는 중성이어야 한다.
- 모발에 광택과 유연성을 주며 빗질이 용이해야 한다.
- 두피·모발의 과도한 탈지 억제와 적당한 세정력이 필요하다.
- 적당한 기포성으로 모발의 마찰을 막고 지속성이 있어야 한다.
- 눈과 두피·모발에 자극을 주지 않는 저자극 성분이어야 한다.
- 샴푸 후 비듬이나 가려움, 염증 등의 현상이 나타나지 않아야 한다.

(1) 계면활성제의 분류

계면활성제는 원자단의 특성에 따라 음이온 계면활성제, 양이온 계면활성제, 양성 계면활성제, 비이온 계면활성제로 분류한다. 계면활성제가 물에서 전리되어 계면활성제의 모체가 되는 쪽이 음이온(-) 계면활성제이고, 양이온(+)이 되는 것은 양이온 활성제라 한다. 계면활성제의 pH에 따라서 (+) 또는 (-)가 되는 것을 양성 계면활성제이며, 이온화가 전혀 되지 않는 것을 비이온 계면활성제라 한다.

① 음이온 계면활성제

음이온 계면활성제는 샴푸와 비누에 가장 많이 사용하며 기포력과 세정작용 및 유화성이 뛰어나 두피에 자극을 주고 모발이 거칠어지는 단점이 있다. 이러한 피부의 자극을 감소시키기 위하여 다른 종류의 계면활성제와 성분들이 첨가된다.

② 양이온 계면활성제

양이온 계면활성제는 살균 및 소독작용을 하며 역성비누라고도 한다. 양이온 계면활성제의 양전하 때문에 음전하로 대전된 모발의 표면과 함께 이온결합을 형성하므로 보습작용 및 부드러움과 광택을 유지할 수 있게 된다. 모발에 흡착하여 대전방지 효과가 뛰어나 헤어 린스와 트리트먼트에 이용된다.

③ 양성 계면활성제

양성 계면활성제는 pH가 5보다 낮은 샴푸에서는 양이온 계면활성제처럼 양전하로 대전되며 살균력이 좋고 이보다 높은 pH에서는 음이온 계면활성제와 같이 음전하로 대전되어 세정력이 좋다. 양성 계면활성제는 적당한 세정력으로 눈과 피부의 저자극적이며 살균력, 정균력, 기포력 및 유연효과를 갖고 있다. 안정성이 높고 저자극성으로 베이비용 제품 및 에어로졸 제품에 사용하며 고품질 샴푸를 만드는데 첨가물로 사용한다.

④ 비이온 계면활성제

비이온 계면활성제는 분자 중에 이온화된 원자단이 없는 계면활성제다. 즉, 물에 녹았을 때 이온화하지 않는 친수기를 가지고 있으며 화학약품들의 천연 상태를 말한다. 모든 샴푸에 사용되고 대개 자극을 줄이고 부드러운 음이온 계면활성제를 만들기 위하여 첨가된다. 특히 세정성, 습윤성, 유화작용이 뛰어나 헤어크림 및 트리트먼트 등 화장품 유화제에 많이 사용된다.

Tip

계면활성제는 친수기와 소수성 두가지 성질 모두 가지고 있는 물질이다.

(2) 계면활성제의 작용

계면활성제는 습윤, 유화, 분산, 가용화, 기포 등의 특성을 가지고 있으며, 모두 세정력과 밀접하게 관계가 있고 물과 친화력이 큰 친수기와 기름과 친화성이 큰 친유기를 가지고 있다. 성질이 다른 이 두 가지 물질이 서로 접하고 있을 때 물과 기름을 섞으면 두 물질이 혼합되지 않고 물은 아래로 기름은 위로 층이 생긴다. 이때 물과 기름사이에 이루어지는 경계면을 계면이라 한다.

계면활성제 분자는 액체의 표면에 모여서 친수기는 액체의 내부로 향하고 친유기는 액체의 밖으로 향하며 규칙적인 배열을 한다. 또한 계면활성제는 용액의 내부보다는 표면이나 계면에서 농도가 높아진다. 이를 계면 흡착이라 한다.

<계면활성제의 작용>

흡착	침투	유화	분산
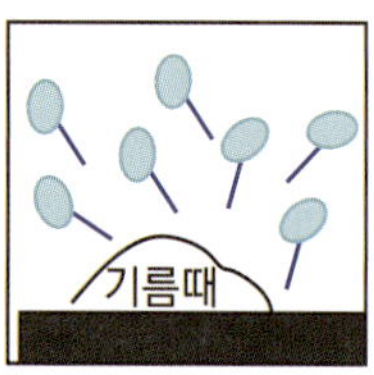	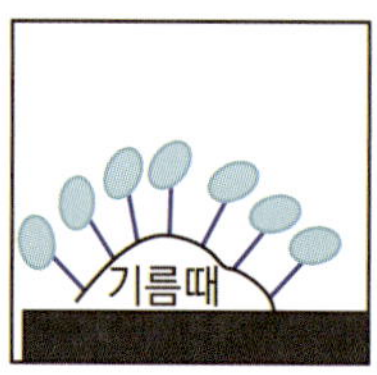		
계면활성제의 친유기가 모발에 있는 때의 표면으로 모아진다.	계면활성제의 작용으로 모발 사이에 샴푸를 침투시켜 때를 제거한다.	때를 모발로부터 떨어지게 한다.	때가 다시 모발에 붙지 않도록 한다.

3) 샴푸제의 종류

샴푸제는 일반 샴푸와 기능성 샴푸로 구분한다. 일반 샴푸는 석유계 계면활성제를 사용하여 세정 효과는 높지만 두피를 자극할 수 있다. 이에 반해 기능성 샴푸는 두피·모발의 상태에 따라 분류되어 있어 타입에 맞는 제품을 선택할 수 있으며 사람에 따라 두피·모발의 피지정도를 고려하여 적절한 세정력을 갖춘 샴푸를 선택해야 한다. 또한 비듬·가려움증에 약용 성분이 첨가된 제품을 사용하며 모발의 손상을 막기 위한 컨디셔닝 샴푸를 사용한다. 이외에도 모질의 상태에 따른 분류로는 건성모발용, 지성모발용, 일반용, 경모용, 연모용 등이 사용되고 있다.

(1) 형상에 따른 샴푸제

샴푸제는 형상에 따라 투명액상, 유액상, 펄상, 크림상, 겔상, 고형상, 에어졸샴푸, 드라이샴푸 등이 있으며 이들 중 액상샴푸가 대부분을 차지하고 있다.

(2) 기능에 따른 샴푸제

약용타입에는 비듬제거, 토닉샴푸 등이 있고, 컨디셔닝 타입에는 오일, 프로테인 샴푸 등이 있으며, 기타 산성샴푸, 베이비 샴푸, 손상모발용 샴푸, 색상용 샴푸가 있다.

① 항비듬성 샴푸제

항비듬성 샴푸제는 살균제인 징크피리치온(zinc pyrithione)이 함유되어 있어 비듬의 원인을 제거하는 효과가 있으며 비듬균(피티로스포름, 말라세시아)의 성장을 억제하여 비듬 발생을 저지하는 약용 샴푸다. 1주일에 2회 정도로 사용해주면 비듬 원인균인 미생물을 살균하는 효과를 볼 수 있다. 또한 두피의 피지 분해 산화물이 혼합된 노폐물과 노화각질을 용해시키는 작용을 갖고 있다. 두피부분에 골고루 이 제품을 발라 5분 이상 방치한 후 두피 마사지 후 샴푸한다.

② 오일 샴푸제

오일 샴푸는 올리브 오일, 아보카도 오일, 밍크 오일, 라놀린, 리퀴드 파라핀 같은 유성 성분을 배합한 것이나 습윤제를 배합한 것까지도 오일 샴푸라 한다. 화학적 시술로 인해 두피·모발이 건조해졌을 때 유분 공급을 위해 두피에 도포한 후 샴푸한다.

③ 프로테인 샴푸제

프로테인 샴푸제는 모발에 영양분을 공급해주는 트리트먼트 샴푸제로 화학적 시술로 인해 손상된 모발에 사용한다. 누에고치에서 추출한 것과 난황성분을 함유한 샴푸제로서 특히 손상모에 마일드한 세정작용과 모발 보호작용이 있다.

④ 산성 샴푸제

산성 샴푸는 pH가 5~6 정도의 약산성으로 염색이나 퍼머넌트 등 화학적 시술로 인해 알칼리화되어있는 모발의 등전점을 맞출 수 있도록 되어 있다. 주로 구연산, 인산 등으로 되어 있다.

⑤ 베이비 샴푸제

베이비 샴푸제는 탈지력이 약하고 피부나 눈에 대한 자극이 낮은 활성제를 사용하고 있다. 저자극성으로 어린이 전용 샴푸제이다.

Tip

에그샴푸: 잦은 화학적 시술로 인해 모발이 지나치게 건조 또는 두피가 민감해졌을 경우 적당하다.

4) 두피 상태에 따른 샴푸제

(1) 지성 두피용 샴푸

지성 두피용 샴푸는 음이온 계면활성제(1.5~2배)를 사용하여 높은 세정력으로 두피·모발에 흡착되어 있는 먼지, 노폐물 등 제거 및 피지분비 조절과 세균번식을 막고 염증을 예방한다. 샴푸의 횟수는 1일 2회로 저녁에는 샴푸를 하고 아침에는 미온수로 헹구어 주는 것이 바람직하다. 헹굼 시 부드러운 느낌을 주는 오일 폴리머 등의 컨디셔너를 소량 사용하여 모발의 엉킴을 방지한다. 장기간 사용할 경우 두피가 건조화 될 수 있으므로 세정력이 약한 샴푸와 교대로 사용하는 것이 더욱 효과적이다.

(2) 건성 두피용 샴푸

건성 두피용 샴푸는 음이온 계면활성제로 부드러운 세정력과 풍부한 기포력이 있으며 건조하고 푸석푸석한 모발을 위하여 컨디셔너 기능이 있다. 뿐만 아니라 오일 성분, 천연보습성분, 가수분해 단백질 등의 함유로 두피의 이상 현상과 모발의 엉킴을 최소화하며 광택 및 감촉과 빗질을 향상시킨다. 비이온 및 양쪽성 이온 계면활성제를 보조 세정제로 한다.

(3) 비듬성 두피용 샴푸

비듬의 원인 제거와 비듬 발생의 억제를 위해 살균제인 징크피리치온이 함유되어 있는 약용샴푸를 사용한다. 비듬이 모공을 막고 있을 경우 피지분비가 원활하지 못하여 염증을 유발할 수 있으므로 두피를 청결하게 하는 것이 중요하다. 샴푸제의 잔여물이 남지 않도록 깨끗이 헹구어야 한다. 주성분으로는 아연피리치온을 많이 사용하며 유황화합물인 유화셀렌을 배합하여 노화 각질을 용해시킨다.

5) 모발 상태에 따른 샴푸제

(1) 염색 모발용 샴푸

염·탈색 작용으로 손상되어 건조한 모발의 낮은 세정력과 염색된 색상이 잘 유지될 수 있도록 하는 샴푸다. 염색모발은 낮은 pH의 산성제품을 사용하여야 모발을 자극시키지 않고 일반샴푸보다 탈색의 정도가 낮다.

(2) 핫오일 샴푸

퍼머넌트, 염색 등의 화학적 시술로 건조한 모발에 지방분을 공급하기 위하여 고급 식물성유인 올리브유, 아몬드유나 트리트먼트 크림으로 모발과 두피에 도포하여 충분한 마사지로 흡수시킨 후 샴푸를 한다.

(3) 건성 모발용 샴푸

건성 모발은 모피질 내의 단백질, 아미노산 등이 부족으로 모발이 건조한 상태이다. 오일이나 실리콘 등으로 코팅막을 형성하여 수분손실이 지연되도록 보습효과를 주는 세정제이다.

(4) 손상 모발용 샴푸

손상모의 경우 지속적인 관리를 하지 않을 경우 모발의 모표피가 계속해서 손상되기 때문에 실리콘을 함유한 샴푸로 약산성이며 수렴성이 있어야 모발을 매끄럽게 유지시킬 수 있다.

6) 샴푸 시술 준비

(1) 도구 준비와 샴푸 순서

① 도구 준비

샴푸 시술 시 고객이 불편함을 느끼지 않도록 도구를 세심하게 준비한다.

타월	물기를 제거하기 위하여 사용
샴푸케이프	고객의 의복이 물 또는 샴푸용제 등으로 인한 얼룩방지에 사용
넥스트립	샴푸케이프가 고객의 피부에 직접적으로 닿지 않도록 목에 두른다.
빗	샴푸 시술 전의 브러싱과 샴푸 후에 모발 엉킴 방지, 모발 정돈 등에 사용
샴푸제	모발·두피의 세정을 위하여 모발·두피상태에 따라 선정하여 사용
린스제	샴푸 후 pH 균형을 유지시키고 모발에 윤기를 부여하기 위하여 사용

② 시술 순서

고객에게 가운 착용 → 샴푸실 안내 → 넥스트립 착용 → 샴푸케이프 착용 → 브러싱

(2) 가운착용

고객의 사이즈에 맞는 가운을 선택하여 착용 시킨 후 고객을 샴푸 의자에 앉히고 무릎 덮개를 한다. 샴푸 시 물이 흐르지 않도록 타월, 샴푸케이프 순으로 고객의 목과 어깨를 보호한다. 샴푸를 진행하기 전 모발에 핀, 머리띠 등의 액세서리가 부착되어 있는지 확인하고 모발 브러싱을 한다.

(3) 브러싱

샴푸 시술 전 브러싱은 모발과 두피에 있는 이물질을 제거시키고 두피의 혈액순환 도와주며 모발과 두피에 윤기를 주어 미용효과를 높여준다.

브러싱 방법은 두피의 이상여부 확인 후 나일론 브러시나 쿠션 브러시를 사용하여 톱(top)에서부터 시작하여 귀 상부, 네이프 순으로 한 다음 골덴 포인트를 향해 두피 전체를 모류 반대방향으로 브러싱한다. 지성과 민감성 두피는 피지분비가 왕성하고 예민해지기 쉽기 때문에 브러싱을 자주하는 것은 좋지 않다.

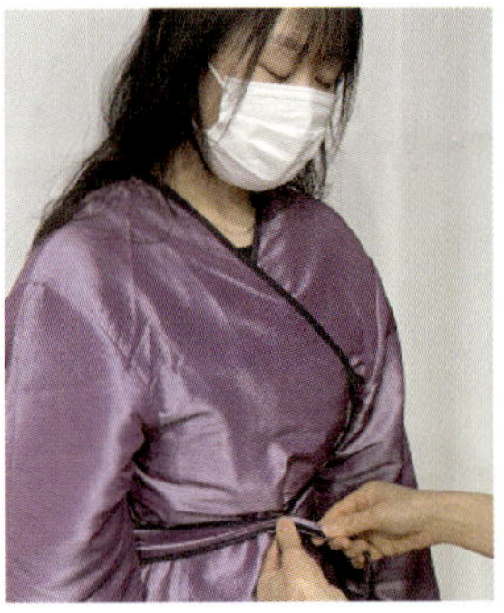

가운 착용

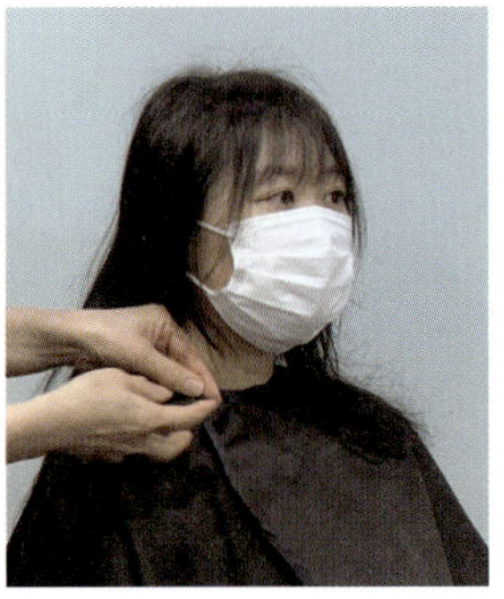

샴푸케이프 착용

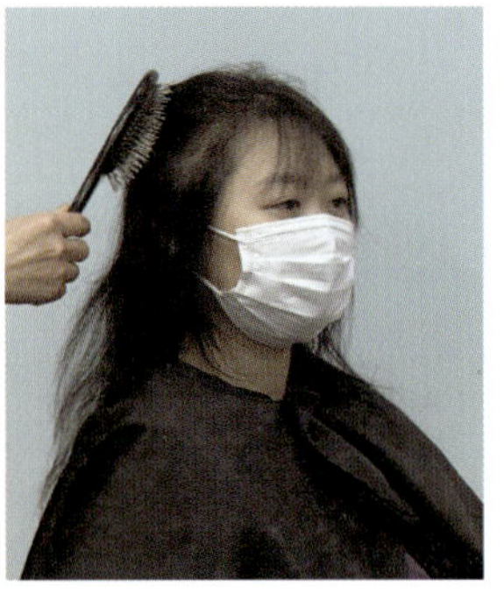

헤어 브러싱

(4) 샴푸시술 주의사항

- 시술자는 반지, 시계 등을 착용하지 않는다.
- 시술자의 손톱은 길지 않아야 한다.
- 고객은 편안한 자세로 샴푸를 받도록 배려한다.
- 물의 온도는 38~40℃이나 고객의 동의를 얻어 온도 조절을 할 수 있다.
- 고객의 얼굴에 물이 튀지 않도록 작은 면 수건을 대준다.
- 시술자는 불쾌한 냄새(입 냄새, 음식물 냄새 등)가 나지 않도록 청결 유지
- 두피까지 물이 골고루 퍼지도록 한다.
- 적당한 속도와 리듬을 가지고 시술한다.
- 발제선, 목덜미를 깨끗이 한다.
- 옷깃이 젖지 않도록 주의한다.
- 샤워기는 항상 한쪽 끝에 손가락으로 잡아서 온도변화에 유의한다.
- 손가락 끝 완충면의 두피마사지(manipulation)압을 조절한다.
- 손가락 힘은 젊은층, 노년층에 따라, 또는 두피상태에 따라 강약 조절에 유의한다.
- 화학적시술 전에는 두피를 자극하는 샴푸제 또는 강한 자극의 마사지를 하지 않는다.
- 수분을 흡수한 모발은 팽윤되어 있어 비벼 씻으면 모표피를 손상시키므로 주의한다.
- 적당량의 샴푸제를 사용한다.
- 젖은 모발은 타월로 물기를 완전히 말려 건조시킨다.

(5) 샴푸시술 마사지 방법

- 경찰법: 손가락 손바닥을 이용 가볍게 문지르는 방법
- 강찰법: 강하게 문지르는 방법
- 진동법: 진동을 이용 강하게 흔들어 주기
- 유연법: 주무르고 누르는 방법
- 고타법: 손을 계란모양으로 하여 두들기기
- 지그재그법

7) 국가기술자격 샴푸방법

(1) 두피스케일링

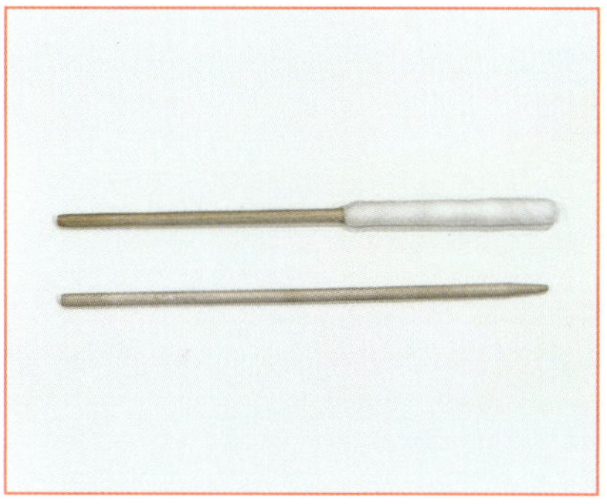

① 탈지면의 크기는 가로 7cm, 세로 10cm이며, 준비된 탈지면을 우드스틱에 말아 스케일링 면봉을 준비한다.

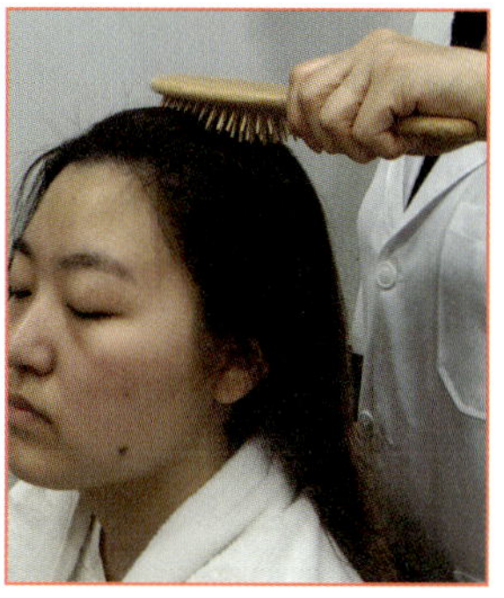

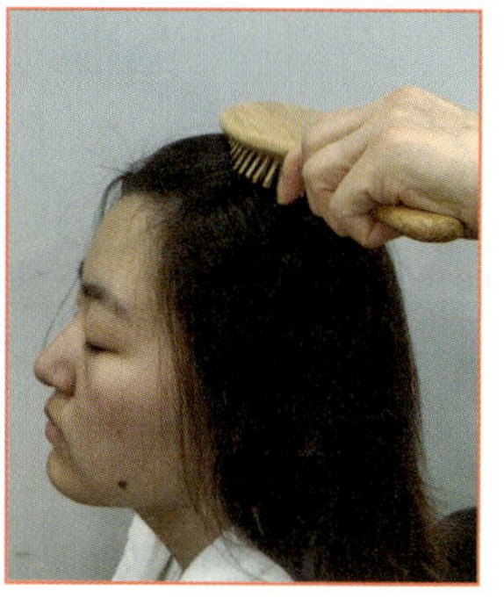

② 브러싱은 C.P에서 G.P를 향하여 브러싱 한다. 즉, 백회혈을 향해 브러싱 해준다.

③ 두상을 4등분으로 블로킹하여 위에서 아래방향을 향해 스케일링 해준다.

④ 헤어라인을 스케일링 한 후 위에서부터 1~1.5cm 간격으로 슬라이스를 나눈 후 두피에 스케일링제를 도포한다.

(2) 프레샴푸

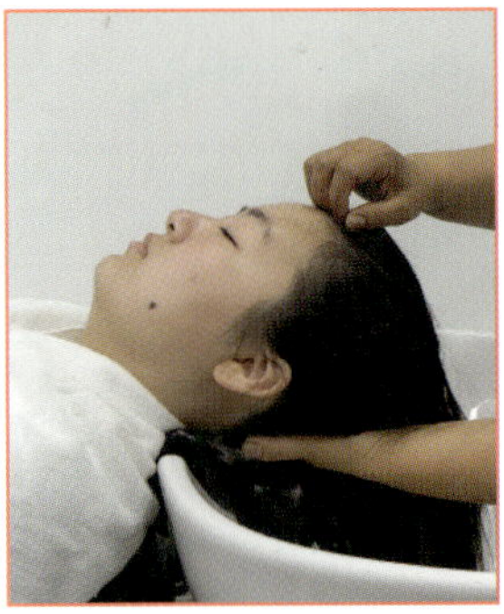

① 모텔의 목덜미를 한 손으로 받치고 다른 한 손으로 이마 윗부분을 받쳐서 샴푸대에 눕힌다.

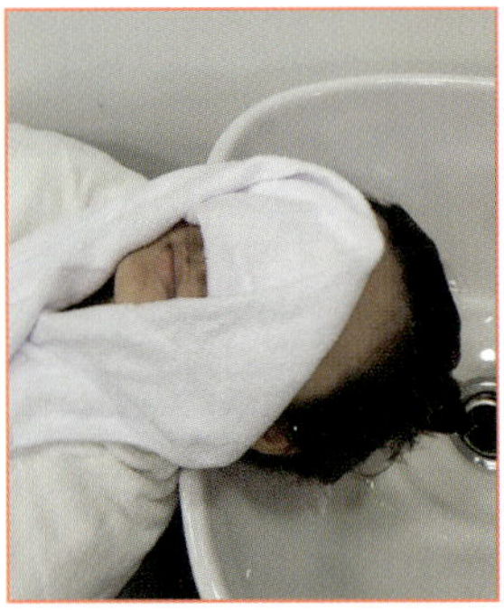

② 타월을 삼각형으로 접어 얼굴을 가려준다.

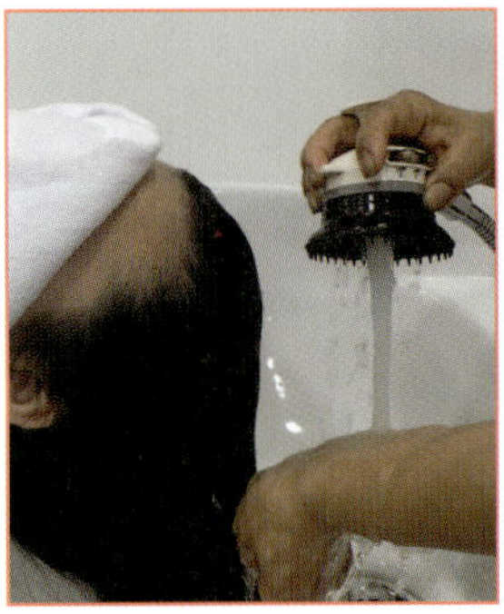

③ 손등 또는 손목 안쪽에서 물의 온도를 확인한다.

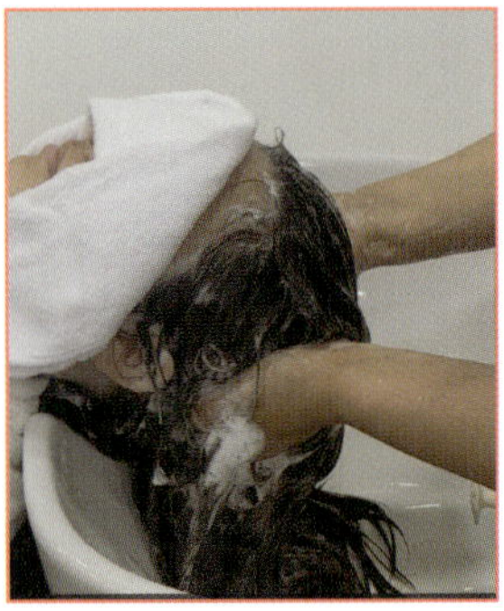

④ 모델 뒤에서 두피와 모발에 충분히 물을 적신 후 적당량의 샴푸제를 이용하여 애벌 샴푸를 한다.

(3) 본 샴푸

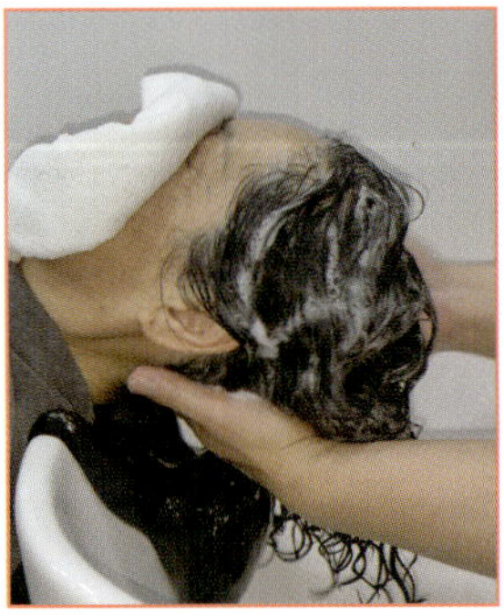

① 모델 뒤에서 적당량의 샴푸제로 샴푸한다.

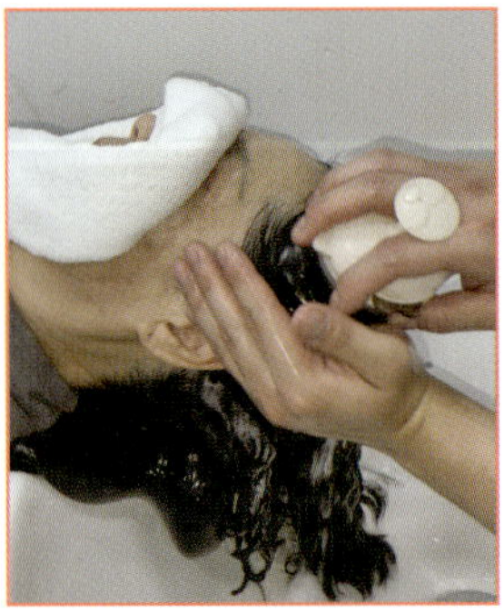

② 두피와 모발에 잔여 샴푸제가 없도록 깨끗이 헹군다.

③ 페이스 라인과 목 뒤, 귀 등을 깨끗하게 헹군다.

(4) 린스(트리트먼트)

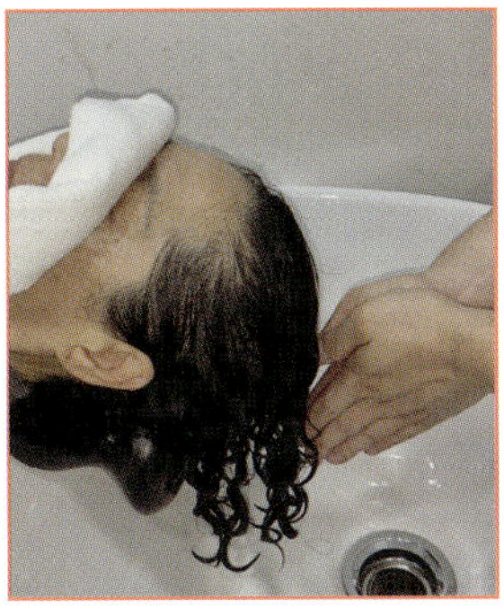

① 모델 뒤에서 적당량의 린스제를 도포한다.

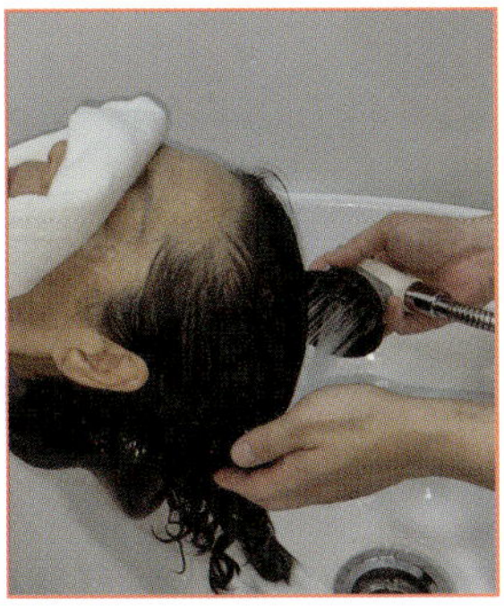

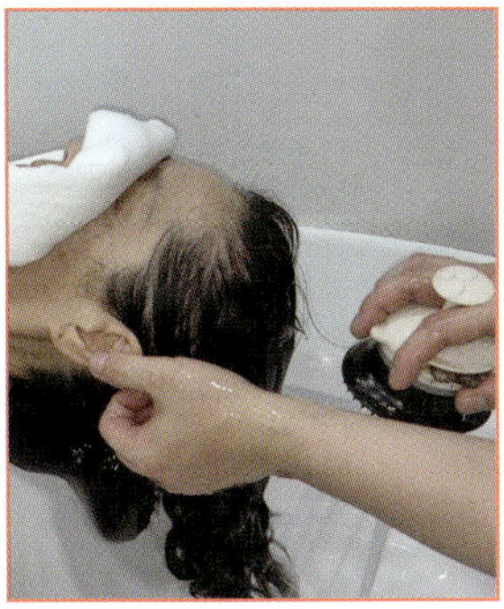

② 두피와 모발에 잔여 린스제가 없도록 깨끗이 헹군다.

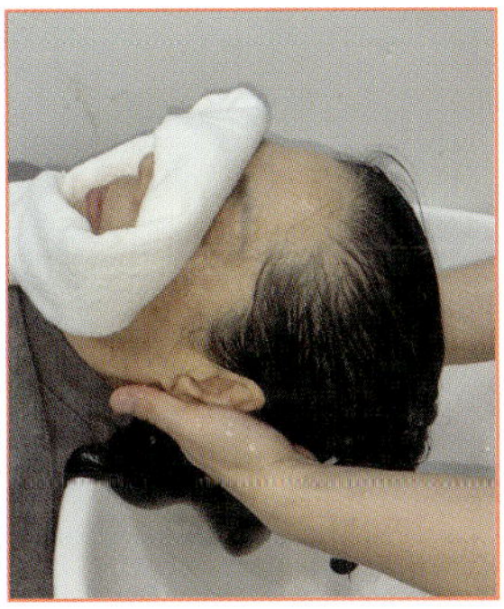

③ 페이스 라인과 목 뒤, 귀 등을 깨끗하게 헹군다.

(5) 마무리

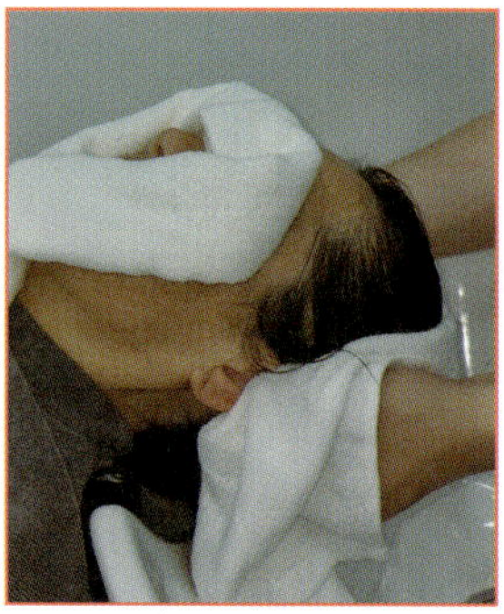

① 페이스라인, 목 뒤의 물기를 타월로 깨끗하게 닦는다.

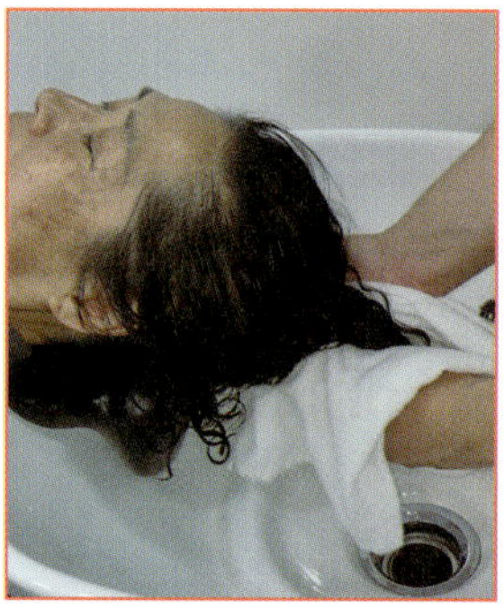

② 두피·모발을 타월 드라이 한다.

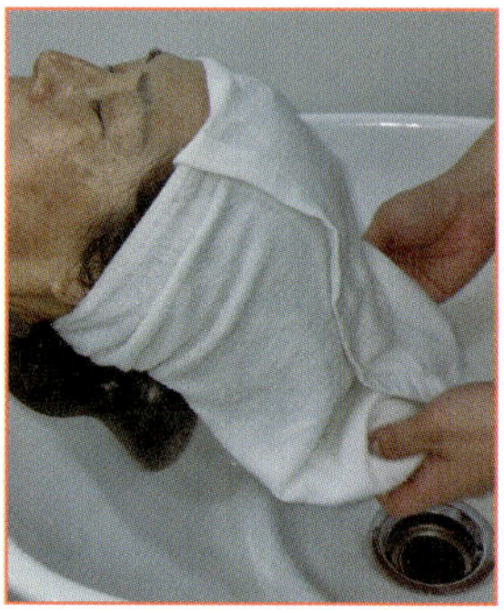

③ 타월로 모델의 모발을 감싸 준다.

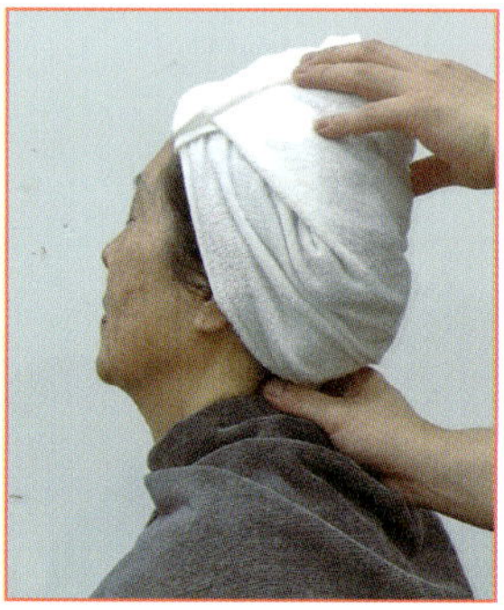

④ 타월 및 헤어드라이어를 사용하여 마무리한다. 샴푸대 주변을 깨끗하게 정리한다.

8) 뷰티 현장에서의 샴푸 테크닉

- 두피샴푸는 두피의 세정이 목적이므로 두상 전체에 손가락의 지문을 이용하여 꼼꼼하게 샴푸한다.
- 그림과 같이 지그재그, 굴려주기, 튕겨주기, 양손교차하기 등의 두피 마사지 기법을 적용하되 시술자의 손이 두피에서 떨어지지 않도록 연결 동작을 한다.
- 샴푸 테크닉 동작 속도를 적절하게 조절하여 2회 정도 반복한다.
- 샴푸 테크닉이 더 필요한지 물어보고 추가 동작을 할 수 있다.
- 린스제를 도포하고 4번과 동일하게 한다.
- 신정, 두유, 백회, 천주, 풍지, 아문 등의 압점을 눌러준다.
- 민감성 두피의 경우에는 두피에 자극이 갈 수 있으므로 강한 압은 피해야 한다.
- 모발을 아래로 모아 물기를 제거한다.
- 타월로 페이스 라인, 귀 주변의 물기를 닦아준다.
- 얼굴을 가린 타월 또는 샴푸마스크를 제거한다.
- 타월 드라이를 한 후 목뒤를 양손으로 목을 받치면서 고개를 들어준다.
- 목 뒤를 수건으로 감싸 잡고 가볍게 3~4회 주물러 준다.
- 목과 등이 연결된 대추 혈 있는 곳에 손바닥을 대고 밀어 고객을 일으킨다.
- 모발을 감싸준다.

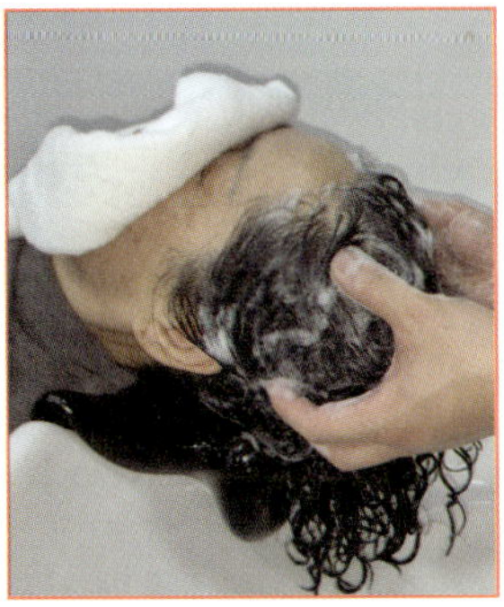

- 두피샴푸는 두피의 세정이 목적이므로 두상 전체에 손가락의 지문을 이용하여 꼼꼼하게 샴푸한다.

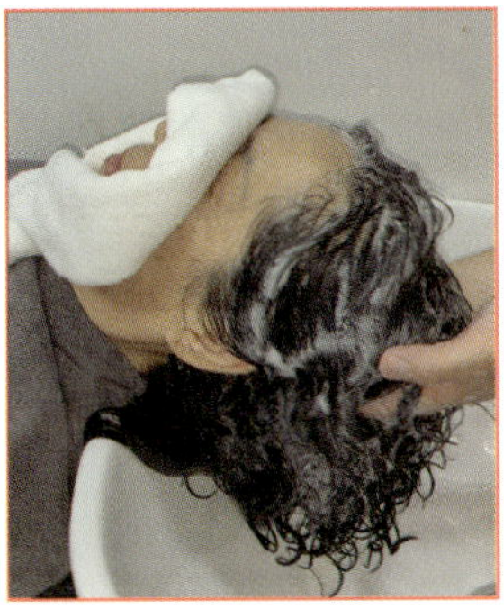

- 그림과 같이 지그재그, 굴려주기, 튕겨주기, 양손교차하기 등의 두피 마사지 기법을 적용하되 시술자의 손이 두피에서 떨어지지 않도록 연결 동작을 한다.

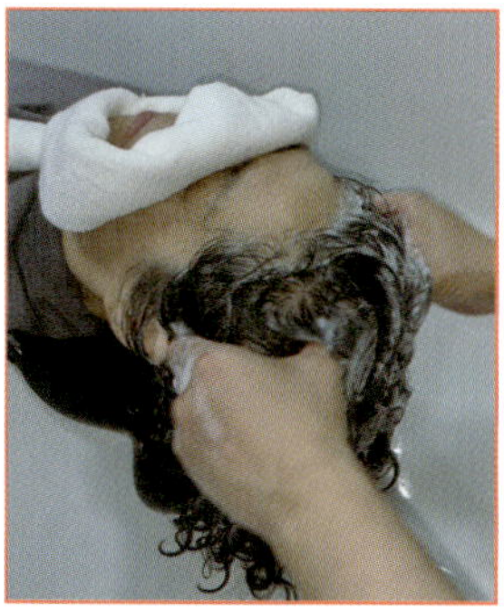

• 샴푸 테크닉 동작 속도를 적절하게 조절하여 2회 정도 반복한다.

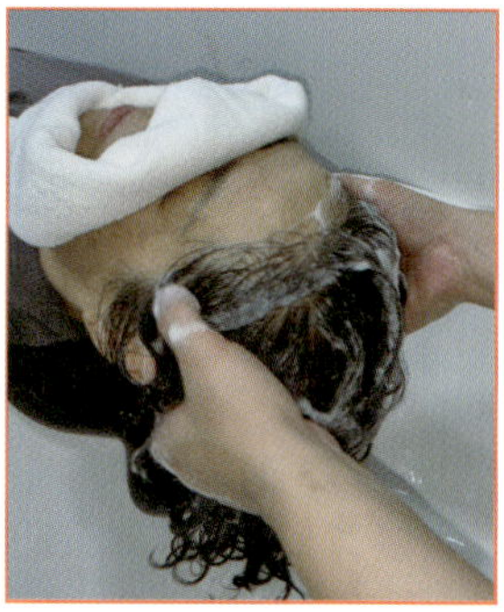

• 샴푸 테크닉이 더 필요한지 물어보고 추가 동작을 할 수 있다. 헤어라인을 따라 지압해 준다. 이때 압의 세기는 꼭 고객에게 확인하여야 한다.

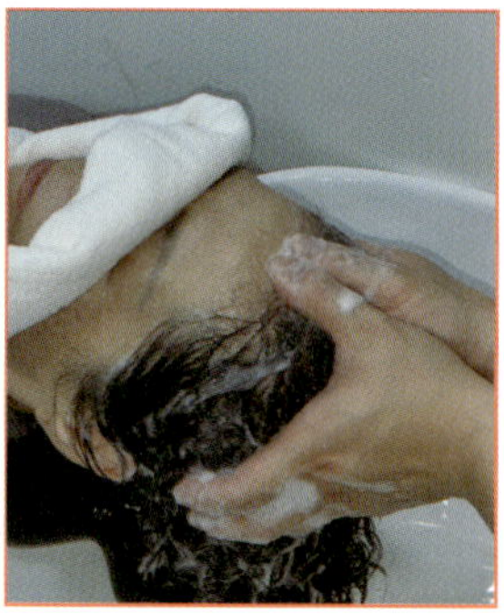

• 신정, 두유, 백회, 천주, 풍지, 아문 등의 압점을 눌러준다.

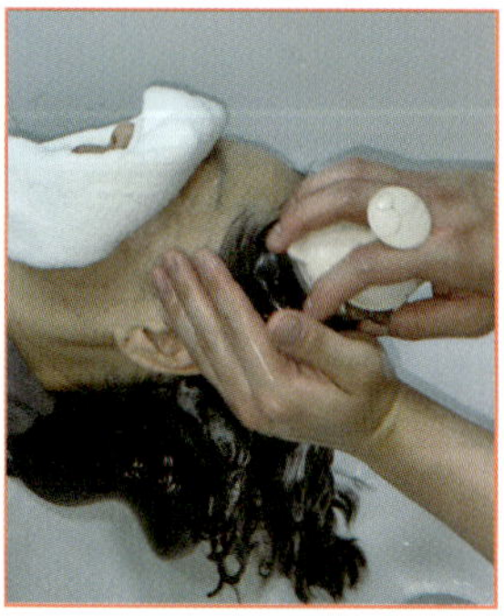

• 샴푸를 헹구어 준다.

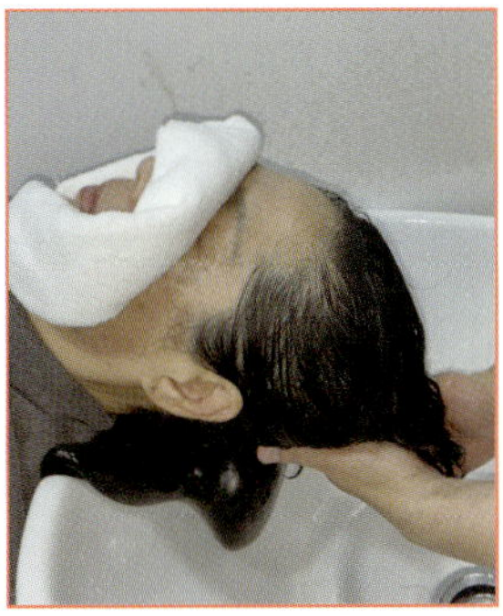

• 린스제를 도포한다.

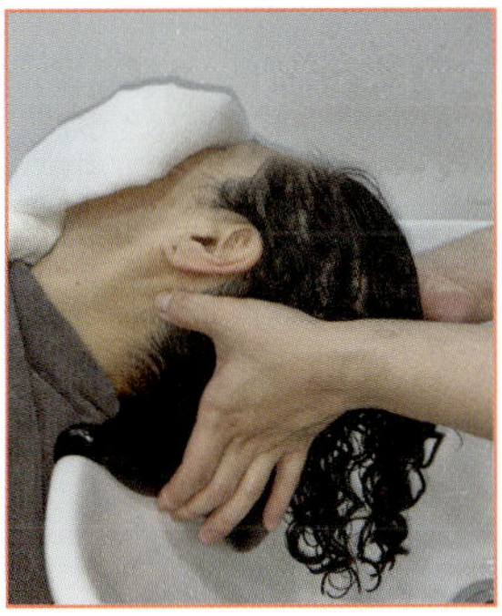

• 신정, 곡차, 두유, 각손, 천주, 풍지, 아문 등의 압점을 눌러 지압해 준다. 이때 지압의 강약을 고객에게 확인하여 고객이 아프거나 불편함이 없도록 주의를 기울여야 한다.
• 민감성 두피의 경우에는 두피에 자극이 갈 수 있으므로 강한 압은 피해야 한다.

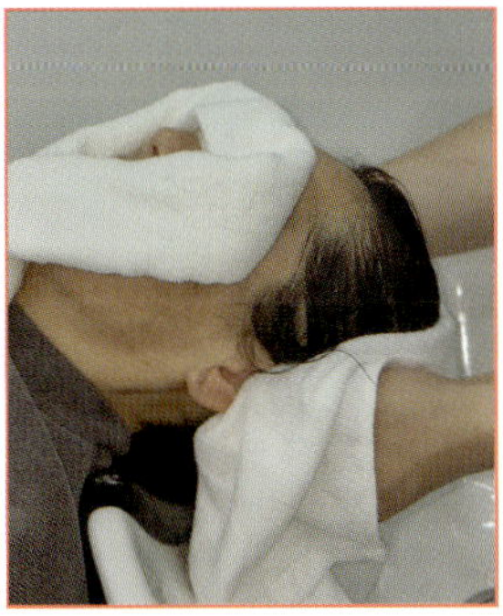

• 모발을 아래로 모아 물기를 제거한 후 타월로 페이스 라인, 귀 주변의 물기를 닦아준다.

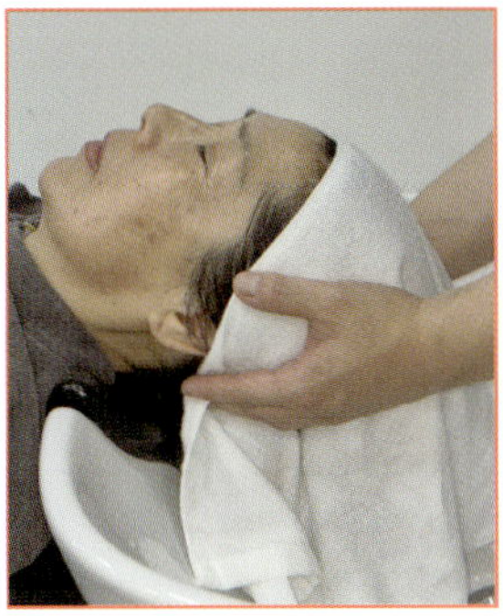

• 얼굴을 가린 타월 또는 샴푸마스크를 제거한 후 타월 드라이를 한다.
• 목 뒤를 수건으로 감싸 잡고 가볍게 3~4회 주물러 준다.
• 목과 등이 연결된 대추혈 있는 곳에 손바닥을 대고 밀어 고객을 일으킨다.
• 모발을 감싸준다.

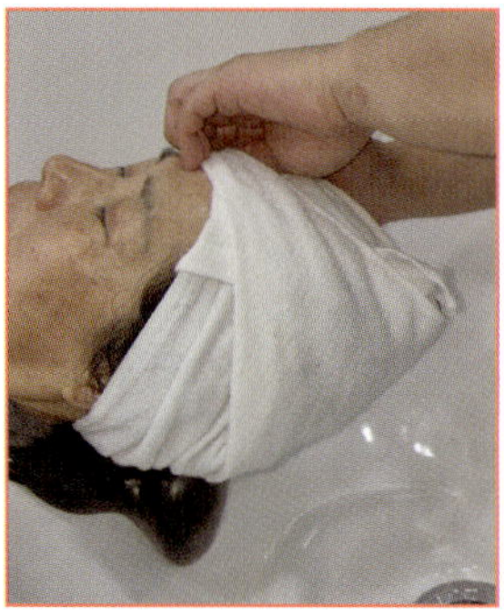

• 타월 드라이 후 모발을 감싸고, 양손으로 목 뒤를 받치면서 고개를 들어준다.

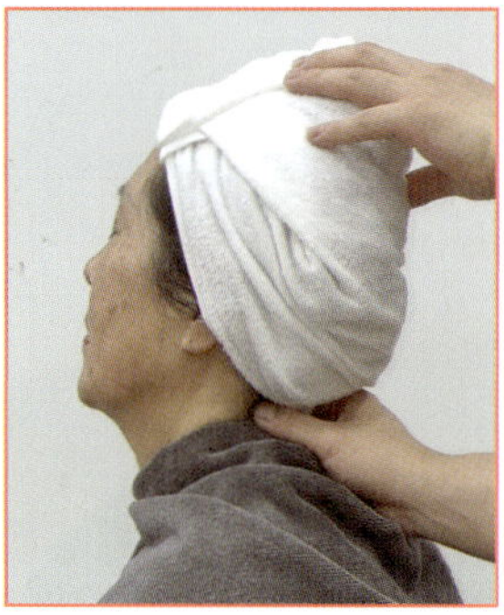

• 목 뒤를 수건으로 감싸 잡고 가볍게 3~4회 주물러 준다.
• 목과 등이 연결된 대추혈 있는 곳에 손바닥을 대고 밀어 고객을 일으킨다.

2. 컨디셔너와 트리트먼트

1) 린스의 목적

린스는 샴푸 후 모발표면에 특수성분을 흡착시켜 보호막을 형성하고 수분과 영양을 공급한다. 또한 수분으로 팽창된 모발에 수축과 탄력을 부여하며 모발에 자연스러운 광택을 주는데 목적이 있다.

특히 비누로 샴푸할 경우 모발에 잔류하는 알칼리와 금속 비누막을 제거하기 위해 사용한다. 퍼머넌트나 염색과 같은 화학적 시술 후에 알칼리화 된 모발을, 구연산을 배합한 산성린스를 사용하여 중화시켜 주면 모발을 등전점으로 돌릴 수 있다. 또한 모발에 유분을 주기 위해 유지류나 헤어크림을 물에 분산시켜 오일 린스화 하여 마무리 시에 사용할 수 있다.

최근, 린스 주성분으로 양이온 계면활성제를 많이 사용한다. 이 성분은 단백질과 친화력이 강하여 모발에 대한 흡착성이 뛰어나고 정전기 발생과 가려움과 냄새 등을 억제하고 살균성이 있다.

2) 린스의 종류

(1) 플레인 린스

플레인 린스는 린스제를 사용하지 않고 모발을 헹구는 방법이다. 물의 온도는 38~40℃ 정도로 따뜻한 연수를 사용하는 것이 좋다. 콜드 퍼머넌트 시에 제 1액을 씻어내기 위한 중간 세척을 플레인 린스라고도 한다.

(2) 컨디셔너 린스

모발의 유분과 수분을 보충하여 헤어 컨디셔너 효과를 얻기 위한 린스제이다.

〈용도에 따른 린스제의 성분〉

용도	성분
유분공급	고급알콜, 스쿠알렌, 라놀린
수분공급(보습제)	글리세린, 프로필렌글리콜, 포리에칠렌, 글리콜, 프로리돈 카르본산나트륨 아미노산
손상모 회복제	토코페롤, 폴리펩티드, 레시틴

(3) 비듬 제거 린스

린스제에 각질용해제와 피지분비를 억제하는 비타민류, 습윤제, 살균제 등을 배합하여 비듬제거에 효과를 얻기 위한 린스제이다.

(4) 산성 린스

산성 린스는 모발에 남아 있는 비누의 알칼리성 성분과 금속성 피막을 제거하고 모발의 엉킴을 방지하며 광택을 줄 목적으로 산성린스를 사용한다. 미온수에 pH 3~4의 산성 린스제를 풀어서 모발을 헹구는 방법이다. 특히 퍼머넌트웨이브 시술 후 모발에 잔류한 알칼리 성분의 중화를 위해 사용한다. 성분에 따라 레몬린스, 구연산린스, 비니거린스 등이 있다. 단점으로는 표백작용이 있어 장시간 사용은 피해야 하며 크림린스와 같이 모발을 부드럽게 하지는 못 한다.

(5) 오일 린스

샴푸 시 탈지력이 강한 합성세제를 사용한 경우 모발의 피지가 지나치게 제거되어 건성화 되어 있으므로 모발에 적당한 유지분을 공급하기 위하여 미온수에 올리브유 등을 혼합해서 사용한다.

(6) 크림린스

합성세제 또는 중성세제를 사용한 샴푸 후 또는 퍼머넌트, 염색, 탈색 등 화학적인 처리 후 유지분 공급을 위한 린스로 효과적이다.

크림린스는 고급지방산과 고급 알코올에 라놀린 레시틴 등을 유화시켜 친수성 크림이나 유액상으로 만든 것이다. 모발을 윤기 있고 부드럽게 해 엉키지 않게 한다. 이에 반해 모발에 남아있는 비누의 불용성 알칼리성분을 제거하는 효과는 없다.

(7) 약용린스

약용 린스는 브로마이드 징크피리치온, 살리실릭산 등으로 배합되어 있어 탈지면에 묻혀 모발과 두피 표면에 전체적으로 도포하여 두피 마사지를 하면 살균, 소독작용으로 비듬과 가벼운 두피질환을 치유하는데 효과가 있다. 또한 모발을 매끄럽고 윤기 있게 해준다.

3) 트리트먼트의 목적

트리트먼트는 처치라는 의미를 가지며 모발에 수분과 유분을 준다. 적모, 열모, 절모, 지모방지의 효과가 있으며 모발의 건조화를 방지하기 위해서 수분과 유분을 보급하고 광택과 활력, 유연성을 부여한다. 모발은 한 번 손상되면 원래의 상태로 돌아가지 않는다. 따라서 손상방지를 위해 미연에 트리트먼트를 하는 것이 바람직하다. 트리트먼트는 폭넓은 의미로 린스제, 토닉, 헤어크림 등도 포함된다.

4) 트리트먼트제의 종류

트리트먼트제는 사용목적과 사용방법에 따라 선정 사용한다. 사용목적에 따라 분류하면 모발의 건강을 유지하고 손상으로부터 예방하기 위해 아침, 저녁으로 사용하는 트리트먼트제와 손상모의 진행을 방지하고 회복시키는 트리트먼트제, 펌 또는 염·탈색 등의 화학적 시술 시 손상부에 도포하여 더 이상 손상되지 않도록 하기 위한 사전 처리제, 일광의 자외선에 의한 모발의 단백질이나 염색모의 퇴색을 방기하기 위한 자외선 흡수제 등을 배합한 트리트먼트제 등이 있다.

사용방법에 따라서는 도포 후 헹궈내는 타입과 헹궈내지 않는 타입의 두 종류가 있다. 헹궈내는 타입의 트리트먼트제는 양이온 계면활성제나 유성성분이 배합되어 손상모의 회복이나 방지에 적당하다. 헹궈내지 않는 트리트먼트제는 과다 도포하면 모발이 무거움을 줄 뿐만 아니라 웨이브가 늘어질 수 있다.

(1) 크림 타입 트리트먼트제

크림 타입 트리트먼트는 헹궈내는 타입이 많고 일부 헹궈내지 않는 타입이 있으며 모발에 유분이나 수분을 보급하고 광택성과 유연성을 주어 모발 손상으로부터 보호시킨다. 모발 손상정도에 따라 유성성분, 양이온 계면활성제와 습윤제 등을 배합한 것 또는 폴리펩타이드를 배합한 제품을 사용한다.

(2) 에어졸 타입 트리트먼트제

헤어스타일이 세트된 모발 표면에 분사하여 유분을 보급하여 광택을 주며 빗질이 잘 되도록 하는 목적으로 사용한다. 성분으로는 피막형성제로 고급 알코올, 실리콘, 라놀린 유도체가 첨가되어 있으며 실리콘류로 광택을 부여한다. 거품타입은 유성성분 외에 기포제를 배합하여 분사할 때 거품이 나오도록 되어 있다. 가늘고 부드러운 모발에 힘을 주거나 강하고 뻣뻣한 두발을 부드럽게 하는 효과를 지니고 있다.

(3) 앰플 타입 트리트먼트제

앰플타입은 모발이 건조하고 광택이 없는 상태에 유성성분을 보급하기 위해 올리브유와 같은 식물성이나 라놀린 유도체, 실리콘 등을 배합한 앰플타입을 사용한다. 가늘고 부드러운 모발에 힘이나 탄력을 주기 위해서는 폴리펩타이드를 고농도로 배합한 제품을 사용한다. 주로 샴푸 후나 펌, 염·탈색 기술 등의 전처리용으로 사용한다. 제품 형태는 캡슐(capsule) 또는 앰플(ample) 모양으로 1인 1회 사용한다.

지성 두피용 앰플	피지 조절 및 지성 두피 완화 작용으로 사용된다.
비듬 두피용 앰플	비듬균 조절 및 각화주기 정상화 목적으로 사용된다.
탈모 두피용 앰플	모근강화 및 영양공급, 모발 성장, 혈액순환을 목적으로 사용된다.

(4) 로션타입 트리트먼트제

로션타입은 고분자 실리콘, 휘발성의 유분이 주성분으로 가는 모발에 탄력과 강도를 주고 지모를 예방하며 실리콘에 의한 코팅 효과와 유·수분을 공급한다.

(5) 오일타입 트리트먼트제

오일 타입은 점도가 낮은 동백류, 올리브류, 유동 파라핀의 광물류를 주성분으로 고급 지방산에 에스테르, 스쿠알렌, 실리콘류를 배합하여 모발에 유분 공급과 유연성 및 광택을 공급한다.

(6) 액상타입 트리트먼트제

액상타입은 약한 모발에 탄력을 주기 위해 고농도 폴리펩티드를 배합하여 샴푸 후, 펌, 컬러링 시술 시 전처리용으로 사용하는 것이 많다.

5) 트리트먼트제의 원료

모발은 10~15% 정도의 수분을 함유하고 있을 때 정상모발이다. 이에 반해 유·수분이 부족하면 모발은 건조해서 부드러움과 광택을 잃고 마찰 등으로 인하여 손상되기 쉽다. 이러한 손상으로부터 모발을 보호하기 위한 목적으로 트리트먼트제를 사용한다. 트리트먼트제는 대전방지제, 유지류, 습윤제, 모질 개량제, 계면활성제 등으로 배합되어 있어 모발에 유·수분을 공급한다.

〈트리트먼트제 원료〉

구분	내용
대전방지제	• 양이온 계면활성제 또는 양이온성 고분자 화합물 등이 있다. • 모발케라틴과의 친화력이 강하다. • 모발이 음(-)으로 대전한 곳에 흡착, 정전기 방지와 빗질 용이 • 모발에 부드러움과 윤기를 준다. • 손상모발에 잘 흡착, 온도가 높을수록 잘 흡착된다.
유지류	• 모발 표면에 유성피막을 형성하여 수분 증발 저지, 광택부여 • 고급알콜, 에스터, 지방산 등과 함께 라놀린, 스쿠알렌, 밍크유, 올리브유 등 동식물 지방 이용
습윤제	• 모발의 수분공급으로 부드러움과 촉촉함의 보습효과 • 글리세린, 프로필렌글리콜 등 사용 • 최근에는 식물 추출 성분 등도 사용된다.
모질개량제	• 모발에 흡착, 침투하여 손상부위의 수정 • 가늘고 부드러운 모발에 힘을 주거나 뻣뻣하고 강한 모발에 부드러움을 줌과 동시에 손상으로부터 보호하는 목적으로 사용
계면활성제	• 물과 기름성분을 고르게 분산시켜 유화하여 유액 또는 크림상으로 하거나 가용화하여 침투상으로 할 목적으로 사용한다. • 비이온 계면활성제, 양이온 계면활성제, 음이온 계면활성제, 양쪽성 계면활성제가 있다.

6) 모발 타입별 관리방법

모발은 한 번 손상되면 회복능력이 없으므로 잦은 화학적인 시술을 피한다. 모발에 적당한 수분과 유분을 공급하고 모발의 상태에 맞는 샴푸와 트리트먼트 사용하여 지속적으로 정상모발을 유지를 위해 모발 타입별 관리를 하여 모발손상을 예방한다.

〈모발 관리방법〉

정상 모발	상태	• 모표피가 촘촘하게 배열되어 있으며 윤기가 있고 탄력적이다.
	관리	• 소량의 고급 왁스와 양이온계면활성제, 양이온 폴리머를 사용 • 저분자의 실리콘 오일을 사용하여 모발을 가볍게 코팅해준다.
지성 모발	상태	• 모발의 지질은 1~5% 정도이며, 샴푸 후 2~3시간에 경과된 후 모공에 피지에 고이게 되어 모발이 피지로 덮여 지성 모발이 된다.
	관리	• 모공에서 분비되는 피지에 의해 각질, 먼지, 오염물질 등이 흡착된 상태이므로 샴푸는 매일 하는 것이 좋음
건성 모발	상태	• 잦은 물리적 화학적인 미용시술로 두피와 모발 건조 • 윤기가 없고 푸석거리며 모발이 손상된다.
	관리	• 수분과 영양분을 충분히 공급하여 관리한다. • 샴푸 후 앰플, 영양크림 순으로 영양공급을 위한 관리
손상 모발	상태	• 부분적으로 큐티클 층이 박리되거나 갈라져있어 윤기와 탄력 감소
	관리	• 높은 함량의 고급 왁스와 양이온 계면활성제, 양이온 폴리머를 사용 • 실리콘 오일성분으로 모발의 윤기와 차분함을 부여한다.

7) 트리트먼트 사용방법

- 손바닥에 적당량을 덜어내어 조금씩 집어서 모발 끝부분을 향해 마사지하듯이 골고루 도포한다. 특히 갈라지거나 푸석거리는 등의 손상정도가 심한 모발 부분은 집중적으로 더 발라준다.
- 골고루 바른 후에는 나선형을 그리듯이 부드럽게 마사지를 한다.
- 마사지가 끝나면 모발을 비닐캡으로 씌우고, 따뜻한 타월로 모발을 감싼 후 자연 방치 또는 열처리 10분 정도 해주면 영양분의 흡수율을 높일 수 있다.
- 트리트먼트 후 미지근한 물로 씻은 후 마지막에는 차가운 물로 모발을 헹군다.

Tip

- 트리트먼트는 린스와는 효과와 효능이 다르다.
- 린스가 두발 표면을 감싸 정전기를 억제하는 역할을 한다면 트리트먼트는 모발 표면을 코팅하면서 영양성분이 두발 안에 스며들어 부족하기 쉬운 영양을 공급, 큐티클을 보호한다. 따라서 두 가지를 모두 사용할 때는 트리트먼트를 먼저 시술한 후 린스를 하는 것이 좋다. 이때 양이 너무 많으면 두발에 부담을 주므로 적당량을 사용한다.

요점정리

1. 샴푸는 두피를 깨끗하게 하여 모든 시술과정에서 만족하는 결과를 얻기 위한 준비단계이며, 두피의 각종 노폐물을 제거하여 각종 질병을 예방하고 생리기능을 원활히 하여 모발 성장을 촉진하기 위하여 시술한다.

2. 계면활성제는 성질이 다른 두 물질이 맞닿을 때 경계면에 달라붙어 표면 장력을 크게 감소시키는 물질이다.

3. 샴푸는 주성분이 음이온 계면활성제이며 pH가 중성으로 모발의 피지와 때를 제거해준다. 계면활성제의 분자에는 친유성 원자단과 친수성 원자단으로 되어 있으며 이들 원자단의 힘이 강한 쪽에 따라 계면활성제의 기능이 달라진다.

4. 계면활성제는 원자단의 특성에 따라 음이온 계면활성제, 양이온 계면활성제, 양성 계면활성제, 비이온계 면활성제로 분류한다.

5. 계면활성제는 습윤, 유화, 분산, 가용화, 기포 등의 특성을 가지고 있으며 모두 세정력과 밀접하게 관계가 있고 물과 친화력이 큰 친수기와 기름과 친화성이 큰 친유기를 가지고 있다.

6. 린스는 샴푸 후 모발표면에 특수성분을 흡착시켜 보호막을 형성하고 수분과 영양을 공급한다. 또한 수분으로 팽창된 모발에 수축과 탄력을 부여하며 모발에 자연스러운 광택을 주는데 목적이 있다.

7. 트리트먼트는 처치라는 의미를 가지며, 모발의 건조화를 방지하기 위해서 수분과 유분을 보급하고 광택과 활력, 유연성을 부여한다. 때문에 손상을 방지하기 위해서는 사전에 트리트먼트를 하는 것이 효과적이며, 트리트먼트는 폭넓은 의미로 린스제, 토닉, 헤어크림 등도 포함된다.

8. 트리트먼트제는 대전방지제, 유지류, 습윤제, 모질 개량제, 계면활성제 등으로 배합되어 있어 모발에 유·수분을 공급한다.

단원 문제

1. 샴푸의 목적에 해당하지 않는 것은?

① 노폐물을 제거하기 위함이다.
② 두피를 청결하게 하기 위함이다.
③ 각종 질병을 예방하고 치료해준다.
④ 건강한 모발을 유지하기 위함이다.

2. 샴푸제를 만들 때 기포력과 세정력을 높이기 위해 사용하는 계면활성제는?

① 양이온 계면활성제
② 음이온 계면활성제
③ 양성 계면활성제
④ 비이온 계면활성제

3. 계면활성제의 작용 순서로 맞는 것은?

① 흡착-유화-침투-분산
② 흡착-분산-침투-유화
③ 흡착-침투-유화-분산
④ 흡착-유화-분산-침투

4. 두피 및 모발 관리 과정을 바르게 나열한 것은?

① 상담 - 진단 - 관리프로그램 선택 - 마사지 - 스케일링 - 샴푸 - 두피 및 헤어트리트먼트 - 마무리
② 상담 - 관리프로그램 선택 - 진단 - 스케일링 - 마사지 - 두피 및 헤어트리트먼트 - 샴푸 - 마무리
③ 상담 - 진단 - 마사지 - 관리프로그램 선택 - 스케일링 - 샴푸 - 두피 및 헤어트리트먼트 - 마무리
④ 진단 - 상담 - 관리프로그램 선택 - 샴푸 - 스케일링 - 마사지 - 두피 및 헤어트리트먼트 - 마무리

5. 샴푸의 기능에 대한 설명으로 옳은 것끼리 짝지어진 것은?

> ㉠ 모발에 광택과 유연성을 주며 빗질이 잘 되도록 한다.
> ㉡ 기포가 많을수록 세정력이 높다.
> ㉢ 샴푸 후 깨끗하게 헹구어져야 한다.
> ㉣ 샴푸 후 비듬이나 가려움, 염증 등이 발생하지 않아야 한다.
> ㉤ pH가 약알칼리여야 한다.

① ㉠, ㉡ ② ㉠, ㉡, ㉢ ③ ㉠, ㉢, ㉣ ④ ㉠, ㉡, ㉣, ㉤

6. 샴푸와 린스의 목적에 대해 설명하시오.

정답

1. ③
2. ②
3. ③
4. ①
5. ③
6.

- ① 샴푸는 두피를 깨끗하게 하여 모든 시술과정에서 만족하는 결과를 얻기 위한 준비단계이며, 두피의 각종 노폐물을 제거하여 각종 질병을 예방하고 생리기능을 원활히 하여 모발 성장을 촉진하기 위하여 시술한다.
- ② 린스는 샴푸 후 모발표면에 특수성분을 흡착시켜 보호막을 형성하고 수분과 영양을 공급한다. 또한 수분으로 팽창된 모발에 수축과 탄력을 부여하며 모발에 자연스러운 광택을 주는데 목적이 있다.

05
헤어디자인

Ⅰ. 헤어디자인

학습목표

- 헤어디자인 요소를 설명할 수 있다.
- 헤어디자인 원칙을 설명할 수 있다.
- 얼굴형에 따른 디자인을 설명할 수 있다.

1. 헤어디자인의 구성요소

디자인이란 실용성이 있으면서 아름다운 모습을 갖추도록 의상이나 제품, 작품, 건축물 등을 설계하거나 도안하는 일이라고 사전적으로 정의하고 있다. 헤어디자인은 고객의 얼굴형에 맞도록 헤어스타일을 구상하고 계획하는 조형단계이다. 다시 말해 구상·제작단계를 거친 후 수정·보완단계를 거쳐 헤어스타일이 완성된다. 따라서 헤어디자인은 고객의 미를 아름답고 조화롭게 연출해 내는데 있다고 볼 수 있다. 이에 이 장에서는 헤어디자인의 요소와 원칙을 알아보고 이를 적용한 얼굴형에 따른 헤어디자인을 탐색한다. 또한 고객이 원하는 헤어디자인 연출 시 디자이너의 의견을 제시하여 고객의 만족도를 극대화 할 수 있도록 한다. 또한 창조적인 헤어스타일 연출을 위해 헤어디자인의 기본 구성요소를 분석하고 이해해야 한다.

1) 형태

헤어스타일 디자인에 있어서 형태는 헤어스타일의 윤곽과 실루엣으로 고객의 머리형태와 목선, 어깨넓이 등이 균형을 이루고 창의성을 가미하여 조형미를 표현하였을 때 여성스럽고 우아한 스타일이 된다.

모든 형태에는 점과 점을 연결하여 공간과의 경계에 면(plane)이 생기며, 곧 형이 된다. 즉, 3차원적인 형태란 공간을 차지하고 주요특성인 깊이와 양감을 보여주며 보는 각도와 위치에 따라 많은 형(form)을 가진다. 이러한 형의 윤곽이나 면에 질감(texture)과 색채(color) 등을 고려하여 아름다움을 표출하기도 한다.

디자인 형태는 너비와 길이가 거의 같은 구형과 길이보다 너비가 더 확장된 형태인 편구형, 너비보다 길이가 더 긴 형태인 장구형의 세 가지로 분류된다.

(1) 점(point)

점은 기하학적 정의에 의하면 면적이 없이 위치만을 표시하는 것을 말하며, 길이도 없고 폭도 없으며 어떤 공간도 형성하지 않는다. 점은 도면상에 비교적 작은 면적을 점유하는 조형요소이며 공통된 모양은 단순하고 조밀하다. 또한 각지지 않고 방향성도 없는 원형 상태로 점의 크고 작음은 표현에 영향을 준다. 점이 커지면 질감과 명암, 색채도 가질 수 있다.

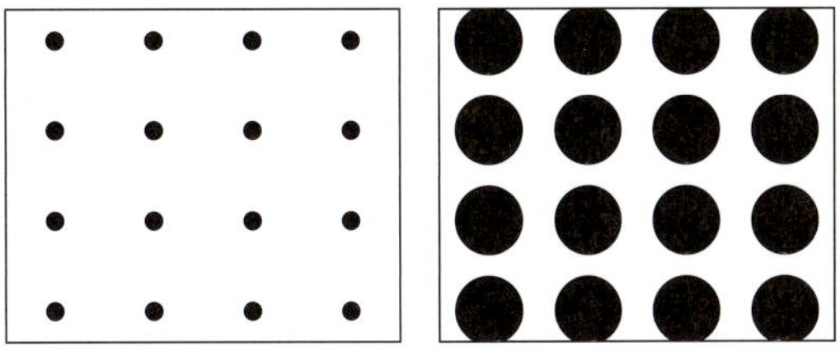

(2) 선(line)

선은 기하학에서 하나의 점이 이동하는 경로라고 한다. 디자인에서 선은 다양한 넓이와 위치, 방향성 등을 가지며 형을 만들 수 있어 중요한 요소이다. 이러한 선은 조밀하고 규칙적으로 집단화된 평면의 형태를 연상시키는 한편, 평면의 질감이 되기도 한다.

선은 연속되며 끊어지지 않고 어떤 형태의 특성과 성격을 단순하게, 또는 정서나 분위기를 재빨리 나타낼 수 있다. 선은 정서적인 표현과 함께 얇은, 두꺼운, 거친, 부드러움, 자유스러움, 우아함, 섬세하고, 고상한 느낌 등 여러 가지 표현을 나타낼 수 있다.

선은 기본적으로 움직임을 나타낸다. 따라서 선의 중요한 특징이 수직, 수평, 대각(사선)선의 방향감이다. 수평선은 고요함이나 정지감을 느끼게 하며 수직선은 상승감과 활동성을 느끼게 하지만 사선이 더욱더 역동적이며 활동적으로 보인다.

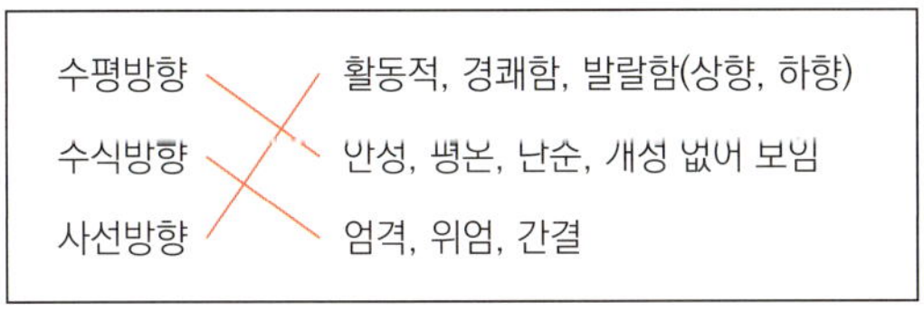

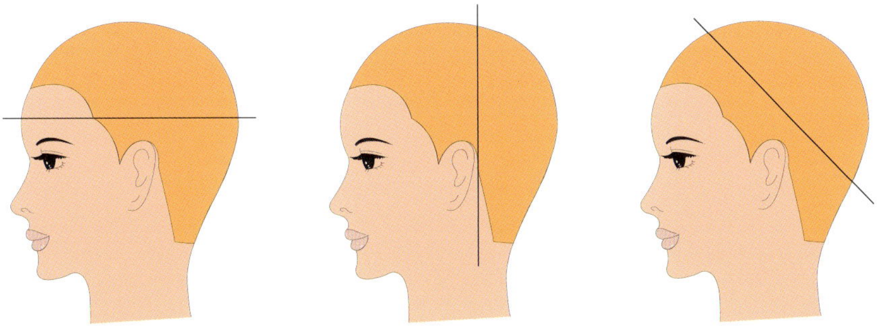

수평(horizontal) 수직(vertical) 대각(diagonal)

Tip

- 직선: 남성적, 엄정, 적극정, 직접적, 긴장, 단호, 딱딱함 등
- 곡선: 여성적, 차분, 우아, 유동적, 연속성, 부드러운, 섬세함 등

(3) 면(plane)

면은 폭과 길이가 있고 두께는 없지만 위치와 방향성을 갖는 공간 구성의 기본 요소다. 선이 본래의 방향을 달리하여 다른 방향으로 이동할 때 면을 이룬다. 면은 높이, 길이, 넓이의 표현이며 형을 만드는 조형 요소로서, 선이 꺾이거나 구부러지는 방향에 따라 면의 윤곽에 방향성이 성립이 된다.

(4) 위치(position)

어느 위치에 포인트를 부여하는가에 따라 이미지가 달라지며 모양, 크기, 방향성에 따라 얼굴에 나타나는 조화로움 또한 다르다. 포인트의 정착 점에 따라 얼굴형이 보완될 수 있으며 아름다운 조화미를 연출할 수 있다.

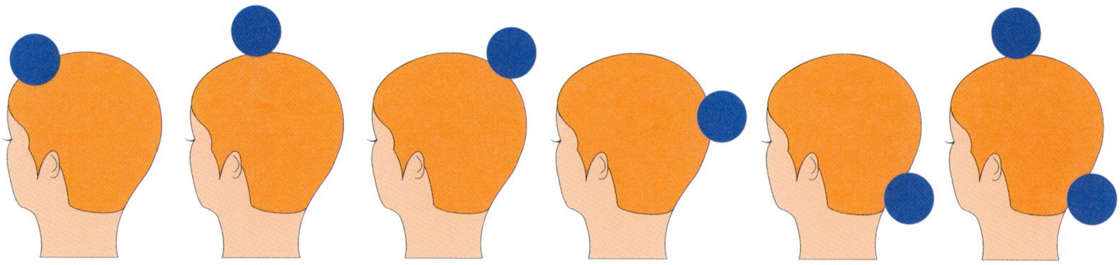

(5) 디자인 형태

대표적인 디자인 형태는 구형, 편구형, 장구형이 있으며 헤어스타일을 구상할 때 어떻게 하면 얼굴형이 타원형에 가깝게 보일지 생각하면서 구상하면 보다 쉽게 헤어 디자인을 할 수 있다.

① 구형(spheroid)

구형 디자인은 가로와 세로의 비율이 거의 같은 형태로 나타나며 작고 긴 얼굴형에 효과적이다. 주로 숏 컷 스타일, 유니폼 레이어 스타일이나 하이 그래쥬에이션 스타일에 인컬, 아웃컬 등의 드라이 시술을 한다.

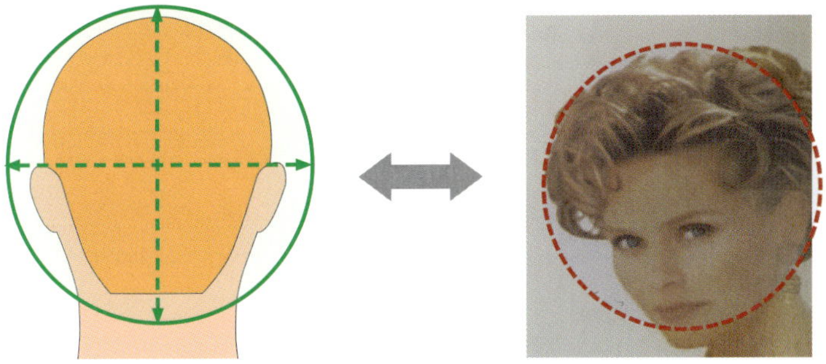

② 편구형(oblate)

편구형 디자인은 길이보다 넓이가 강조된 형태로 장방형 얼굴과 같이 길이가 긴 얼굴이나 역삼각형 얼굴에 어울리는 디자인 형태이다. 넓이에 볼륨감을 확장시키기 위해서 주로 롱 헤어보다는 미디움 스타일에서 많이 나타나는 디자인 형태이며 스트레이트 스타일 보다는 적당한 웨이브를 주어 볼륨감을 형성한다.

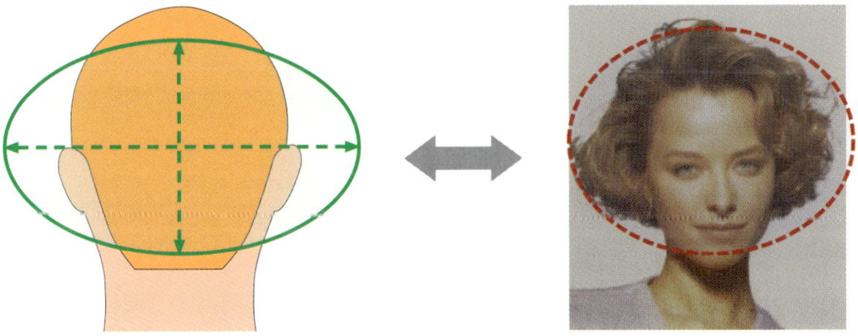

③ 장구형(prolate)

장구형 디자인은 넓이보다 길이가 강조된 형태로 둥근 얼굴형이나 삼각형 얼굴에 효과적인 헤어 디자인이다. 인크리스 레이어 스타일이나 미디움 솔리드 스타일 커트의 탑 부분과 모발 끝 부분 쪽으로 웨이브나 C컬을 형성하여 스타일을 완성한다.

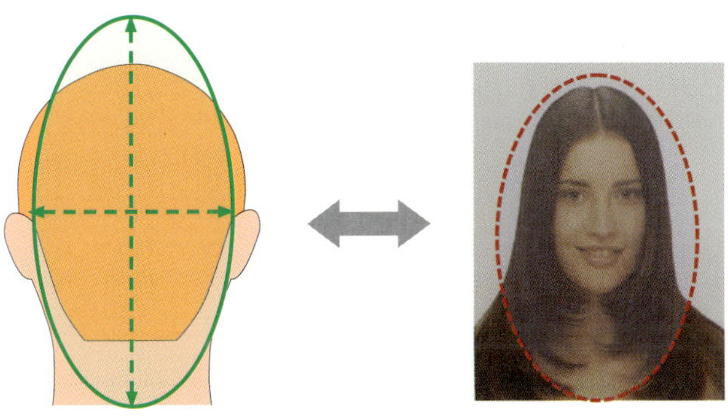

2) 질감(Texture)

질감(texture)은 그 물질이 본래 가지고 있는 표면의 재질감이다. 질감은 촉각적, 시각적이어서 눈으로 보는 것만으로도 알 수 있지만, 손으로 만졌을 경우 더욱 더 구체적으로 감지할 수 있다.

이러한 느낌의 질감에는 매끄럽다거나 거칠다 또는 평평하거나 도드라져 있다, 광택이 없거나 있다 등으로 나타낼 수 있다. 질감은 빛을 흡수하거나 반사하므로, 색채와 명도만으로도 질감을 느낄 수 있다. 예를 들면 명도가 낮은 검정색의 경우는 밝은 색보다 질감이 좋아 보인다. 그러므로 질감은 형태, 색채와 더불어 중요한 요소가 된다.

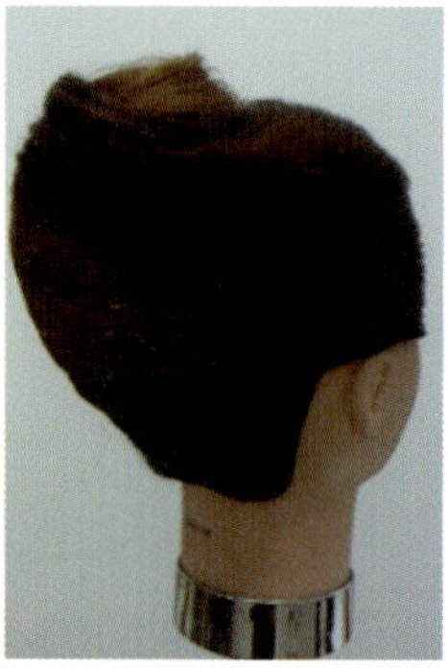

Tip

- 촉각적 질감: 실제로 손으로 만져서 느낄 수 있는 질감
- 시각적 질감: 색, 명암, 표면 등을 통하여 느낄 수 있는 질감

3) 색상(Color)

색(color)은 빛이 변할 때마다 변하는 빛의 산물이며 인접해 있는 물체의 색상에 따라 달라 보인다. 모든 사물은 모든 색상을 포함하고 있는 백색광 가운데 어떤 광선을 반사시켜서 색을 나타낸다. 즉 파란 물체는 파란 광선을 제외하고는 모든 광선을 흡수하여 우리의 눈에 파랑만 반사되어 보이는 것이다. 색상은 디자인 요소 중 가장 감각적이고 시각적이며 다른 요소보다 생동감 있고 본능적이다. 빛의 파장을 나타내는 색상과 밝고 어두움의 정도를 나타내는 명도, 순수한 정도를 나타내는 채도를 우리는 항상 같이 느낄 수 있다. 즉 색상의 명도에 따라 질감과 깊이감, 면적, 크기에 등을 다르게 느끼게 된다.

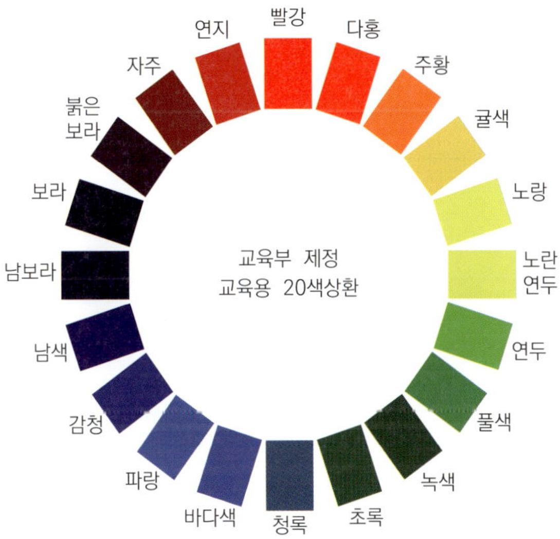

2. 헤어디자인의 원칙

헤어디자인의 원칙은 아름다운 헤어스타일을 하기 위하여 어떠한 방법으로 결합되어야 하는가를 결정하는 하나의 심미적인 연관 법칙 또는 구성계획이라 할 수 있다. 조형의 원리하고도 하며, 이것은 형태, 색채, 질감, 등의 디자인 요소들이 서로 표현될 때, 일어나는 아름답고 조화로운 헤어스타일을 위한 디자인의 원칙이다.

1) 균형(Balance)

균형이란 서로 반대되는 힘의 평형 상태 또는 시각적인 무게감의 동등한 분배를 의미한다. 이러한 균형은 헤어스타일 시 안정감을 주게 된다. 또한 시각적인 무게감은 형태, 질감, 색채 등과 같은 디자인 요소들의 배치와 테두리(frame) 등의 관계에 의해서 표현되는 시각적인 안정감을 말한다. 이러한 균형은 대칭(symmetric)과 비대칭(asymmetric)으로 구분된다.

(1) 대칭(symmetric)

대칭은 헤어스타일의 형태가 대각선으로 또는 수직, 수평으로 균등하게 분할되어 있는 균형을 말한다. 한 개나 하나 이상의 동일하거나 매우 유사한 요소들이 한 축을 중심으로 서로 반대쪽에 위치하여 시각적인 힘의 평형을 이루는 것이다.

(2) 비대칭 균형(asymmetric)

비대칭이란 하나 혹은 둘 이상의 서로 다르거나 대립되는 디자인의 요소들이 축선을 중심으로 반대쪽에서 시각적, 정신적 안정감을 준다. 비대칭은 색상과 질감 등으로 생동감 있는 형태를 창조하여 균형적인 느낌이 들도록 고려한다.

2) 진행(Progression)

형태가 점차로 크게 변하거나 점차적으로 작아지거나 또는 어느 방향으로 점차적으로 변하는지와 색상 또는 형태가 점차적으로 그라데이션(Gradation)되는 것을 말한다. 즉, 진행은 형태, 크기, 방향, 색상, 명도 채도, 흐르는 연속, 점차적으로 강한 것, 점차로 약한 것, 운동 등을 내포하고 있다.

3) 반복(Repetition)

반복은 여러 부분을 연결하기 위해 개별적인 구성요소가 한번 이상 사용될 경우를 반복이라 한다. 같은 형이나 색 등이 균형적으로 반복되었을 때 통일감과 안정감을 느낄 수 있다. 반복되는 요소로는 형태, 크기, 색채, 질감, 방향, 위치 등이 있다.

4) 교차(Alternation)

교차는 두 가지 이상의 요소가 주기적 또는 규칙적으로 연속되는 반복을 의미하며 요소들 간의 간격을 고려해야 한다. 교차는 질서와 주기, 간격을 이용하여 표현되어야 하며 색상이나 질감의 반복과 형태의 교차 반복으로 창조적인 헤어스타일을 할 수 있다.

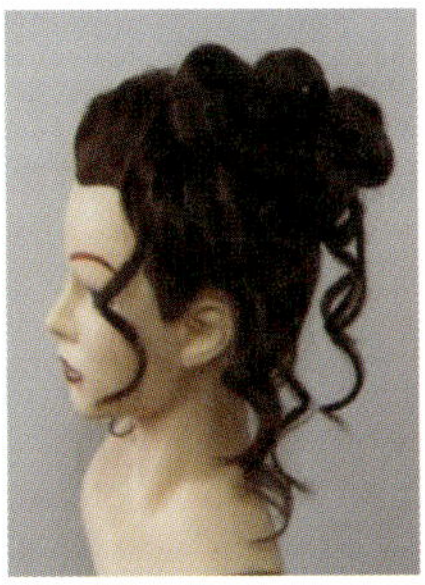

5) 대조(Contrast)

대조는 각 요소들 간의 서로 상반되는 차이로 형태, 방향. 크기, 색채, 질감, 위치 등의 시각적 요소들을 대조되게 배치하는 것이다. 또한 곡선과 직선, 크고 작음, 길고 짧음, 질감의 매끄럽고 거칠음, 밝고 어두움, 맑고 탁한 색, 섬세함과 엉성함, 높고 낮음, 무거움과 가벼움, 움직임과 가라앉음, 강한 것과 약한 것 등으로 대조될 수 있다. 이러한 요소들로 헤어스타일 디자인의 차별화를 줄 수 있다.

6) 강조(Dominance)

헤어스타일 디자인을 할 경우 특정한 부분을 강조하여 변화를 주는 원리이다. 강조 부분의 크기와 위치의 변화를 주면서 시각의 균형과 움직임에 헤어 디자이너의 예술적 감각이 요구된다. 강조의 방법으로는 형태, 색채, 명도 등의 요소들을 잘 배치하여 헤어스타일의 시각적 효과를 높일 수 있다.

7) 조화(Harmony)

조화(harmony)는 형태, 크기, 색채 등과 같은 둘 이상의 요소들의 상호관계에 의해서 이루어진다. 조화는 서로 비슷한 모양을 이루며, 감각적인 효과를 발휘할 때 일어나는 미적 현상이다. 조화는 전체적으로 다양함과 변화에 대한 통일과 같이 질서를 잡는 역할을 한다. 헤어스타일은 색과 선, 면과 형이 일정의 디자인 구성 속에서 서로 조화로운 관계를 이룰 때 아름답다고 할 수 있다.

3. 얼굴형에 따른 디자인

헤어스타일 디자인은 고객의 얼굴형과 모발의 길이, 의상 등 고객의 조건과 목적에 따라 창의적으로 구상하여 시술한다. 특히 때와 장소에 따라서 강조해야 될 경우와 그렇지 못할 경우가 있음으로 디자이너는 고객의 상황을 인지하고 고려해야 하며 또한 얼굴형에 따라 디자인의 중요함도 인지하여야 한다.

헤어스타일 연출 시 모든 얼굴형의 기준이 되는 표준형은 달걀형으로 가장 균형 잡히고 이상적인 형으로 여겨지고 있다. 따라서 헤어스타일 디자인으로 달걀형에 가깝도록 조화시키기 위해 이마에서 눈썹, 눈썹에서 코끝, 코끝에서 턱까지 3등분으로 나누어 디자인한다.

1) 달걀형 얼굴

달걀형 얼굴은 이상적인 아름다운 미의 표준 얼굴이다. 세로가 가로의 약 1.5배이고 턱이 이마보다 약간 좁다. 이 얼굴형은 어떠한 위치에 강조를 하여도 무난하다. 얼굴의 윤곽을 가리지 않는 롱 헤어스타일로 개성을 살려주는 내츄럴한 스타일 또는 얼굴의 윤곽을 드러내는 과감한 스타일부터 롱, 쇼트, 미디움, 롱 등 다양한 길이에 스트레이트, 웨이브 등의 여러 가지 헤어스타일의 연출이 잘 어울린다.

2) 장방형 얼굴

장방형의 얼굴은 세로 길이에 비해서 가로의 폭이 좁아 턱이 길어 보이며 날카로운 인상을 줄 수 있다. 이 얼굴형은 탑 부분을 낮게 하고 사이드 부분에 볼륨을 주도록 하는 업스타일 또는 웨이브의 연출이 효과적이다. 프린지에는 웨이브나 컬을 이용하여 뱅 처리를 하여 얼굴이 길어 보이지 않게 하고 헤어 파트는 센터 파트를 피하고 사이드 파트를 하도록 한다.

3) 사각형 얼굴

사각형 얼굴의 특징은 헤어라인이 일직선상으로 똑바르며 턱 선이 모나고 면적이 넓어 얼굴이 커 보이고 둥근 느낌이 전혀 없다. 따라서 턱 선에서 커다란 웨이브를 이용하여 얼굴을 전체적으로 감싸는 형태의 헤어스타일을 연출한다.

이마의 모난 부분을 감추도록 윗머리의 모근을 세우고 풍성하게 연출하며 한 쪽 귀를 살짝 가려 부드러운 느낌이 들도록 한다.

옆머리를 가볍게 층을 내어 각진 부분을 커버해 주는 롱 스트레이트 스타일과 비대칭 헤어스타일이 잘 어울린다.

특히 센터 파트나 사이드 파트를 하면 각진 형태의 얼굴에 직선상의 느낌이 가중되기 때문에 라운드 사이드 파트와 같이 부드러운 인상을 줄 수 있는 스타일로 시술한다.

4) 삼각형의 얼굴

이마 부분이 좁고 턱이 넓게 보이는 얼굴형으로 헤어 디자인은 이마 부분의 폭이 넓게 보이도록 백콤 처리를 하고, 턱 부분이 어느 정도 좁게 느껴지도록 하는 보완이 필요하다. 삼각형 얼굴의 경우 센터 파트로 스트레이트 스타일을 하고 양쪽 모발을 귀에 걸어주게 되면 이마의 양쪽 폭이 가려지고 턱이 도드라져 보일 수 있다.

따라서 옆선을 강조한 웨이브나 좁은 이마를 감출 수 있는 큰 뱅을 하도록 한다. 양 볼의 선을 좁게 보이기 위해서 부드럽운 웨이브로 귀를 덮어준다.

5) 역삼각형의 얼굴

역삼각형 얼굴은 이마가 넓고 턱 선이 좁아 보이는 것이 특징이다. 따라서 프런트 부분은 볼륨이 있는 큰 웨이브로 이마를 좁아 보이게 하며 좁은 턱 부분은 굵은 웨이브로 연출하여 뾰족한 턱 선이 보완되는 스타일을 한다.

6) 마름모형의 얼굴

마름모형 얼굴을 다이아몬드형이라고도 부른다. 양 볼의 뼈가 튀어나와 있어 상하의 폭이 좁은 얼굴형으로 이다. 이마 부분과 턱 부분을 각각 폭넓게 보이도록 하는 스타일이 바람직하다. 이마가 넓어 보이게 모근을 세우고 볼륨을 주며 광대뼈 부분의 모발은 볼륨이 없게 한다. 즉 옆은 부드러운 컬이나 롤을 만들어 올리고 컬이나 롤을 이용하여 턱 선의 아래쪽에 풍성한 볼륨을 연출할 수 있는 웨이브 스타일이 잘 어울린다.

7) 원형의 얼굴

원형 얼굴은 전두부의 헤어라인과 턱 선이 눈에 띄게 둥글어 얼굴이 크게 보인다. 따라서 얼굴이 실제보다 길어 보이도록 디자인을 하여야 한다.

얼굴이 길어보이도록 탑(전두부)부분에 볼륨을 형성시키고 사이드(측두부)부분은 부풀어 보이지 않도록 가볍게 층을 내어 사이드부분을 커버해 주는 롱 헤어스타일을 한다. 헤어파트(가르마)는 센터 파트를 하게 되면 얼굴이 더 둥글어 보이므로 피하고 6:4나 7:3의 파트가 바람직하며 자연스러운 내츄럴 스타일이 잘 어울린다.

Ⅱ. 헤어 세팅

학습목표

- 헤어 세팅에 대해 설명할 수 있다.
- 오리지널 세트와 리세트를 구분하여 설명할 수 있다.

헤어 세팅(hair seting)은 모발을 특정한 위치와 상태로 고정시키는 것을 의미하여 헤어스타일의 구성요소이다. 세트란 본래 특정한 위치로 "두다", "넣다"의 의미이며, 헤어미용에서의 헤어 세팅은 헤어스타일을 형성하고 고정한다는 의미로 모발의 일정한 형태를 만드는 기술이다.

헤어 세팅은 오리지널 세트(original set)와 리셋(reset)으로 구분하며 오리지널 세트의 기본 요소는 헤어 파팅(hair parting), 헤어 세이핑(hair shaping), 헤어 컬링(hair curling), 롤러 컬링(roller curling) 헤어 웨이빙(hair waving) 등이 있다. 리셋은 헤어스타일링 시술이 끝나면 부족하다고 여겨지는 부분을 재수정하여 마무리하는 과정이다.

1. 오리지널 세트

1) 헤어 파팅

(1) 센터 파트(center part)

센터 파트는 얼굴의 정중앙선에서 5:5 비율로 중앙선을 나누는 가운데 가르마를 말한다. 각진 얼굴형에 센터 파트를 할 경우 직선적인 느낌이 도드라져 보일 수 있으므로 주의해야 한다.

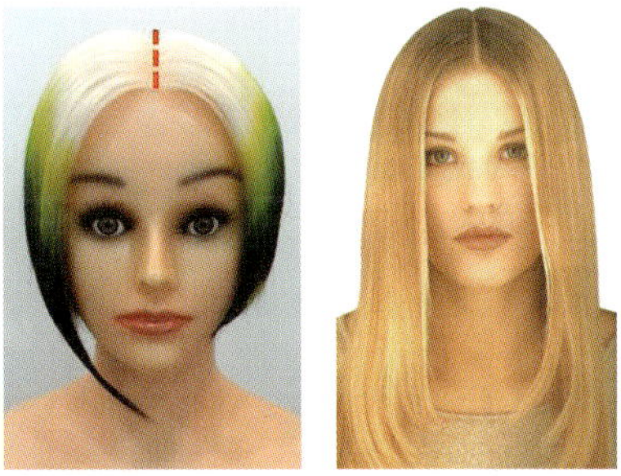

〈센터 파트〉

(2) 사이드 파트(side part)

사이드 파트는 프론트의 왼쪽 또는 오른쪽에서 골덴 포인트를 향해 7:3, 6:4, 8:2 등으로 직선으로 파트를 나누는 옆 가르마를 말한다. 원형 얼굴 또는 각진 얼굴의 사이드 파트는 한쪽 얼굴을 모발이 가려주어 얼굴형이 갸름해 보이는 효과가 있다.

〈사이드 파트〉

(3) 라운드 사이드 파트(ronud side part)

라운드 사이드 파트는 사이드 파트의 비율과 같은 방법이나 직선이 아닌 둥근 곡선 형태로 나타나는 파트이다. 사이드 파트보다 부드러운 인상을 줄 수 있다.

<라운드 사이트 파트>

(4) 다이애거널 파트(diagonal part)

다이애거널 파트는 사선 형태의 가르마로, 사이드 파트와 같은 시작점에서 시작하여 두정부를 향해 사선으로 파팅하는 방법과 센터에서 시작하여 두정부의 사이드를 향해서 파팅하는 방법이 있다.

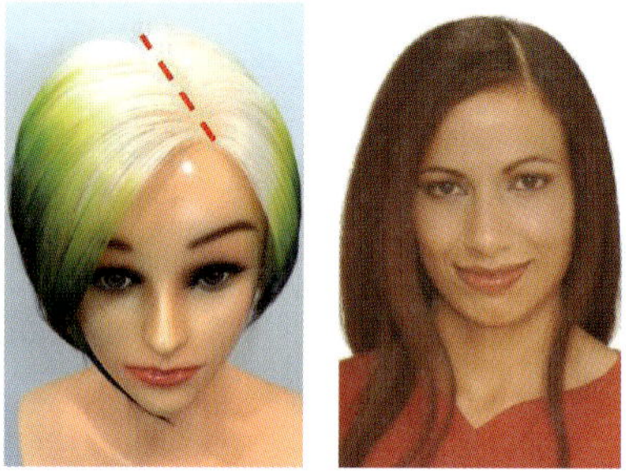

<다이애거널 파트>

(5) 스퀘어 파트(square part)

스퀘어 파트는 프론트 사이드 포인트에서 두정부를 향해 수직으로 올라간 양쪽선이 탑 부분에서 수평으로 그은 선과 만나 사각형의 형태로 가르마를 나눈다. 탑 부분에서 수평선을 긋는 위치에 따라 뱅의 양과 무게감이 조절된다. 이때 사각형의 모서리 부분에 각이 지면 부자연스러워 보일 수 있다.

<스퀘어 파트>

(6) 브이 파트(v-part)

브이 파트는 양쪽 프론트 사이드 포인트에서 두정부의 중심을 향해 삼각형으로 연결하여 V 형태의 가르마가 나타나는 파트이다. 뱅을 연출하고자 할 때 주로 사용한다.

<브이 파트>

(7) 카우릭 파트(cowlic part)

카우릭 파트는 두정부의 한 지점을 중심으로 방사선으로 빗질한 파트이다. 머시룸 헤어스타일 또는 쇼트 스타일에 주로 한다.

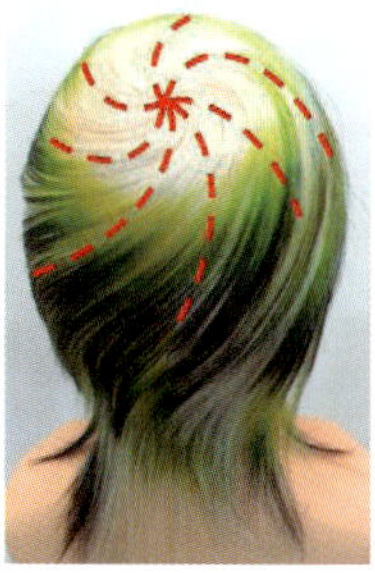

〈카우릭 파트〉

(8) 노 파트(no part)

노 파트는 가르마가 없는 상태를 말한다. 파트를 나누지 않고 뒤쪽을 향해 모두 빗어 넘겨 자연스러운 모발의 방향감을 부여한다. 숏 헤어스타일 또는 업스타일 시술 시 주로 하며 남성 헤어스타일 연출에도 주로 하는 가르마이다.

〈노 파트〉

2) 헤어 세이핑(Hair shaping)

헤어 세이핑은 커트와 세팅의 의미를 가지며 컬 또는 웨이브를 형성키 위한 기초 작업이다. 헤어스타일을 마무리 짓기 위해 모발에 흐름을 정리하는 것으로, 각도에 따라 볼륨감과 방향감을 나타낼 수 있다. 방향감에 따라 인커브 세이핑, 아웃커브 세이핑, 업 세이핑, 다운 세이핑이 있다.

인커프 세이핑

아웃커브 세이핑

업 세이핑

다운 세이핑

3) 헤어 컬링(Hair curling)

헤어 컬링은 한 묶음의 모발 즉 스트랜드를 원통형 기구 또는 손을 이용하여 웨이브를 형성시키는 것을 말한다.

컬이 말리기 시작한 부분을 베이스라 하며, 컬이 말리기 시작한 지점을 피봇 포인트, 베이스에서 피봇 포인트까지를 컬 스템, 스트랜드가 원형으로 말려진 둥근 부분을 루프, 컬의 모발 끝을 앤드 오브 컬이라고 한다.

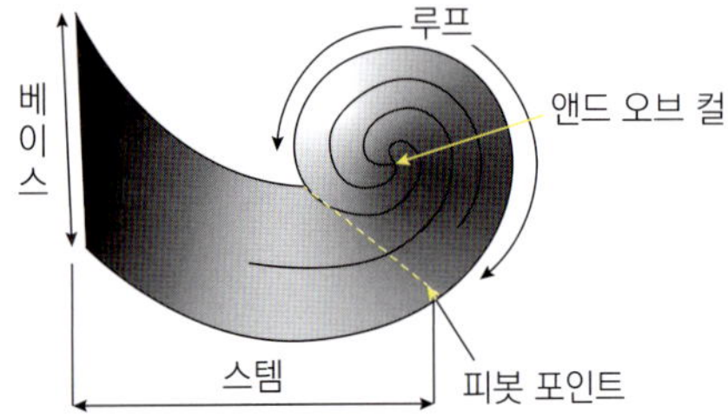

(1) 컬의 구성요소

스템의 방향	컬을 만들 때 두피와 스템의 방향이 이루는 각도에 따라 수직, 수평 대각선 방향을 규정 짓는다.
슬라이스	슬라이스는 섹션된 모발을 다시 얇게 나누는 것을 말한다.
텐션	텐션은 와인딩할 때 모발에 긴장감을 주고 컬을 아름답게 하기 위해서 적절하게 당기는 힘의 정도를 뜻한다.
루프의 크기	루프의 크기에 따라서 움직임이 달라진다. 직경이 큰 루프는 자연스러운 움직임의 느낌을 주고 직경이 작은 루프는 모발 자체의 움직임이 없어 보인다.
베이스	베이스는 컬의 스트랜드 밑부분으로 스트랜드 컬과 세이핑 컬이 있다.

(2) 컬의 종류

컬의 상태에 의한 종류는 스탠드업 컬과 플랫 컬이 있다. 또 컬이 말린 방향에 따라 포워드 컬, 리버스 컬 등이 있다.

컬의 분류	특 징
스탠드업 컬 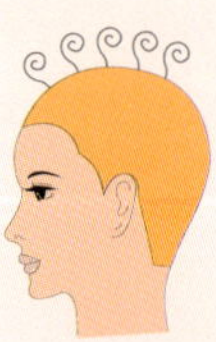	• 스탠드업 컬은 볼륨감을 형성시키기 위한 컬 • 두피에서 90° 각도로 루프(loop)가 세워진 형태로 나타난다. • 얼굴 방향으로 쏟아지는 헤어스타일을 연출은 포워드로 와인딩한다. • 얼굴 반대 방향으로 넘어가는 헤어스타일을 연출은 리버스로 와인딩한다.
플랫 컬 	• 플랫 컬은 루프가 두피에 편평한 형태로 누워있는 컬 • 루프가 두피와 0°로 되어 있어 볼륨감이 형성되지 않는다. • 모발이 가늘고 모량이 적은 사람에게는 피하는 것이 좋다. • 모량이 많은 사람에게 적합한 컬링 방법이다.

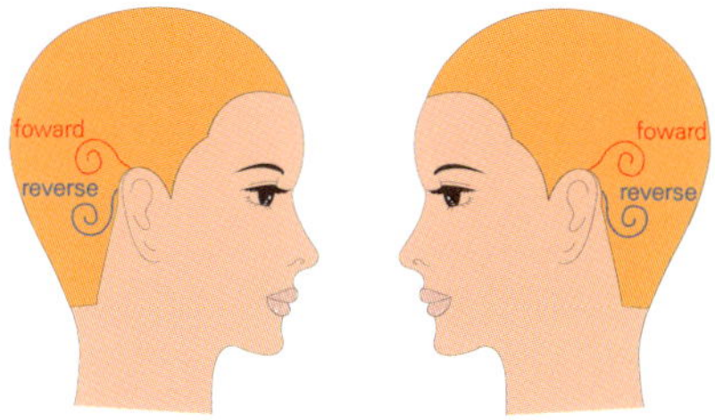

포워드 컬	• 루프의 방향이 귓바퀴 방향으로 와인딩되어 있는 형태 • 모발이 얼굴방향을 향해 페이스라인이 갸름해 보이는 효과
리버스 컬	• 루프의 방향이 귓바퀴 반대 방향으로 와인딩되어 있는 형태 • 모발이 얼굴 반대 방향으로 향해 있다.

4) 롤러 컬링(Roller curl)

롤러 컬은 원통 모양의 도구로 만든 컬이며, 롤러의 크기와 모양에 따라 다양한 웨이브를 만들 수 있다. 롤러 컬은 퍼머넌트 웨이브 후 자연스러운 컬을 만들거나 직모에 컬을 만들고자 할 때 사용하며 업스타일을 연출할 때 사전작업으로 롤러 컬을 할 수 있다. 롤러 컬은 스템의 상태, 와인딩 상태와 각도에 따라 볼륨이 달라진다.

(1) 롤러 컬의 종류

① 논 스템 롤러 컬(non stem roller curl)

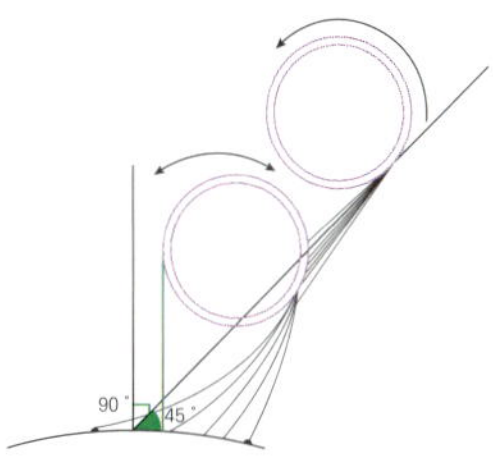

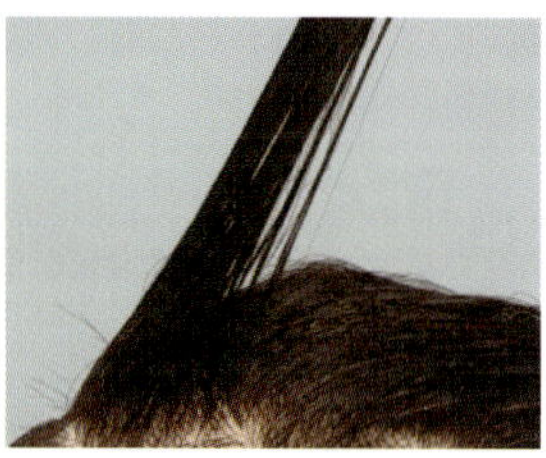

• 롤러의 1직경 베이스 슬라이스
• 시술각은 베이스 중앙에서 전방 45°로 빗질

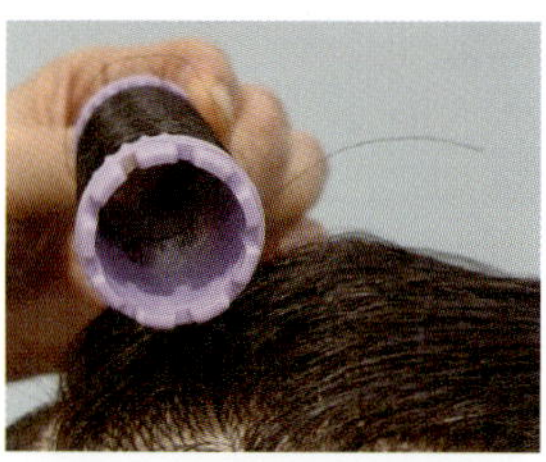

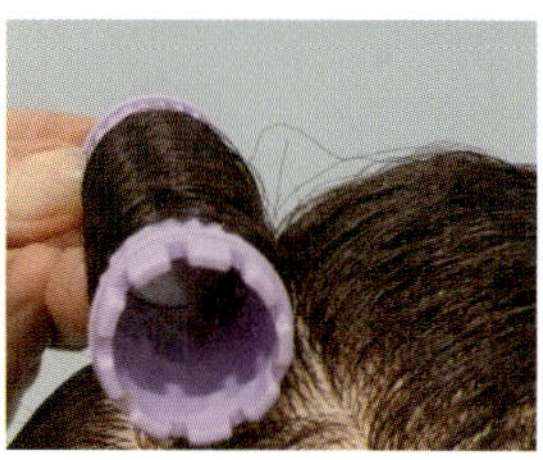

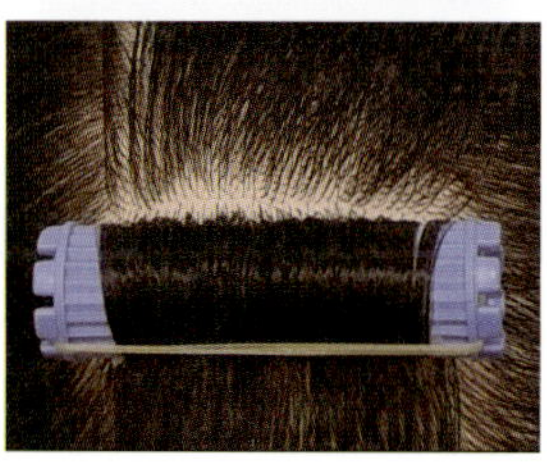

• 롤러가 베이스에 놓인 형태
• 볼륨이 가장 크게 형성된다.

② 하프 스템 롤러 컬(half stem roller curl)

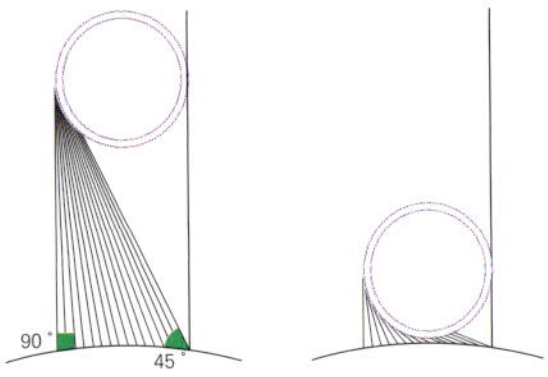

- 로드의 1직경 베이스 슬라이스
- 시술각은 베이스 중앙에서 위쪽으로 90°로 빗질

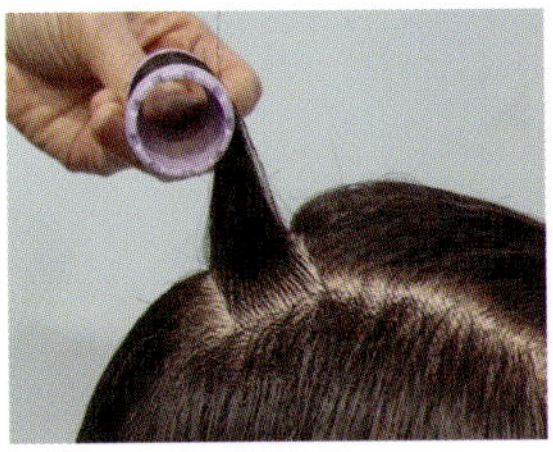

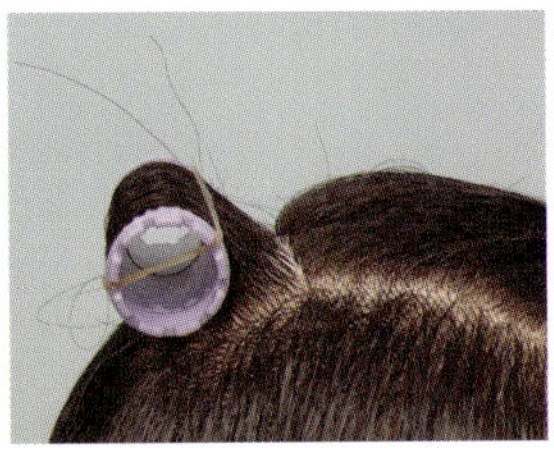

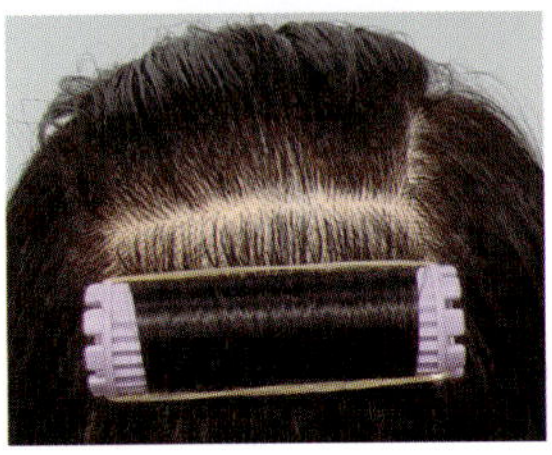

- 롤러의 1/2은 베이스 안에 있고 나머지 1/2은 베이스 밖에 걸쳐있는 상태
- 논 스템 롤러 컬에 비해 볼륨감이 적다.

③ 롱 스템 롤러 컬(long stem roller curl)

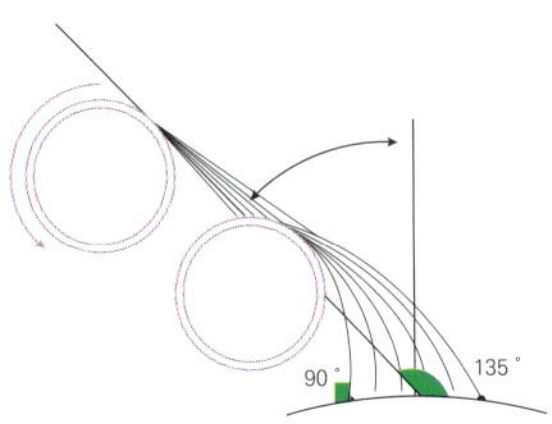

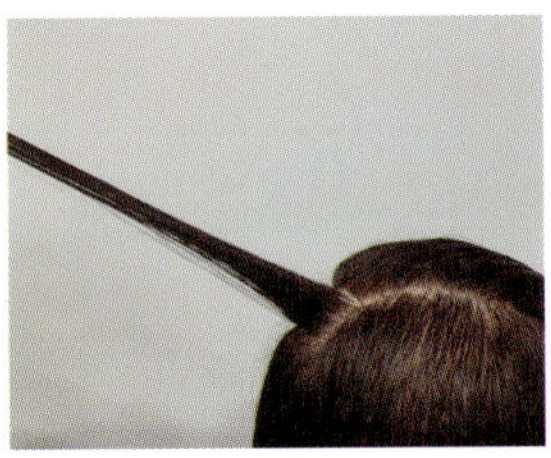

- 슬라이스 후 시술각은 베이스 중앙에서 아래쪽으로 45°로 빗질 후 와인딩

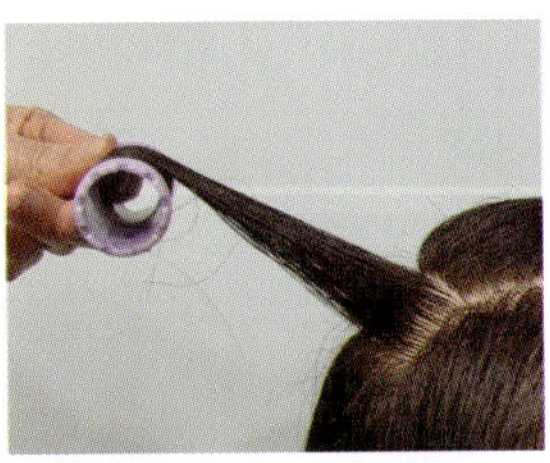

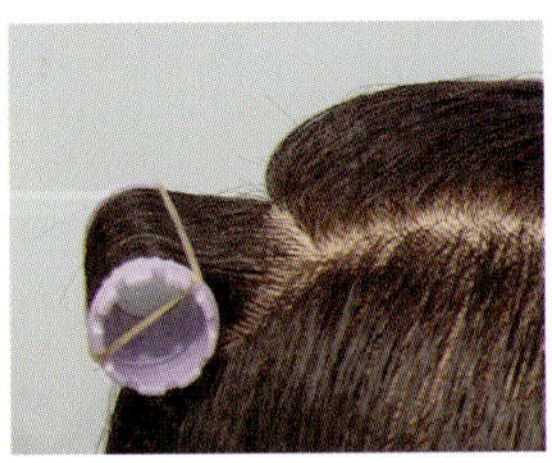

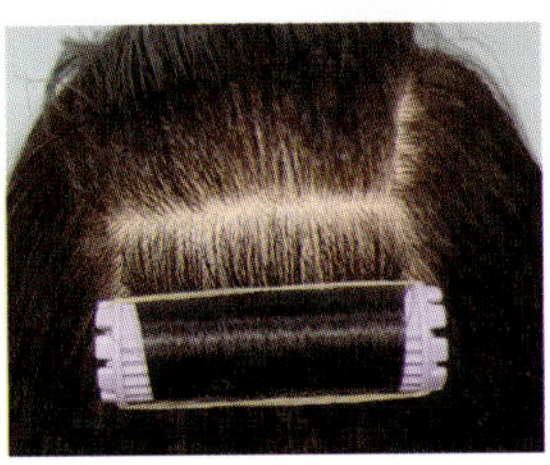

- 롤러가 베이스로부터 벗어나 베이스의 아래에 놓인다.
- 볼륨은 거의 없고 두상에 밀착감을 준다.

(2) 롤러 컬의 시술방법

업스타일 사전작업 또는 일시적인 웨이브를 연출하기 위한 작업이다. 블로우드라이와 아이론을 사용하여 컬을 형성시켜주거나 또는 롤러 컬을 사용하기도 한다. 단 롤러 컬을 사용할 경우 모발은 젖어있는 상태에서 시술하고 만약 마른 모발일 경우 전기 셋팅 롤러를 사용하기도 한다.

① 시술방법

두상을 5등분 또는 6등분으로 나눈다.

온 베이스(on base)로 최대한의 볼륨을 주며 와인딩한다.

모발 끝을 롤러의 폭 만큼 넓혀서 베이스의 중앙에서 전방 45°로 와인딩한다. 슬라이스는 롤러 두께(2~2.5cm) 정도로 한다.

측두부도 전방 45°로 와인딩한다.

왼쪽과 오른쪽 측두부를 와인딩한다.

전체적인 와인딩이 끝난 후 드라이어로 건조시킨다.

열이 식혀지면 롤러 아웃을 한다.

디자인에 따라 제품을 선정해서 사용하면 원하는 헤어스타일을 연출할 수 있다.

(3) 롤러의 종류

헤어디자인 연출을 위해 세팅을 할 경우 습식세팅과 건식세팅으로 구분된다. 습식세팅은 모발에 수분이 있는 상태에서 와인딩 시술 후 건조한다. 건식세팅은 세팅기에 열을 가하여 와인딩 한 후 식힌 다음 스타일링한다.

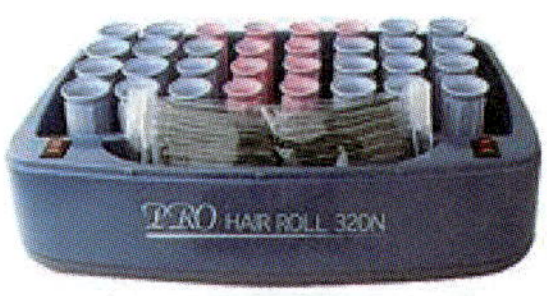

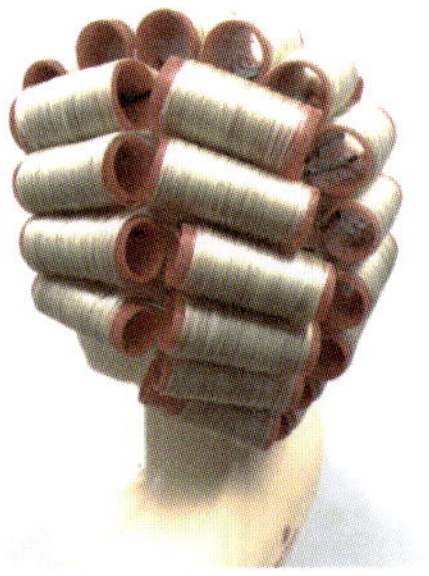

5) 헤어 웨이빙(Hair waving)

헤어 웨이빙은 웨이브 선의 형태가 물결모양을 한 S자 형태 이룬 것으로 컬 웨이브, 핑거웨이브, 아이론 웨이브 등이 있다. 웨이브는 시작점과 끝점을 중심으로 정점, 융기점, 골이라 하며, 시작점과 끝점까지를 풀웨이브라 한다.

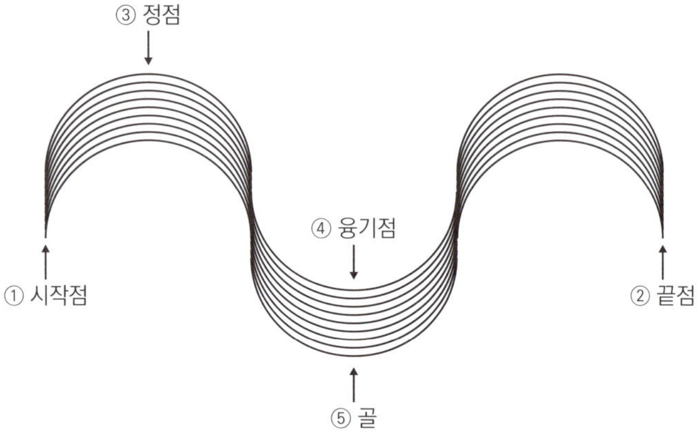

(1) 웨이브의 형상 분류

① 섀도 웨이브(shadow wave)

크레스트(crest:정상)가 뚜렷하지 않아 웨이브가 느슨한 웨이브형상

② 내로 웨이브(narrow wave)

뚜렷한 크레스트와 다음 크레스트사이가 좁고, 뚜렷하여 웨이브의 형태가 뚜렷한 웨이브형상

③ 와이드 웨이브(wide wave)

내로 웨이브보다 크레스트가 더욱 뚜렷한 형태로 리지와 리지의 폭이 좁은 웨이브형상

④ 프리즈 웨이브(frizz wave)

모발 끝은 웨이브가 있고 두피쪽으로 갈수록 웨이브가 느슨한 웨이브형상

shadow	
wide	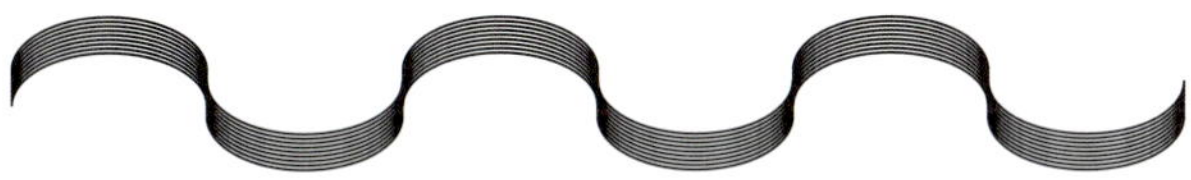
narrow	
frizz	

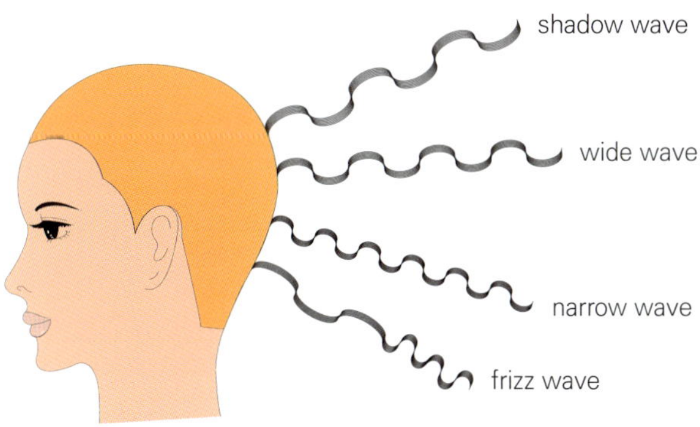

(2) 핑거웨이브

핑거웨이브는 손가락 빗, 웨이브 로션, 헤어핀이나 클립을 이용해서 웨이브를 교차시키고 웨이브의 간격을 일정하게 유지하며 웨이브를 만든다.

2. 리셋(reset)

리셋은 빗과 브러시 등의 도구를 이용하여 오리지널 세트한 작업에서 계획했던 헤어스타일 디자인에 맞추어 고객의 분위기를 연출하는 것으로 헤어스타일의 끝맺음이라 할 수 있으며 콤 아웃이라고도 한다.

요 점 정 리

1. 헤어디자인의 구성요소는 형태, 질감, 색상이다. 헤어디자인의 원칙(법칙)은 균형, 반복, 교차, 대조, 강조, 조화이다. 즉 구성요소들이 서로 표현될 때, 일어나는 아름답고 조화로운 헤어스타일을 위한 디자인의 원칙이다.

2. 헤어 세팅은 오리지널 세트(original set)와 리셋(reset)으로 구분하며 오리지널 세트의 기본요소는 헤어 파팅(hair parting), 헤어 세이핑(hair shaping), 헤어 컬링(hair curling), 롤러 컬링(roller curling) 헤어 웨이빙(hair waving) 등이 있다. 리셋은 헤어스타일링 시술이 끝나면 부족하다고 여겨지는 부분을 재수정하여 마무리하는 과정이다.

3. 헤어 세이핑은 커트와 세팅의 의미를 가지며 컬 또는 웨이브를 형성키 위한 기초 작업이다. 헤어스타일을 마무리 짓기 위해 모발에 흐름을 정리하는 것으로, 각도에 따라 볼륨감과 방향감을 나타낼 수 있다.

4. 롤러컬의 종류는 논스템 롤러 컬, 하프스템 롤러 컬, 롱 스템 롤러 컬이 있다.

5. 컬이 말리기 시작한 부분을 베이스라 하며, 컬이 말리기 시작한 지점을 피봇 포인트, 베이스에서 피봇 포인트까지를 컬 스템, 스트랜드가 원형으로 말려진 둥근 부분을 루프, 컬의 모발 끝을 앤드 오브 컬이라고 한다.

6. 컬의 상태에 의한 종류는 스탠드업 컬과 플랫 컬이 있으며, 컬이 말린 방향에 따라서는 포워드 컬, 리버즈 컬 등이 있다.

7. 웨이브 형상의 종류는 섀도 웨이브, 내로 웨이브, 와이드 웨이브, 프리즈 웨이브 등이 있다.

단원 문제

1. 헤어디자인의 구성요소는 (　　), (　　), (　　)이며, 헤어디자인의 원칙(법칙)은 균형, 반복, (　　), 대조, (　　), (　　)이다.

2. 헤어 세팅은 (　　　　)와 (　　　　)으로 구분한다.

3. 헤어 세팅에 있어 크레스트가 가장 자연스러운 웨이브는?

① 와이드 웨이브　② 내로 웨이브
③ 섀도 웨이브　④ 버티컬 웨이브

4. 내로 웨이브의 특징을 가장 잘 설명한 것은?

① 리지가 눈에 잘 띄지 않는 웨이브
② 크레스트가 뚜렷하지 않는 느슨한 웨이브
③ 가장 아름다운 웨이브
④ 파장이 극단으로 많은 웨이브

5. 컬의 구성요소에 해당되지 않는 것은?

① 클리핑　② 베이스　③ 루프　④ 스템

6. 헤어 세팅에 있어 오리지널 세트의 주요 요소에 해당되지 않는 것은?

① 롤러 컬링　② 헤어 웨이빙　③ 콤 아웃　④ 헤어 파팅

7. 다음 중 로우 웨이브(low wave)를 가장 잘 설명한 것은?

① 웨이브의 융기선이 낮은 웨이브
② 웨이브의 융기선이 분명치 않은 웨이브
③ 웨이브의 융기선이 높은 웨이브
④ 웨이브의 융기선이 고저가 일정하지 않은 웨이브

8. 핑거 웨이브의 종류 중 스윙 웨이브에 대한 설명이 맞는 것은?

① 큰 움직임을 보는 듯한 웨이브
② 물결이 소용돌이치는 듯한 웨이브
③ 리지가 낮은 웨이브
④ 리지가 뚜렷하지 않고 느슨한 웨이브

9. 다음 중 리세트에 해당되지 않는 것은?

① 백 코밍 ② 브러시 아웃
③ 콤 아웃 ④ 롤러 롤

10. 스탠드업 컬 중 귓바퀴 방향대로 말린 것을 무엇이라 하는가?

① 핀 컬 ② 포워드 스탠드업 컬
③ 리버스 스탠드업 컬 ④ 메이폴 컬

정답

1. 형태, 질감, 색상, 교차, 강조, 조화
2. 오리지널 세트(original set), 리셋(reset)
3. ①
4. ④
5. ①
6. ③
7. ①
8. ①
9. ④
10. ②

06

헤어커트

1. 헤어커트

학습목표

- 두부의 블로킹에 따른 분할선과 포인트를 설명할 수 있다.
- 커트 도구의 사용방법을 알고 설명할 수 있다.
- 헤어커트의 4가지 유형에 대해 설명할 수 있다.

헤어커트는 헤어스타일을 표현하기 위한 기본적인 기술이다. 헤어퍼머넌트와 헤어셋팅, 블로우드라이, 헤어컬러 등 모든 헤어스타일을 표현하는데 있어 커트의 상태에 따라 헤어스타일의 형태가 이루어진다. 헤어커팅, 즉 헤어세이핑(hair shaping)은 원하는 스타일에 맞도록 정확한 길이로 모발을 정리하고, 또 모발의 양을 조절하는 틴닝(thinning)을 함으로써 얼굴형태와 두상 상태의 장·단점을 보완할 수 있다. 이러한 커트 시술을 위해서 커트가위, 틴닝가위, 레이저, 클리퍼 등의 사용법이 중요하다. 특히 가위는 마른 모발과 젖은 모발에 사용하나 레저는 젖은 모발에 사용한다. 고객에게 어울리는 헤어스타일링을 위한 4가지 유형의 커트시술 방법을 학습하기로 한다.

1) 두상의 라인

두상의 직선라인은 수직선(vertical), 수평선(horizontal), 사선(대각선, diagonal)으로 분류할 수 있으며, 곡선은 오목곡선(concave)과 볼록곡선(convex)으로 분류할 수 있다. 직선은 분명함, 강함, 명쾌함, 단순함, 냉철함, 이성, 남성적인 느낌을 주며, 곡선은 우아함, 따뜻함, 여성적, 부드러움, 유동적인 느낌을 준다.

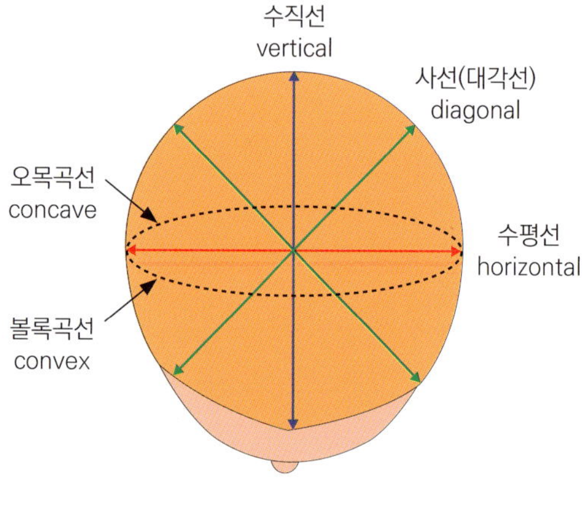

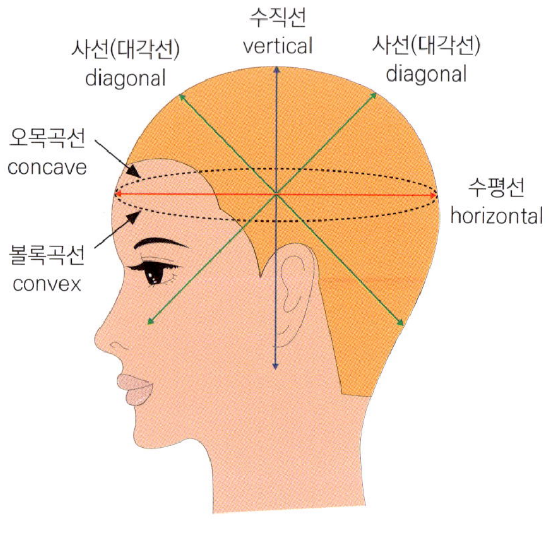

〈두상의 라인〉

2) 두상의 분할

블로킹은 정확하고 다양한 헤어 디자인을 결정하기 위해 중요하며, 커트 시술 시 용이하도록 나누는 것을 의미한다. 이에 고객의 모류, 모질, 모량, 모발의 탄력성 등을 정확하게 파악한 후 디자인 구상에 따라 블로킹을 구획하는 것이 중요하다.

헤어커트를 시술하기 위해 파트(part) 또는 섹션(section)으로 4~5의 등분으로 나누어야한다. 즉 블로킹(blocking)을 한 후 커트 시술을 하기 위해 다시 작게 나누는 것을 슬라이싱(slicing)이라 한다. 블로킹보다 작은 부분으로 나누는 것을 섹션과 파트라고 하며, 섹션보다 더 작게 구분하여 빗질과 커트 시술에 용이하게 하는 것을 파팅이라 한다. 파팅은 수평, 수직, 사선(전대각, 후대각) 등으로 나눌 수 있으며, 커트 시술을 하기 위해 다시 더 작게 나누는 것을 슬라이스(slice)라 한다. 즉, 의도하는 디자인은 물론 고객의 두상과 자연 성장 패턴과 관련이 있으며 일반적으로 디자인 라인과 시술각, 분배의 변화에 의해 결정된다.

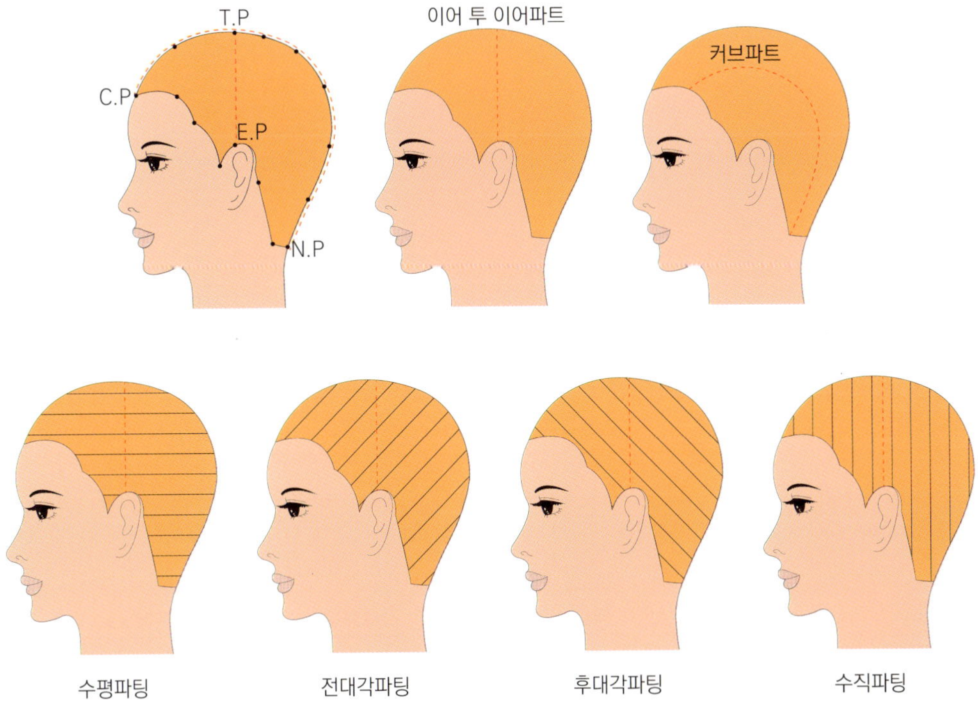

〈두상의 분할〉

3) 두부의 기준점(point)

헤어스타일 연출을 위한 사전 작업에 필요한 두상의 기준점을 이해하면 보다 쉽고 빠르게 시술할 수 있다. 두상은 둥근 형태이기 때문에 각 기준점에 따라 각도와 볼륨의 정도를 달리하여야 한다.

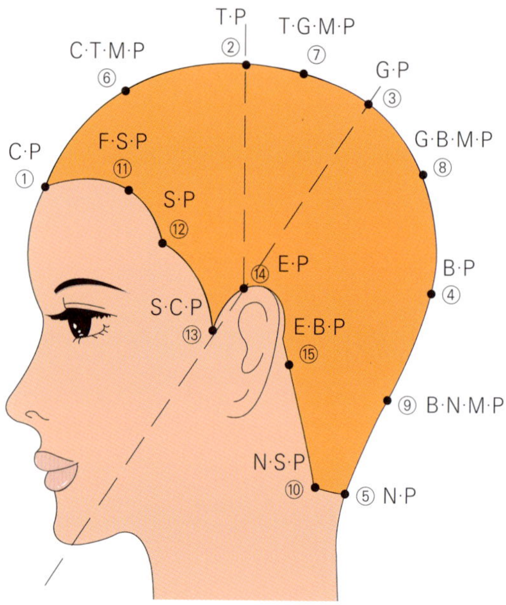

번호	약어	명칭
①	C.P	Center Point
②	T.P	Top Point
③	G.P	Golden Point
④	B.P	Back Point
⑤	N.P	Nape Point
⑥	C.T.M.P	Center Top Medium Point
⑦	T.G.M.P	Top Golden Medium Point
⑧	G.B.M.P	Golden Back Medium Point
⑨	B.N.M.P	Back Nape Medium Point
⑩	N.S.P	Nape Side Point
⑪	F.S.P	Front Side Point
⑫	S.P	Side Point
⑬	S.C.P	Side Corner Point
⑭	E.P	Ear Point
⑮	E.B.P	Ear Back Point

4) 베이스(base)

베이스는 커트하기 위한 목적으로 나눠 잡은 모발단(panel)의 두피부분의 영역을 의미하며, 모발 길이와 형태선에 영향을 주기 때문에 중요한 역할을 한다. 베이스의 종류에는 온 더 베이스, 사이드 베이스, 프리 베이스, 오프 더 베이스 등으로 분류한다.

(1) 온 더 베이스(on the base)

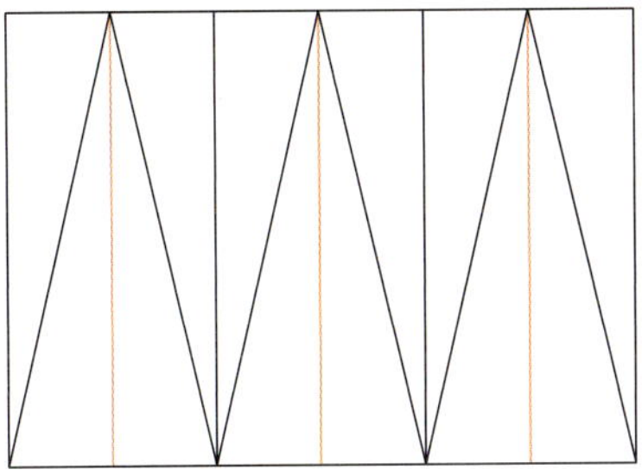

(2) 프리 베이스(free base)

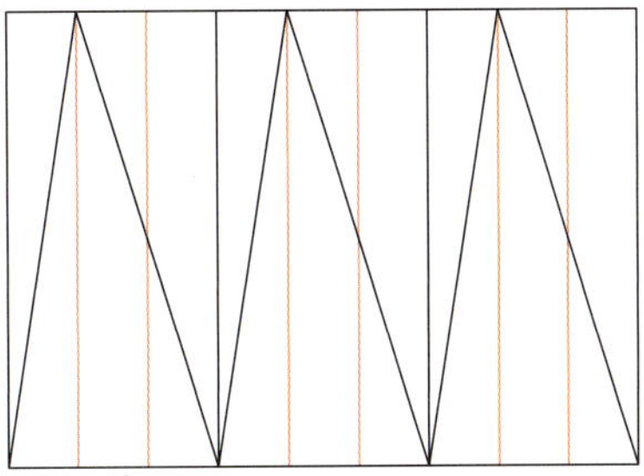

(3) 사이드 베이스(side base)

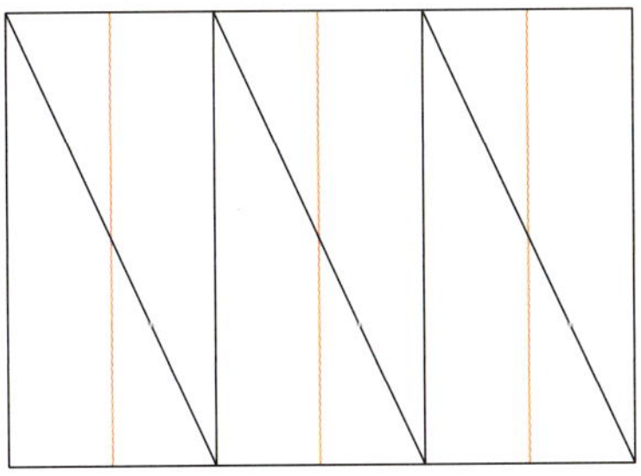

(4) 오프 더 베이스(off the base)

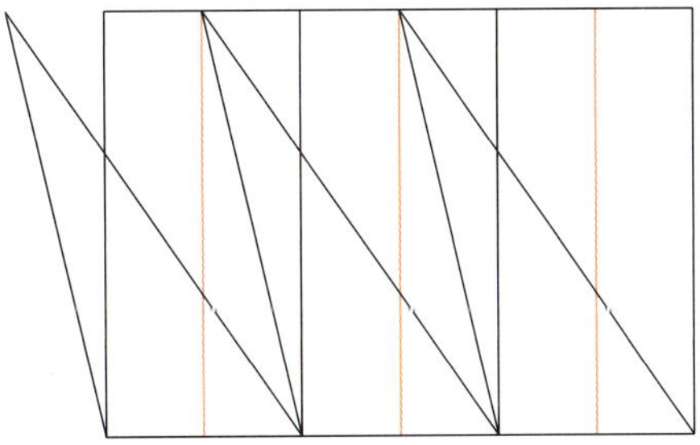

5) 시술각(angle)

커트시 모발단(panel)을 들어 올리는 각도를 의미하며, 자연 시술각과 일반 시술각으로 구분할 수 있다.

(1) 자연 시술각

자연시술각은 celestial angle이라고 하며, 중력에 의해 자연스럽게 떨어지는 시술각도이다.

(2) 일반 시술각

일반 시술각은 head angle이라고 하며, 두상 곡면의 위치와 섹션의 분할방식에 따라 적용되는 시술각도이다. 전체를 일반 시술각을 사용하며 유니폼 레이어의 가벼운 커트의 형태선을 만들 수 있다.

6) 손가락 자세

(1) 평행 손가락(parallel finger position)

머리를 조절하는 손가락과 파팅이 평행을 이룬다.

(2) 비형팽 손가락(nonparallel finger position)

파팅에 대해 손가락이 비평행으로 과장된 길이 증가, 대조되는 길이 간의 연결, 무게감을 조절할 때 사용한다.

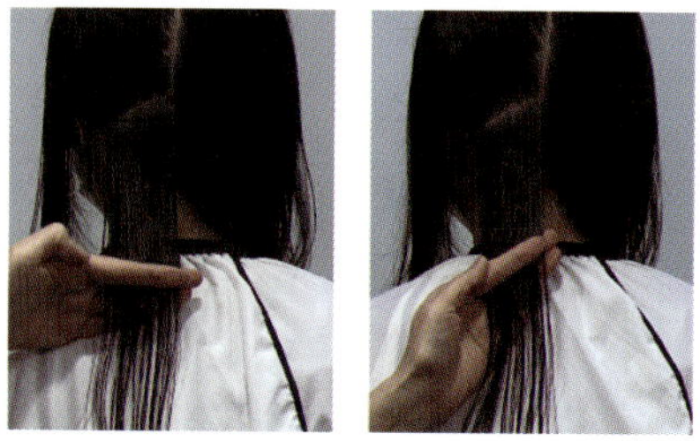

7) 헤어 원랭스커트의 4가지 유형의 외곽선(형태라인)

구분		
A~N.P.	머쉬룸(mushroom) 스타일	후대각 라인(앞올림)
B~N.P.	이사도라(Isadora) 스타일	후대각 라인(앞올림)
C~N.P.	수평 보브(parallel bob) 스타일	수평 라인(평행)
D~N.P.	스파니엘(spaniel) 스타일	전대각 라인(앞내림)

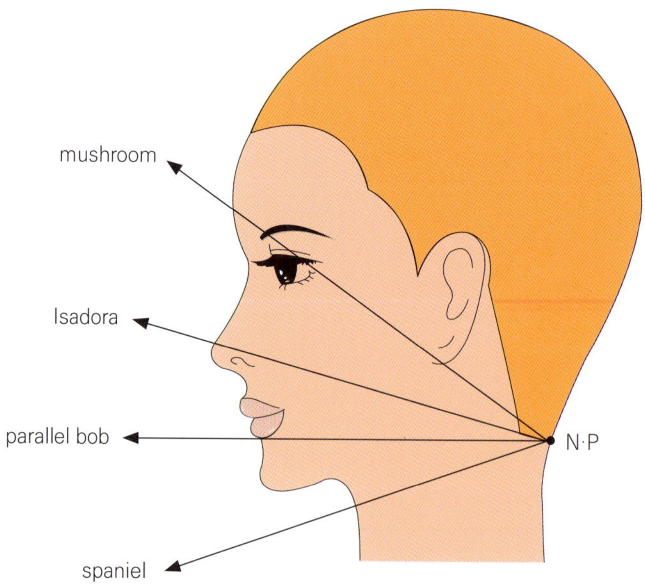

2. 헤어커트의 도구

헤어커트를 시술하기 위하여 커트가위, 틴닝가위, 커트 빗 등이 준비되어야 한다.

1) 가위(scissors)

가위는 일반적으로 모발의 끝을 뭉퉁하게 잘라 내어 정돈된 느낌을 주는데 사용되는 도구와 모발의 길이를 자르지 않고 모발의 양을 조절하기 위한 틴닝가위가 있다. 가위는 젖은 모발과 마른 모발에 사용가능하다.

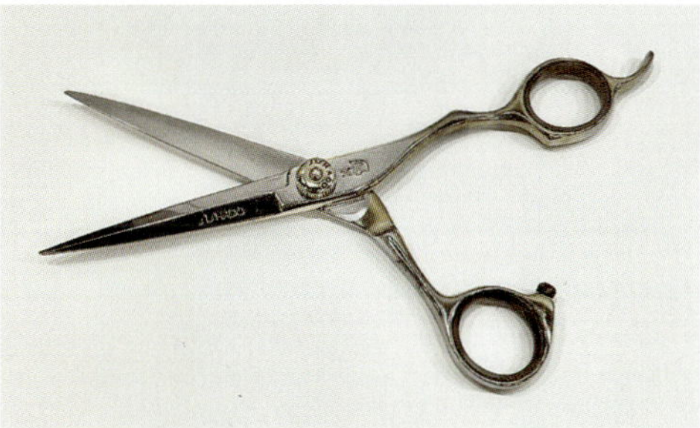

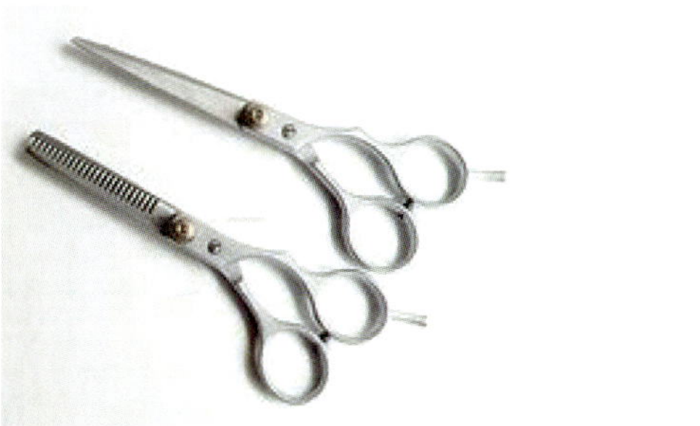

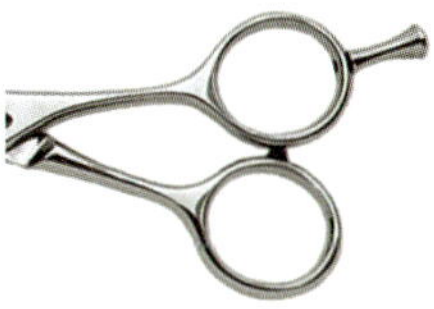

스트레이트형

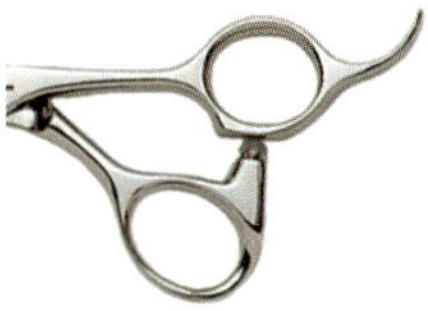

옵셋형

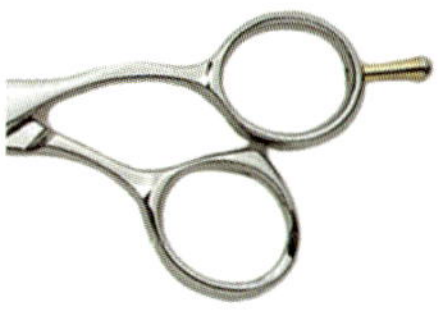

크렌타입형

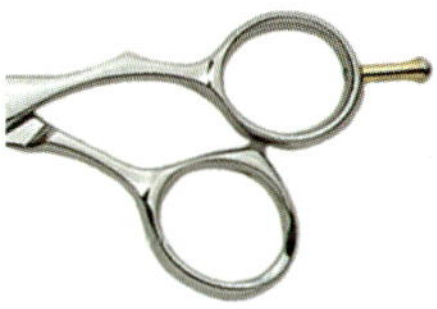

낙타등형(갈매기형)

Tip

- 스트레이트형: 정인과 동인의 길이가 같은 가위이며, 움직임 많은 커트, 초보자에게 적당하며, 모든 커트 사용에 적합한 기본형이다.
- 옵셋형: 동인보다 정인의 날이 긴 가위이다.
- 크렌타입형: 손잡이 핸들이 휘어져 있는 가위이며, 가위를 잡았을 때 날이 밑으로 쳐지며, 손목에 안정감이 있다.
- 낙타등(갈매기)형: 정인 손잡이가 낙타등 모양으로 생긴 가위이며 손목이 편하고 안정감이 있다.

(1) 가위의 구조명칭과 사용법

① 가위의 구조명칭

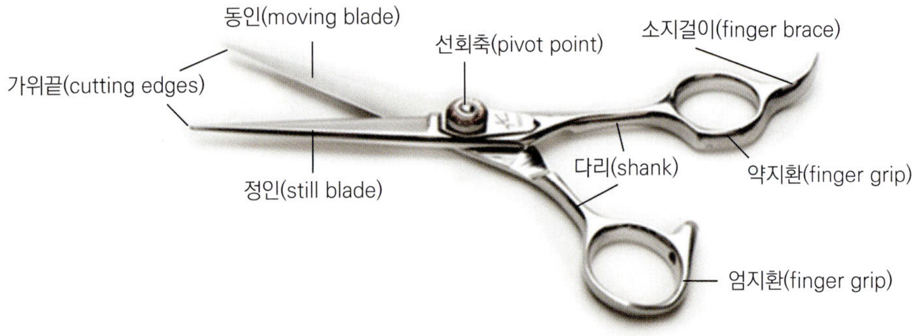

② 가위 사용법

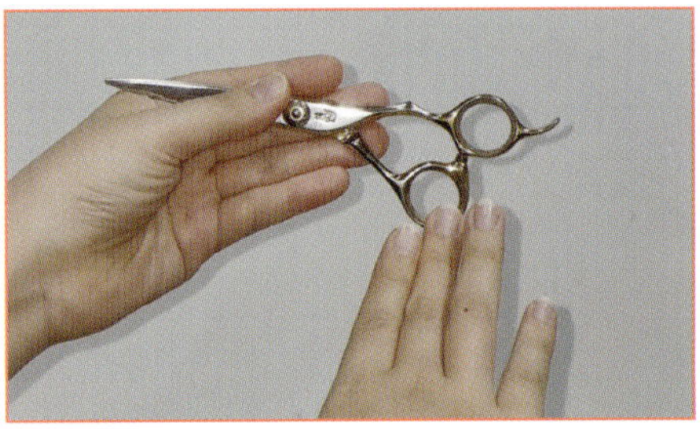

① 가위의 접점 부분이 앞쪽으로 보이도록 하고, 소지걸이가 있는 구멍에 약지손가락을 넣는다.

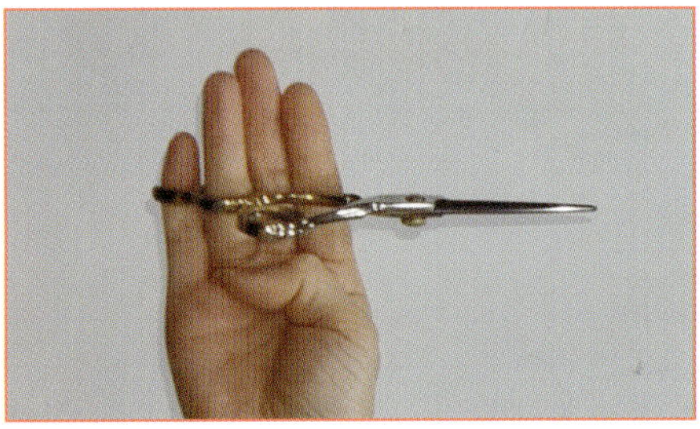

② 약지손가락을 넣은 후 새끼손가락은 소지걸에 받쳐준다.

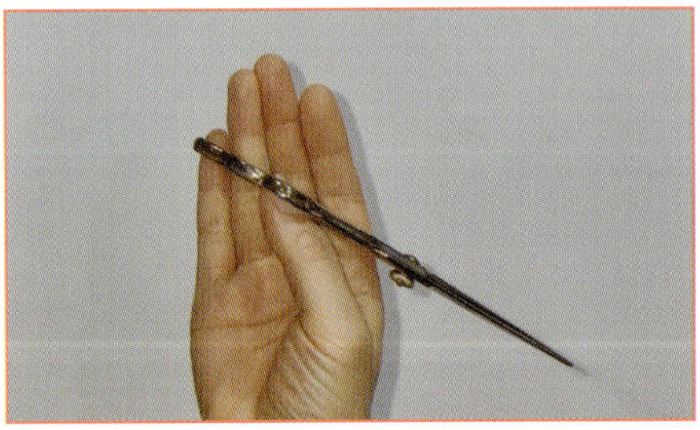

③ 엄지손가락을 넣은 후 가윗날 끝을 떨어진 상태 즉 45도 정도로 잡아준다.

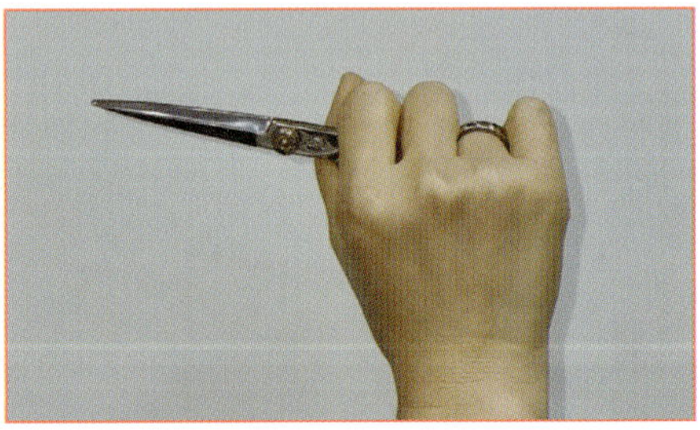

④ 엄지손가락을 넣었다면, 가위를 가볍게 쥐어준다.

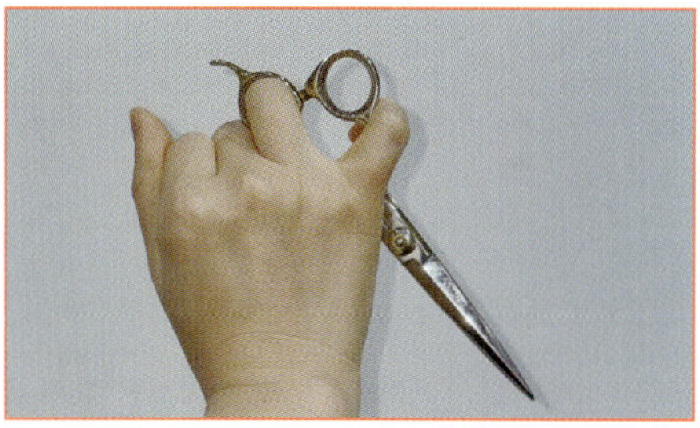

⑤ 가볍게 잡는 방법이 익숙해진 후 개인에 따라 돌려 잡아주는 방법도 있다.

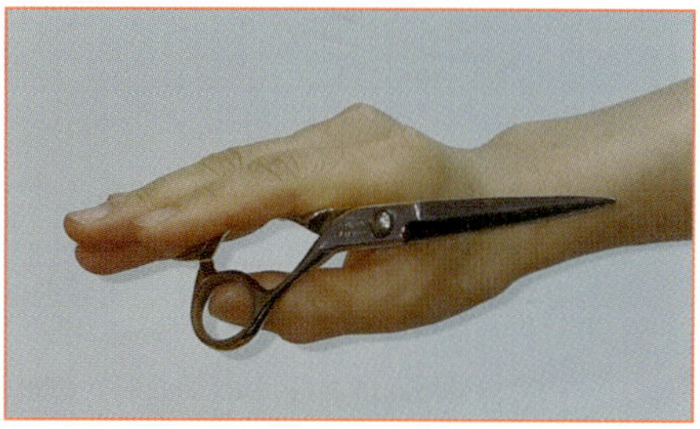

⑥ 가위를 잘 잡은 후 몸과 평행이 되도록 잡아준다.

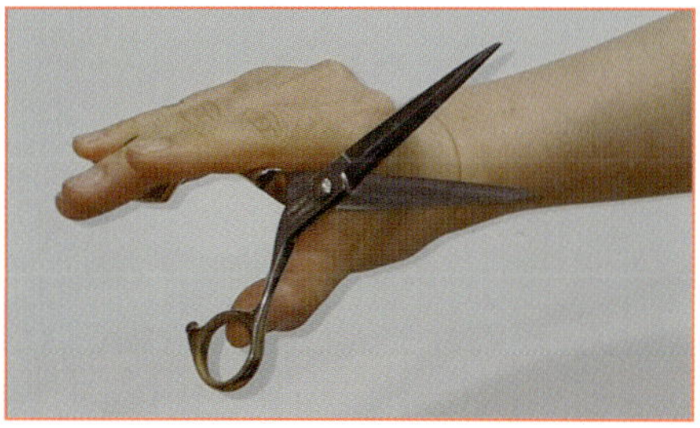

⑦ 약지와 연결되어진 날은 정인으로 움직이지 않아야 한다. 즉, 엄지손가락만 움직여 가윗날을 열어준다.

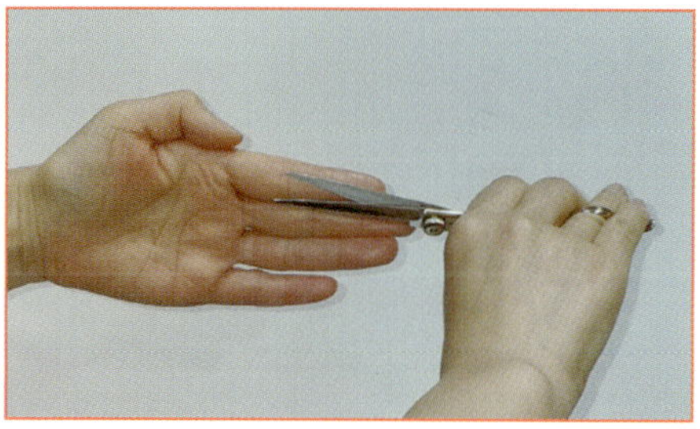

⑧ 왼손 중지손가락 위에 고정날을 대고 진행한다. 이때 가윗 날이 고정이 되도록 잘 유지한다.

③ 응용 가위방법

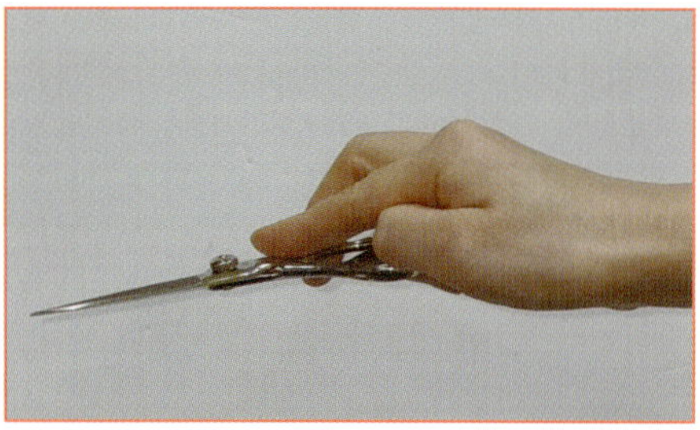

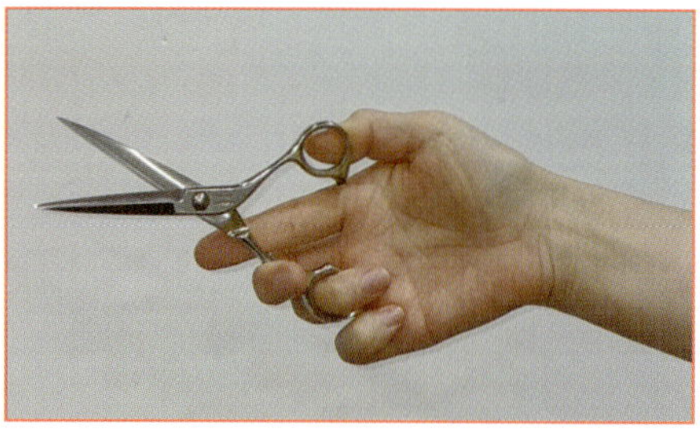

2) 레이저(razor)

커트와 질감을 동시에 표현할 수 있는 도구로 모발 끝을 붓끝처럼 가볍게 만들어 모발의 움직임을 표현할 수 있으며 자연스럽고 부드러운 질감을 표현하는데 사용한다. 하지만 모발의 큐티클층이 손상되기 쉬우므로 시술 시 모발이 젖은 상태에서 사용하여야 모발의 손상을 막을 수 있다. 레이저의 종류에는 오디너리와 세이프티 레이저로 분류할 수 있다.

(1) 일상용 레이저(ordinary razor)

빠른 시간 내에 시술이 가능하여 능률적이고, 세밀한 시술이 용이한 반면 지나치게 커트할 수 있는 단점이 있어 숙련자에게 적합하고, 초보자에게 부적합하다.

(2) 세이프티 레이저(safety razor)

안전커버가 있어 모발에 날이 닿는 면이 제한되어 있어 커트되는 양이 제한되어 안전하게 커트할 수 있는 장점이 있는 반면 모발이 조금씩 잘리는 단점이 있으나 초보자에게 적합하다.

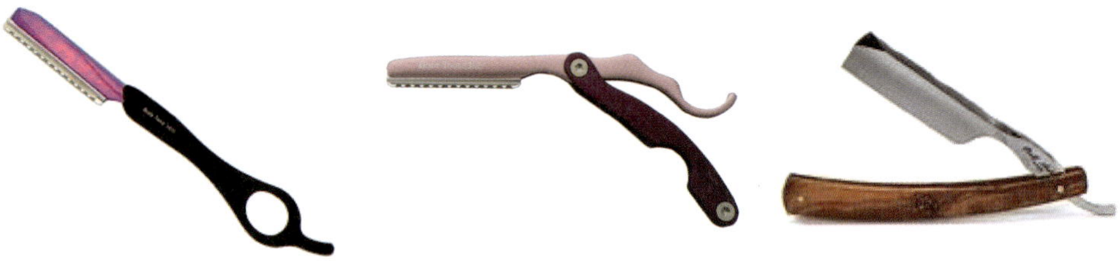

3) 빗(comb)

빗은 헤어커트 시술 시 모발을 분배하고 조정하기 위해 사용한다. 빗살의 간격은 어떠한 헤어스타일의 커트를 완성할 것인가에 따라 결정된다. 빗살사이가 넓은 빗은 많은 모발 양을 조정할 때와 웨이브가 있는 모발에 사용한다. 빗살 간격이 좁은 빗은 짧은 모발, 또는 싱글링을 할 때 사용한다.

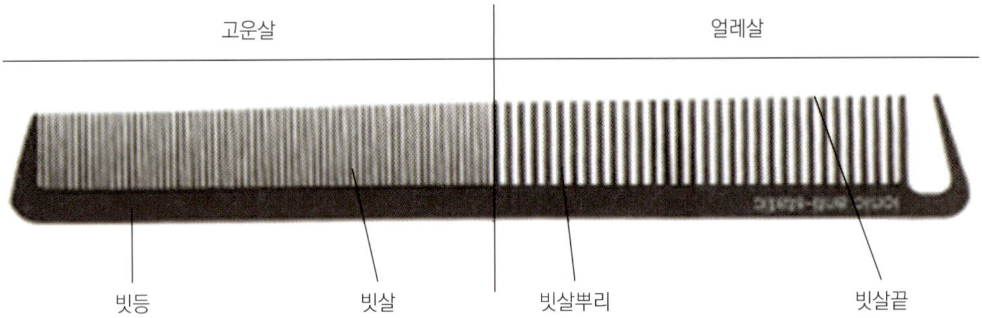

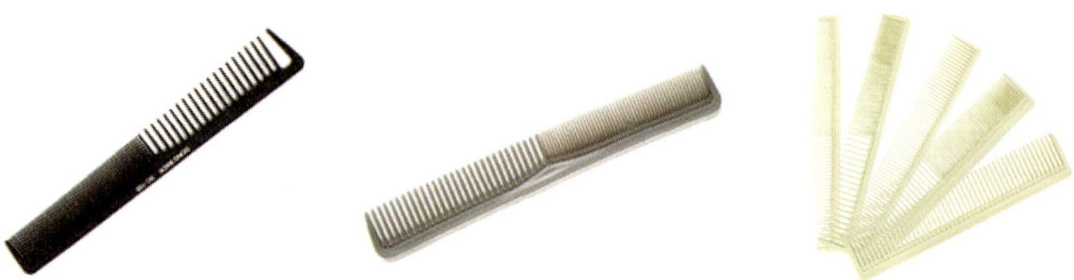

4) 클리퍼(clipper)

클리퍼는 머리를 깎는 도구로 바리캉이라고도 한다. 바리캉은 프랑스 기계 제조회사 바리캉 에 마르(Bariquand et Marre) 제품으로 제조사 이름에서 유래되었다. 가위나 레이저와 마찬가지로 모발을 자르는데 사용되는 도구로 네이프(nape)와 사이드(side)를 짧게 커트할 때 보편적으로 사용된다. 특히 남성 커트 시술시 주로 많이 사용되며 미세한 부분의 커트 시 적합하다. 과거에는 수동식을 주로 사용하였으나 현재에는 전기를 이용한 전동식을 사용한다. 클리퍼는 모발 길이를 설정하는 보조덮개(protector)가 3, 6, 9, 12mm 등 다양해 이를 이용하면 쉽고 간편하게 커트할 수 있다.

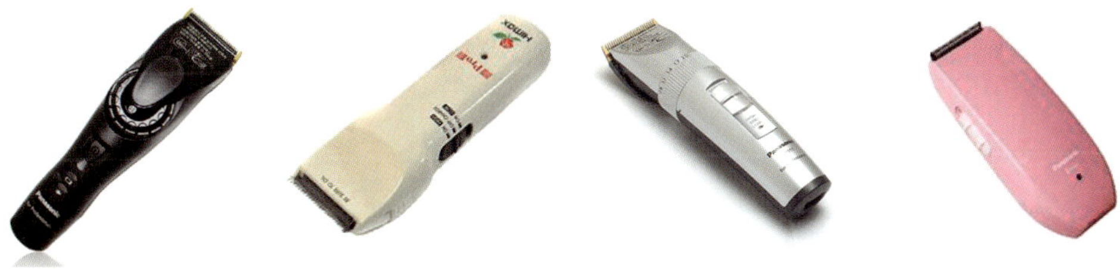

5) 분무기 및 핀셋

분무기는 커트에 용이하도록 모발을 적셔줄 때 사용하며 핀셋은 파트 또는 섹셔닝 할 때 사용한다.

※ 커트의 종류

구분		설명
웨트 커트 (wet cut)		모발에 물을 적셔서 하는 커트이며, 모발을 손상시키지 않는다. 특히 레이저 사용 시 웨트커트로 시술해야 모발을 보호할 수 있다.
드라이 커트 (dry cut)		모발에 물을 적시지 않고, 모발길이 등 지나치게 변화시키지 않고 커트한다. 다시 말해 다자인이 완성된 상태에서 수정할 경우 진행한다.
퍼머넌트 전·후 커트	프리커트 (pre cut)	퍼머넌트 시술 전에 커트하는 것으로 디자인을 잡고자 하는 길이보다 1~2 cm 길게 커트한다.
	애프터커트 (after cut)	퍼머넌트 웨이브 시술 후 구상된 디자인에 맞춰 수정보완하여 커트한다.

3. 커트 테크닉

1) 블런트(Blunt)

가위로 모발의 단면을 직선으로 자르는 기법으로 자른 후의 단면이 깔끔하고 무게감이 있다.

2) 틴닝(Thinning)

두발의 길이를 짧게 하지 않으면서 전체적으로 두발숱을 감소시키는 방법을 말한다. 틴닝은 커트나 테이퍼하기 전에 미리 지나치게 많은 두발의 양을 적당히 조절하는 경우에 이용된다. 모발이 어느 한쪽으로 치우치게 분포했을 때 헤어스타일을 만들기 위하여 두발숱을 전체적으로 고르게 하기 위한 경우에도 이용된다.

3) 스트로크 커트(Stroke cut)

가위에 의한 테이퍼링을 스트로크 커트라고 한다. 가위의 두발에 대한 각도에 따라 다음과 같이 나뉘어진다.

- 쇼트 스트로크: 두발에 대한 가위의 각도가 0~10도 정도이다. 쳐내는 스트랜드의 길이가 짧고 두발의 양은 적다.
- 미디움 스트로크: 두발에 대한 가위의 각도가 10~45도 정도이다.
- 롱 스트로크: 두발에 대한 가위의 각도가 45~90도 정도이다. 커트하는 두발의 양이 많아지면 두발에 대한 가위의 각도가 커지는 동시에 쳐내는 스트랜드의 길이도 길어지게 된다. 따라서 롱 스트로크는 쳐내는 두발의 양이 많으므로 두발의 움직임이 자유로워 가벼운 느낌을 준다.

4) 테이퍼링(Tapering)

패더링이라고도 하는데 두발 끝을 점차적으로 가늘게 커트하는 방법이다. 두발에 자연스러운 장단을 만들며 두발의 양을 쳐내므로 두발 끝으로 갈수록 붓끝처럼 가늘게 된다. 레이저에 의한 경우를 테이퍼한다고 하며 테이퍼의 상태에 따라 다음과 같이 뉘어진다.

- 앤드 테이퍼링: 스트랜드의 1/3 이내의 두발 끝을 테이퍼하는 경우이다. 두발의 양이 적을 때나 두발 끝을 테이퍼해서 표면을 정돈하는 때에 행한다.
- 노멀 테이퍼링: 두발의 양이 보통인 경우에 스트랜드의 1/2 지점을 폭넓게 테이퍼하는 경우이다. 아주 자연스럽게 두발 끝이 붓끝처럼 가는 상태로 되며 두발의 움직임이 가벼워진다.
- 딥 테이퍼링: 두발의 양이 유난히 많아 테이퍼하여 두발의 양을 적어 보익 하려는 경우에 스트랜드의 2/3 지점에서 두발을 많이 쳐냄으로써 두발을 적당히 탄력있게 하여 움직임을 주는 때에 이용된다.

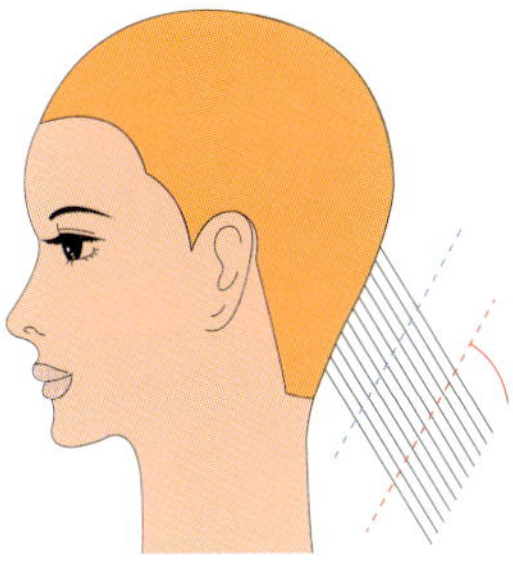

1/3 엔드 테이퍼

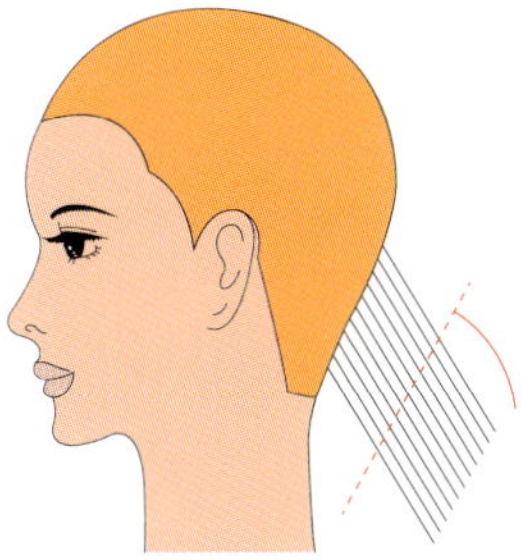

1/2 노멀 테이퍼

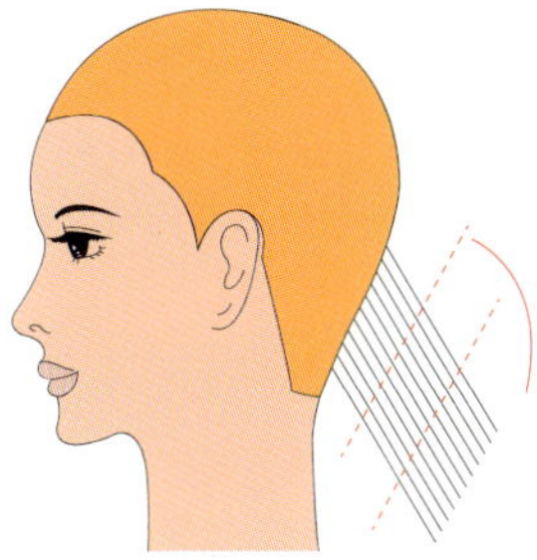

2/3 딥 테이퍼

5) 슬리더링(Slithering cut)

가위로 두발을 틴닝하는 방법을 말한다.

6) 트리밍(Trimming)

이미 형태가 이루어진 두발선을 최종적으로 정돈하기 위하여 가볍게 커트하는 방법을 말한다. 또한 손상모 등에 불필요한 두발 끝을 제거하기 위한 커트 방법으로도 사용된다.

7) 클리핑(Clipping)

클리퍼나 가위를 사용하여 튀어나오거나 삐져나온 두발을 잘라내는 것을 말한다.

8) 나칭(Natching)

머리끝의 뭉툭한 느낌을 없애주지만 약간의 투박한 느낌을 갖는다. 이 기법은 모발 끝에 시술되며 모발 잘린 단면이 45도 정도 각도를 유지하면서 지그재그의 작은 폭이 생긴다. 웨이브 모발에 운동감을 더해주고 커트와 질감을 동시에 시술할 수 있다.

9) 슬라이딩(Sliding)

머리다발을 잡고 머리끝을 날려 보내는 동작으로 머리끝을 향해서 미끄러지듯이 커트하는 기법이다. 가위를 레져같이 사용하여 짧은 길이에서 긴 길이로의 진행을 만들어 내는 다목적으로 쓸 수 있는 기법이다.

4. 헤어커트의 종류

1) 원랭스(one length form)

원랭스는 솔리드(solid)라고도 하며, 동일선상의 외측(exterior)과 내측(interior)에 단차를 주지 않고 모든 섹션을 자연스럽게 빗어 내린 후 일직선으로 자른 단발머리 형태로 단차가 없으며, 비활동적인 헤어 질감(texture)을 형성한다.

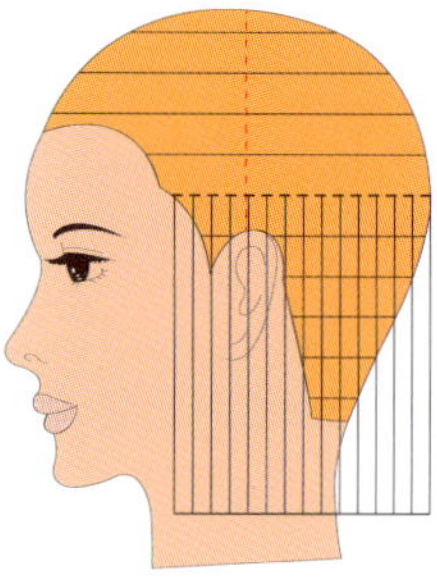
수평보브

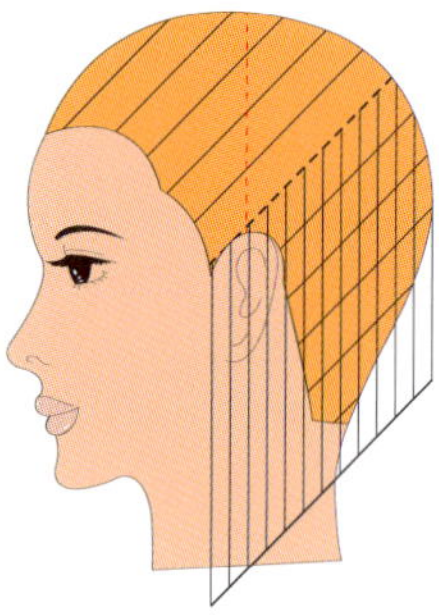
스파니엘

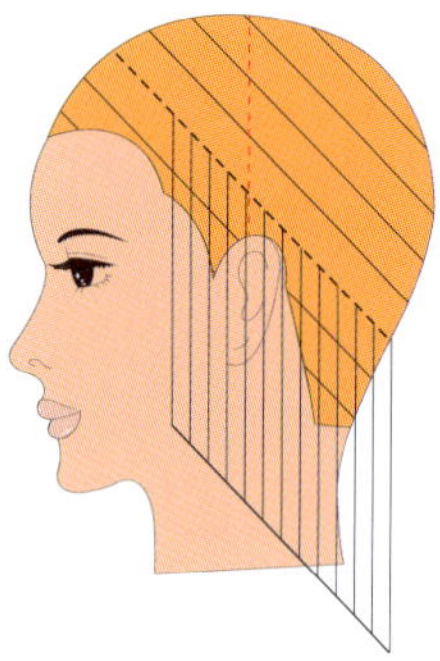
이사도라

2) 그래주에이션(graduation form)

그래주에이션은 단계, 층, 점진적인 성장 등의 뜻하며 네이프 부분의 길이는 짧고 두정부 부분으로 갈수록 길어지는 상태의 커트를 의미한다. 모발의 길이에 작은 단차가 생기며 보통 짧은 헤어스타일에 응용된다. 그래주에이션은 각도에 따라 로우, 미디움, 하이그래주에이션으로 나눌 수 있다.

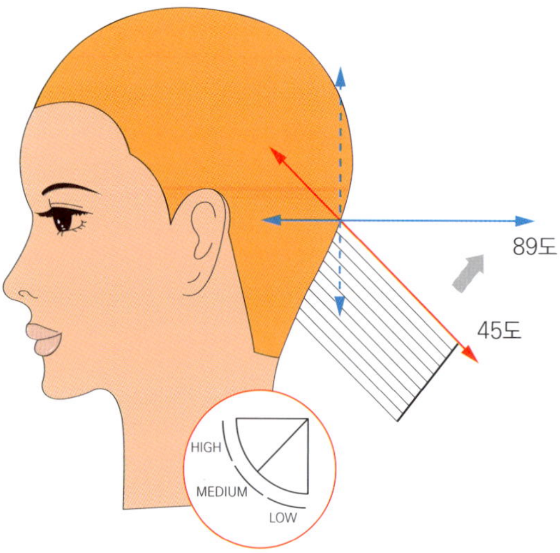

- 로우 그래주에이션: 0~30도
- 미디움 그래주에이션: 30~60도
- 하이 그래주에이션: 60~89도

3) 레이어형(layer form)

레어어는 '층이 있다'라는 뜻으로, 두피에 대해 90° 또는 그 이상의 각도로 모발을 들어 커트하는 형태를 의미한다. 상부의 모발은 짧고 하부로 갈수록 길어져 모발의 단차가 생기는 커트로 긴 머리, 짧은 머리 모두 폭넓게 응용된다. 또한 전체적으로 일정한 층이 생기는 형태를 유니폼 레이어라 한다.

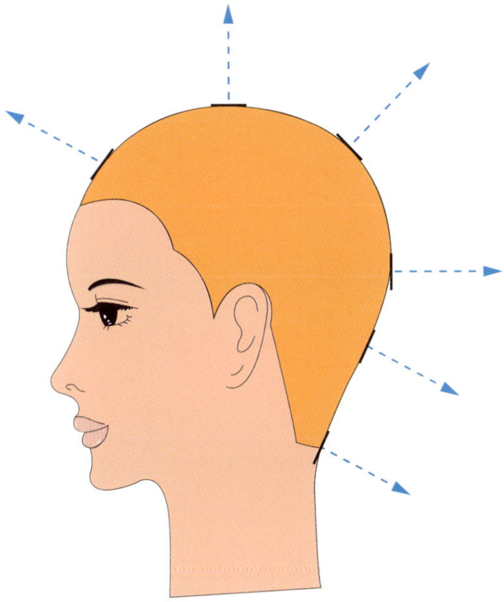

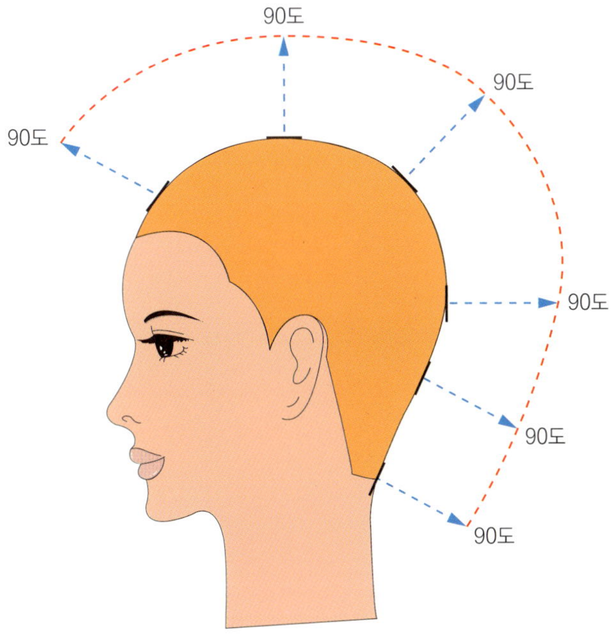

4) 헤어커트의 실제

(1) 원랭스 수평형

▣ 시술 분석

블로킹	정중선(C.P–N.P), 측중성(E.P to E.P)
파팅	수평
분배	자연분배
시술각	자연시술각
손가락 위치	평행
가이드 라인	고정
커트기법	블런트

▣ 시술 절차

- C.P~N.P까지 정중선으로 나누어 준 후 E.P~T.P~E.P까지 측중선으로 나누어 4등분으로 나누어 준다.
- 블로킹을 나눈 후 수평파팅으로 나누어준다.

- 원하는 길이만큼 가이드라인을 만든 후 가이드에 맞춰 커트한 후 좌우 길이를 크로스 체크한 후 계속 진행해 준다.

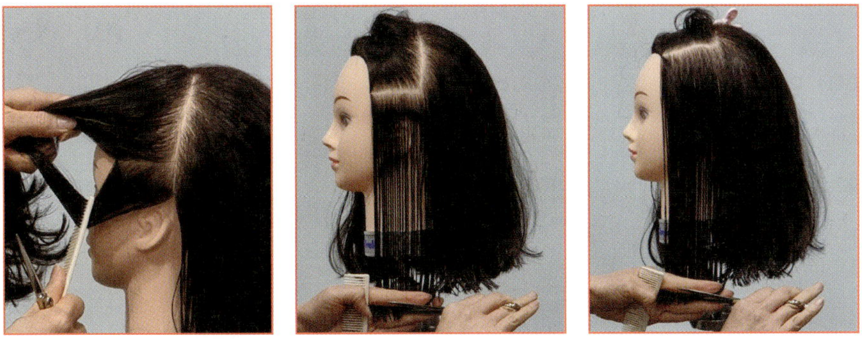

• 사이드 부분의 파팅은 수평으로 나눈 후 백의 가이드 라인에 맞춰 연결하여 커트한다.

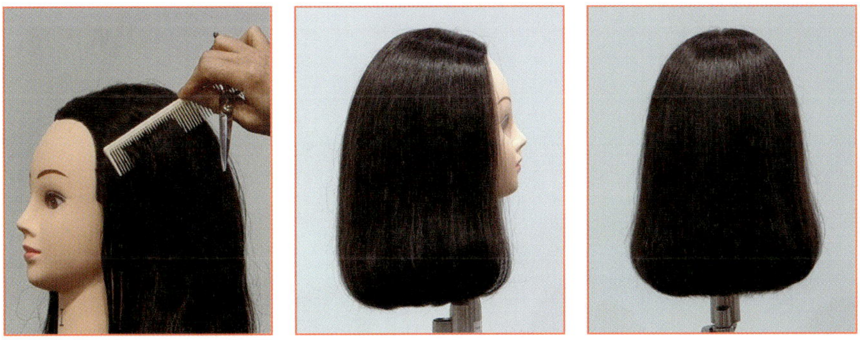

• 앞머리가 내려오지 않도록 빗질을 한 후 수평으로 커트하여 완성한다.

(2) 원랭스 컨케이브형

▣ 시술 분석

블로킹	정중선(C.P-N.P), 측중성(E.P to E.P)
파팅	전대각
분배	자연분배
시술각	자연시술각
손가락 위치	평행
가이드 라인	고정
커트기법	블런트

▣ 시술 절차

• N.P의 좌우 1 cm 정도를 수평으로 커트하여 가이드 라인을 설정한 후 자연 시술각으로 빗질하고 전대각 파팅에 맞춰 커트한다.

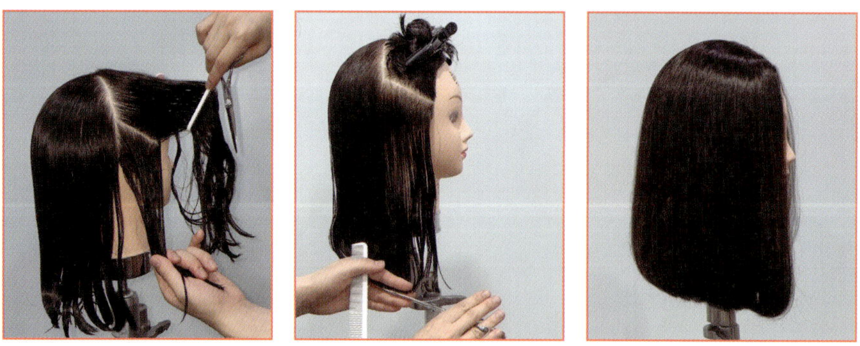

• 사이드는 백 부분의 시술 라인 기울기의 각도와 연결하여 파팅과 평행으로 커트하여 완성한다.
원랭스 컨케이브형은 자연시술각으로 전체적으로 빗질하여 완성한다.

(3) 원랭스 컨백스형

▣ 시술 분석

블로킹	정중선(C.P-N.P), 측중성(E.P to E.P)
파팅	후대각
분배	자연분배
시술각	자연시술각
손가락 위치	평행
가이드 라인	고정
커트기법	블런트

▣ 시술 절차

• 네이프의 중심에서 컨백스형으로 파팅을 나눈 후 가이드 길이를 설정한 후 자연시술각으로 컨백스 파팅과 평행이 되도록 커트한다.

• 사이드는 백 부분의 시술 라인 기울기의 각도와 연결하여 파팅과 평행으로 커트하여 완성한다. 원랭스 컨백스형은 자연시술각으로 전체적으로 빗질하여 완성한다.

(4) 그래주에이션형

▣ 시술 분석

파팅	수평 또는 후대각
분배	직각
시술각	45도(일반시술각)
손가락 위치	평행
가이드 라인	이동, 고정
커트기법	블런트

▣ 시술 절차

- 정중선 중심의 네이프에서 컨백스형으로 파팅을 나눈 후 45° 시술각으로 빗질하여 파팅과 평행이 되도록 커트한다.
- 수평라인에서 세로로 체크하여 각도에 맞춰 커트되는지 여부를 확인한다.

- 중간시술각을 유지하며 직각분배에 맞게 이동하여 양쪽 길이가 대칭이 되도록 한다
- 사이드 첫 번째 슬아이스를 백의 가이드 라인과 연결하여 0°로 파팅과 평행하게 커트한다.

• 직각분배와 손가락 위치를 확인하여 중간시술각으로 커트하여 완성한다.

(5) 유니폼 레이어형

▣ 시술 분석

파팅	수평 및 피봇
분배	직각
시술각	90도(일반시술각)
손가락 위치	평행
가이드 라인	이동
커트기법	블런트

▣ 시술 절차

- 네이프 정중선의 패널을 자연시술각으로 가이드 길이를 설정한 후 좌우로 이동하면서 커트한다.
- 두 번째 파팅부터는 두상 곡면에서 90°로 들어서 커트한다.
- G.P부분은 방사선으로 파팅하여 90° 각도로 커트한다.

- 사이드는 수평파팅으로 나눈 후 측중선의 길이에 맞춰 0°로 가이드 라인을 설정한다.
- 다음 슬라이스부터는 가이드라인에 맞춰 90°로 커트한다.
- T.P까지 연결하여 90°로 커트한다.

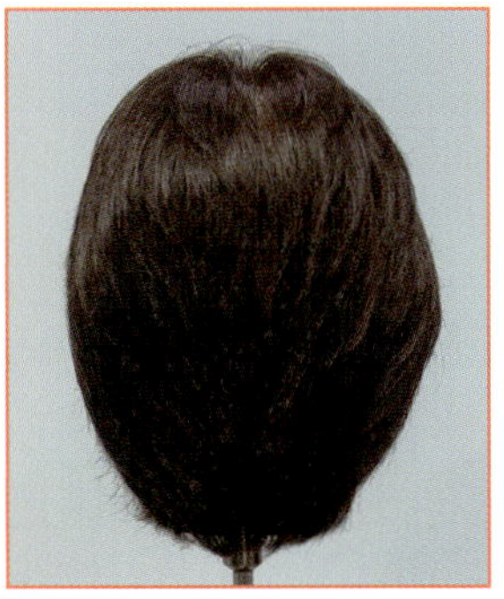

• 센터라인의 좌우를 연결하여 전체적으로 코너를 제거하여 90°로 연결될 수 있도록 커트한다.

요점정리

1. 헤어커팅은 헤어스타일을 표현하기 위한 기본적인 기술이다. 헤어퍼머넌트와 헤어셋팅, 블로우드라이, 헤어컬러 등 모든 헤어스타일을 표현하는데 있어서 커트의 상태에 따라 헤어스타일의 형태가 이루어진다.

2. 두상의 분할은 헤어커트를 시술하기 위해 파트(part) 또는 섹션(section)으로 4~5의 등분으로 나누어야 한다. 즉 블로킹(blocking)을 한 후 커트 시술을 하기 위해 다시 작게 나누는 것을 슬라이싱(slicing)이라 한다.

3. 커팅 시술을 위해서 커트가위, 틴닝가위, 레이저, 클리퍼 등의 사용법이 중요하다. 특히 가위는 마른 모발과 젖은 모발에 모두 사용하나 레저는 젖은 모발에만 사용한다.

4. 커트의 형태 유형은 크게 4가지로 머쉬룸, 이사도라, 수평보브, 스파니엘로 나눈다.

5. 베이스는 커트하기 위한 목적으로 나눠 잡은 모발단(panel)의 두피부분의 영역을 의미하며, 모발 길이와 형태선에 영향을 주기 때문에 중요한 역할을 한다. 베이스의 종류에는 온 더 베이스, 사이드 베이스, 프리 베이스, 오프 더 베이스 등으로 분류한다.

6. 커트 시 모발단(panel)을 들어올리는 각도를 의미하며, 자연시술각과 일반시술각으로 구분할 수 있다.

단원 문제

1. 헤어커팅은 헤어스타일을 표현하기 위한 (   )이다.

2. 커트하기 쉽게 두발의 구획을 나누는 것을 무엇이라 하는가?

3. 헤어 세이핑의 주목적은?

① 숱을 쳐서 모발을 균형있게 갖춘다.
② 모발을 잘라 길이를 맞춘다.
③ 웨이브를 준다.
④ 헤어스타일 구성의 기초이다.

4. 오디너리 레이저에 관해 잘못된 것은?

① 숙달자에게 적당하다.
② 지나치게 자를 우려가 있다.
③ 초보자에게 적당하다.
④ 시간이 단축되어 능률적이다.

5. 커트기법 중 블런트 커트의 기법이 아닌 것은?

① 스퀘어 커트
② 그라데이션 커트
③ 원랭스 커트
④ 스트록 커트

6. 커트 도구 중 모발의 양감과 질감처리에 효율적으로 사용하는 가위는 무엇인가?

① 블런트 가위
② 틴닝가위
③ 미니가위
④ 곡선날 가위

7. 헤어커트 도구 중 가위에 대한 설명 중 틀린 것은?

① 커트 가위는 직선날 가위와 곡선날 가위 등이 있다.
② 미니가위는 정밀한 커팅에 사용된다.
③ 정인날과 엄지환은 연결되어 있다.
④ 동인날과 엄지환은 연결되어 있다.

8. 커트 시 두피에서 90도로 들어서 커트하여 모발의 길이가 모두 같아지는 커트는?

① 스퀘어
② 그래주에이션
③ 원랭스
④ 유니폼레이어

9. 커트 시 스타일을 만드는 기본선이 되는 선을 무엇이라 하는가?

10. 다음은 두상의 포인트이다. 해당하는 번호의 두부 포인트는?

①: (   )

②: (   )

⑤: (   )

⑭: (   )

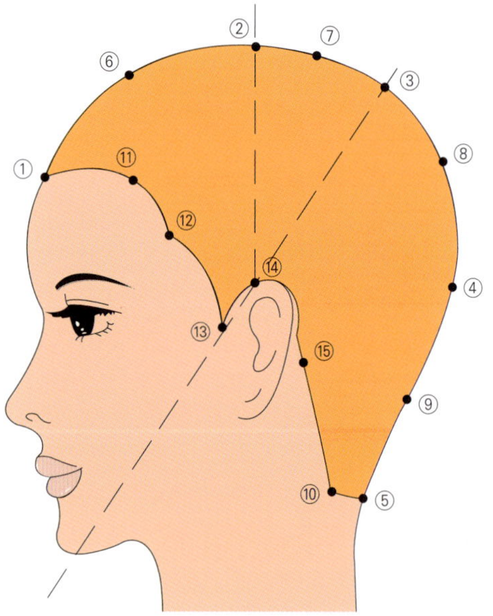

정답

1. 기본적인 기술
2. 블로킹 또는 섹션
3. ④
4. ③
5. ④
6. ②
7. ③
8. ④
9. 가이드라인
10. ① 센터포인트 ② 탑포인트 ⑤ 네이프 포인트 ⑭ 이어포인트

07
헤어 퍼머넌트

Ⅰ. 헤어퍼머넌트웨이브

학습목표

- 퍼머넌트웨이브의 발전과정을 설명할 수 있다.
- 퍼머넌트웨이브의 원리를 설명할 수 있다.

1. 헤어퍼머넌트웨이브의 정의

퍼머넌트(permanent wave)란 영구, 영속이라는 뜻을 의미하며, 웨이브(wave)이라는 뜻을 가지고 있다. 즉 자연 상태의 모발에 물리·화학적 방법을 가하여 모발의 구조와 형태에 변형을 주어 오랫동안 지속되는 웨이브 또는 스트레이트를 형성시키는 것을 의미한다. 직모 또는 이전에 퍼머넌트 시술했던 모발에 다양한 크기의 로드와 열기구를 이용하여 웨이브를 주거나 또는 곱슬모발을 직모로 펴서 찰랑거리는 모발을 연출하여 부드러움과 우아함 또는 여성스러움 등의 분위기를 연출할 수 있다. 커트 스타일에 따라 모발의 질감을 살리면서 헤어스타일을 연출할 수 있을 뿐만 아니라 두부의 골격 형태를 보완할 수 있는 헤어스타일을 연출하여 고객이 만족할 수 있는 스타일을 디자인 연출할 수 있다.

2. 헤어퍼머넌트웨이브의 역사

고대 이집트인들은 나일강 유역의 진흙과 물을 혼합하여 모발에 바르고 둥근 나무막대를 이용하여 모발에 감은 후 태양에 말려 곱슬한 웨이브를 형성하는 일시적인 퍼머넌트웨이브를 연출하였다. 이것이 알칼리와 열을 이용한 퍼머넌트 웨이브의 기원이라고 할 수 있으며, 근대시대에 접어들면서 1870년 프랑스의 마셀 그라또(Marcel Grateau)에 의해 열을 이용하여 일시적으로 모발에 변화를 주어 웨이브를 형성하는 아이론을 개발하였다. 이것은 일시적인 웨이브로 마셀 웨이브(Marcel wave)라 하였으며, 머리를 감으며 웨이브가 풀려 본래의 모양으로 돌아간다. 이와 같은 단점을 보완하여 퍼머넌트웨이브가 가능해졌다.

1) 기계를 이용한 퍼머넌트 웨이브

1905년 영국의 찰스 네슬러(Charles Nessler)에 의해 붕사와 같은 알칼리제를 풀(pastimess) 상태로 만들어 모발에 도포하고 와인딩 한 후 열을 가하여 일어나는 화학반응으로 퍼머넌트 웨이브가 영구히 지속된다는 것에 착안하였다. 이 기계는 금속막대기에 철사를 감아 전류를 통하도록 하여, 즉 알칼리와 열을 이용한 히트 웨이브(heat wave) 연출에 성공하였다.

히트웨이브는 두피에서 와인딩(말기)을 시작하여 모발 끝으로 와인딩하는 스파이럴식 와인딩(spiral winding) 방법으로 긴 모발에만 시술이 가능하였다.

1925년 조셉메이어(Joseph Mayer)에 의해 짧은 모발에도 웨이브를 시술할 수 있는 크로키놀식 와인딩(croquignole winding) 기법이 개발되어 짧은 모발에도 퍼머넌트웨이브 시술을 할 수 있게 되어, 많은 여성들이 짧은 단발스타일을 하였다. 크로키놀식 와인딩 기법은 모발 끝에서 모근쪽을 향해 와인딩하는 방법이다.

2) 콜드 웨이브(Cold permanent wave)

1936년 영국의 스피크먼(J. B Speakman)에 의해 아황산 수소 나트륨을 이용하여 실온 40℃의 온도에서 퍼머넌트 웨이브를 할 수 있으며 머릿결을 부드럽게 연화 할 수 있는 액체의 웨이빙 로션을 발견하였다. 예전에 110℃의 높은 온도를 사용했던 것에 비해 실온에서 퍼머넌트 웨이브를 얻을 수 있어 Cold라는 명칭이 붙여졌다. 보통 알칼리 퍼머넌트라 불리는 콜드 웨이브는 현재도 사용하고 있다.

3. 헤어퍼머넌트의 원리

1) 모발의 물리·화학적 성질

모발은 케라틴이라는 단백질로 구성되어 있으며 주성분은 아미노산으로 탄소(carbon) 50~60%, 산소(oxygen) 25~30%, 수소(hydrogen) 4~5%, 질소(nitrogen) 8~12%, 황(sulfur) 2~5%, 수분 8~10%, 멜라닌색소 1~3% 등으로 구성되어 있다. 아미노산 18종이 사슬모양의 펩타이드 결합으로 연결되어 폴리펩타이드 구조를 이룬다.

(1) 물리적 성질

모발의 물리적 구조를 나타내는 흡습 관계는 물과 어떤 물질과의 결합을 말하며 모발의 수분 보유량은 10~15%이며 샴푸 직후는 약 30% 정도 보유하고 있다. 모발의 질감, 밀도, 탄력성, 강도 및 신도, 열변성, 습윤성 등이 물리적 성질에 관계된다.

$$\text{신도} = \frac{\text{모발이 절단될 때까지 늘어난 길이}}{\text{모발의 본래 길이}} \times 100$$

① 모발의 탄력성(hair elasticity)

모발의 탄력성은 모발을 끊어지지 않을 정도까지 잡아당겼다가 놓았을 때 원 상태로 되돌아가는 성질을 말한다. 건강한 모발은 원래 길이의 약 20~30%까지 늘어나며 젖은 상태에는 약 50~60%까지 늘어난다. 퍼머넌트웨이브 용액에 젖은 모발은 70%까지 늘어남으로 환원제를 도포하고 와인딩을 하는 경우 강한 텐션을 주게 되면 모발이 손상된다.

② 모발의 열변성(heat denaturation of hair)

모발은 단단한 경케라틴으로 필요 이상의 열을 가하면 단백질이 열변성을 일으켜 경화되어 원래의 상태로 돌아갈 수 없다.

모발은 열이 60℃ 이상이 되면 건열과 습열 및 강도와 신도에 변화의 차이가 나며 건열에서 120℃ 전후에서 팽창되고 130~150℃에서 변색이 시작되어 270~300℃가 되면 타서 분해된다. 화학적으로 130℃에서 10분이면 α-케라틴이 β-케라틴으로 변한다. 반면 습열에서 시스틴의 감소는 100℃ 전후에서 볼 수 있다.

③ 모발의 습윤성(hair moisture)

모발의 케라틴은 친수성으로 수분을 흡수하는 성질이 있다. 모발의 습윤성은 공기 중의 습도가 높으면 수분을 흡수하고 건조하면 수분을 발산하게 되며 거칠어진다. 공기 중에 보통 상태에서는 10~15% 수분을 함유하고 있으며 30~35%일 때 포화상태가 되고 손상모일 경우는 10% 이하로 떨어지며 손상된 모발일수록 습윤율이 높아진다. 이때 헤어크림이나 헤어트리트먼트 등으로 모발의 수분 함유량을 유지시켜줄 필요가 있다. 모발은 샴푸 직후 30~35%의 습윤성이 있다. 모발의 수분이 5~15%이면 결합수, 15~25%이면 침투수, 25~30%이면 흡착수라 한다.

④ 모발의 광변성(light denaturation of hair)

태양광선은 파장이 긴 방향부터 적외선 가시광선 자외선으로 구분된다. 이 중에서 열선인 적외선은 물체에 닿으면 열을 발생시키며 모발 케라틴은 그 열에 의해 어느 정도 측쇄결합이 파괴되어 손상을 받는다. 또한 자외선은 태양광선 중에 모발에 가장 많은 영향을 미치며 모발의 시스틴 함량을 줄어들게 하고 멜라닌 색소를 파괴함으로써 모발의 손상과 탈색을 유발시킨다.

(2) 화학적 성질

모발에 퍼머넌트를 시술하려면 모발의 측쇄결합 중 가장 강한 결합인 시스틴 결합을 절단해야 퍼머넌트가 용이하다.

시스틴 결합은 물, 알코올, 약산에 비교적 강한 저항력이 있으나 알칼리성 물질에는 약하여 시스틴 결합이 절단된다. 시스틴 결합은 퍼머넌트 용액의 환원제에 의해 절단되어 불안정한 시스테인을 형성하고(환원작용) 산화제를 도포하면 불안정했던 시스테인이 새로운 시스틴 결합으로 형성되면서(산화작용) 퍼머넌트가 된다.

① 주쇄 결합(polypeptide)

주쇄결합은 모피질의 결정영역인 피질세포에서 일어나며, 모든 아미노산은 아미노기($-NH_2$)와 카복실기(-COOH)를 가지고 있다. 첫 번째 아미노산에 있는 카복실기의 산소원자 하나와 수소원자하나에 다른 아미노산의 아미노기에 수소 분자가 반응해 물(H_2O)로 탈수되어 -CO, -NH가 결합하여 펩타이드가 되며 펩타이드가 길게 연결되면 폴리펩타이드가 된다.

② 측쇄 결합(side bond)

측쇄결합은 모피질의 세포간물질, 즉 비결정영역에서 일어난다. 염결합, 펩타이드 결합, 시스틴 결합, 수소결합, 그리고 소수결합 등은 폴리펩타이드가 가지고 있는 측쇄와 인접한 폴리펩타이드가 가지고 있는 측쇄가 서로 교차 연결된 수백만 개의 폴리펩타이드 결합으로 구성되어 있다.

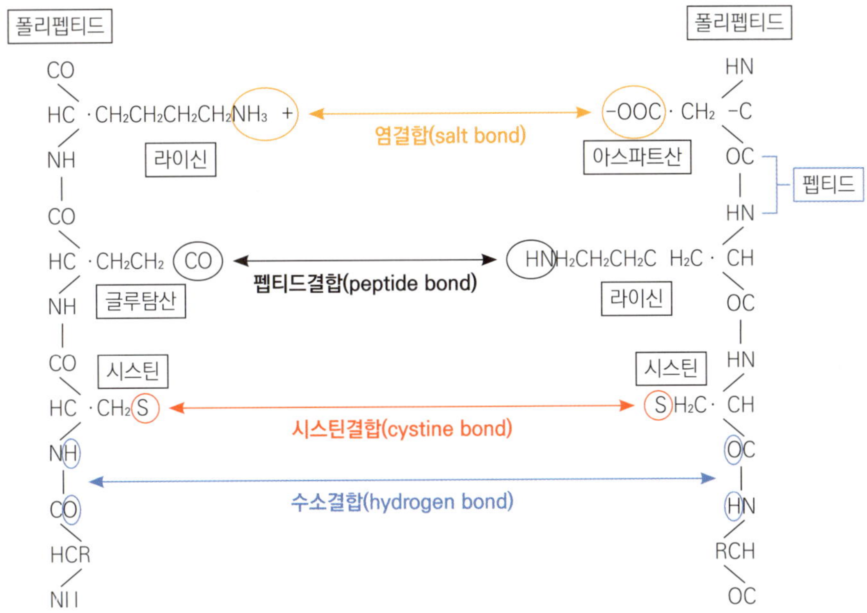

<모발의 화학적 성질>

㉠ **염결합(이온결합)**

염결합은 산성 아미노산의 잔기로 남아있는 카복실기(COO-)와 염기성 아미노산의 잔기인 아미노기(NH_3^-)의 이온결합으로 모발의 등전점(pH 4.5~5.5)에서는 강하나 산성 또는 알칼리성용액에 모발을 적셔놓은 후 당기면 결합이 약해져 작은 힘으로도 늘어난다. 즉 라이신(lysine)의 잔기인 암모니움 이온과 아스파라트산(aspartic acid)의 잔기인 카복실 이온과의 결합이다.

㉡ **펩타이드 결합**

펩타이드 결합은 모발에서 가장 강한 화학적 결합이지만 조금만 파괴되어도 모발이 약해지며 손상된다. 글루타민산(glutamic acid) 잔기인 -COOH와 라이신(lysine) 잔기인 NH_2에서 H_2O가 탈수되어 -CO,-NH가 결합하여 연결된 결합이다.

ⓒ 시스틴 결합(황결합)

시스틴 결합은 모발 구성에서 14~18%를 차지하는 시스틴의 황 결합으로 두개의 시스테인 사이에서 형성된다. 폴리펩타이드의 두 번째 시스테인 황 원자 하나와 다른 폴리펩타이드의 시스테인 황 원자의 결합이다. 측쇄결합 중 가장 강하며 물이나 약산에는 끊어지지 않고 열, 알칼리, 환원제등의 화학반응에 의해 절단된다. 시스틴 결합은 펩타이드 결합보다 약하지만 수소나 염 결합보다 더 강하며 모발 전체 강도의 1/3을 책임진다.

ⓔ 수소결합

수소결합은 주쇄의 산소(O)와 수소(H) 사이의 잡아당기는 힘에 의해 결합한 것으로 가장 많은 결합이며 가장 약한 측쇄결합으로 모발성질에 영향을 준다.

모발에 수분을 공급하면 수소결합이 절단되고 이 상태에서 로드에 와인딩하여 수분을 건조시키면 수소결합이 재결합되어 웨이브가 형성되는데 이와 같은 원리를 이용한 것이 블로우드라이와 세트이다.

ⓜ 소수결합

소수결합은 2차 구조를 이룬 펩타이드 사슬이 엉켜져 있는 상태의 3차 구조로 이루어져 있다. 소수결합은 비극성의 탄화수소사슬들 또는 벤젠고리를 갖는 R기 사이에 형성된다. 이것을 비극성 상호작용이라 하고 극성을 띠는 물속에 비극성의 기름방울을 넣으면 같은 기름방울끼리 모이는 현상과 비슷하다. 비극성의 R기가 주위에 둘러싸인 물로부터 떨어져 서로 모이는 작용을 일반적으로 소수성 결합이라고 한다.

(3) 모발의 pH(power of hydrogen ions)

pH는 수소이온농도지수(power of hydrogen ions)로 산성, 중성, 알칼리 등을 측정하는 단위다. 산에는 수소가 들어있으며 염기에는 수산화이온이 들어 있다. 수소이온과 수산화 이온의 농도가 같으면 중성, 수소이온 농도가 높으면 산성, 수산화이온이 많으면 알칼리성이라 한다. 건강한 모발은 약산성으로 pH는 4.5~5.5이며 강산성은 섬유조직의 파괴 없이 모발을 거칠게 한다. 알칼리성은 팽윤도를 커지게 하며 pH10 이상이 되면 모발의 심한 팽윤·연화로 섬유조직 파괴되어 손상되는 반면 약알칼리성은 모발을 부드럽게 해서 부풀리고 큐티클층을 거칠게 한다.

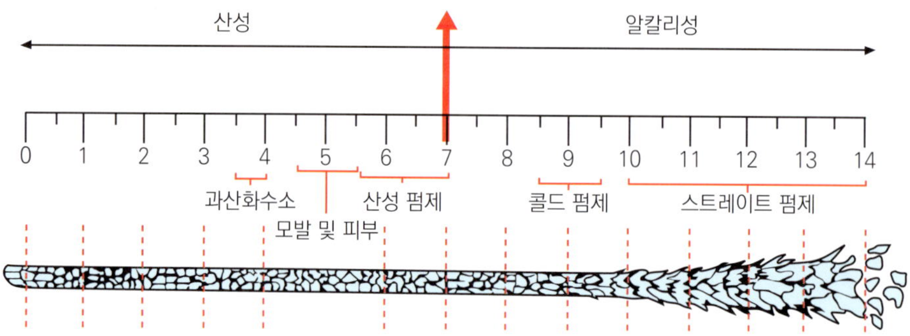

2) 퍼머넌트 용액의 구성

퍼머넌트 용액은 환원반응으로 모발의 이황화물(disulfide)결합을 깨뜨리고 수소이온을 첨가시켜 모발은 환원되고 퍼머넌트용액은 산화된다. 환원제는 티오클리콜산 또는 시스테인류를 주성분으로 하며 암모니아수, 아민류, 중성소다, 무기 알칼리 등의 알칼리제로 구성되어 있다. 환원제는 pH 9.0~9.6 정도의 약알칼리성을 많이 사용하고 있으며 산화제는 pH 4.0~6.0 정도의 브롬산나트륨($NaBrO_3$) 및 과산화수소 (H_2O_2)를 주로 사용하고 있다.

알칼리성에 의해 모발을 팽윤·연화시킨 후 약산성인 산화제를 사용하여 모발의 pH 평형을 유지시켜 안정되게 해준다. 손상모, 염색모 등 약한 모발은 pH가 낮은 중성 또는 약산성의 퍼머넌트 용액을 사용하는 것이 좋다.

(1) 환원제(reducing agent)

① 티오클리콜산(thioglycolic acid)

티오클리콜산 용액은 그대로 사용할 경우 심한 피부 자극과 두피 각질 박리와 염증 유발로 중화하여 사용한다. 티오클리콜산은 메캅토 초산으로 무색이며 냄새가 있고 강한 환원작용으로 시스틴(cystine)결합을 절단한다. 티오클리콜산은 철(Fe)이나 구리(Cu)등의 금속과 반응하여 산화되기 쉬워 금속용기나 기구를 사용하지 않는다. 이는 공기 중의 산소에 의해 티오클리콜산이 산화되어 디티오클리콜산으로 되고 이로 인해 환원 작용이 상실되기 때문에 용기를 잘 밀봉하여 냉암소에 보관하며 한 번 개봉된 환원제는 가능한 빨리 소비한다.

② 시스테인

시스테인은 티오클리콜산류에 비해 환원력이 낮고 웨이브 형성력이 약하며 자극적인 냄새가 적고 가격이 비싸다. 모발의 팽윤도가 낮아 웨이브 형성력이 약하므로 반응을 촉진하기 위하여 가온하며 손상된 모발에 적합하다. 시스테인은 공기와 접촉하면 티오클리콜산보다 쉽게 산화되므로 퍼머넌트 웨이브의 효과가 떨어진다.

③ 알칼리제

퍼머넌트 용액은 아민, 중성염, 암모니아 등의 알칼리제를 배합하여 pH 8~9 정도의 알칼리성 용액으로 만들어 사용하며, 알칼리제의 종류에 따라서 모발의 팽윤도 달라지고 웨이브의 형성력도 달라진다.

㉠ 아민류

퍼머넌트 웨이브 용액에 이용되는 대표적인 아민류는 강알칼리인 모노에탄올아민으로 비휘발성 유기 알칼리로 자극적인 냄새가 적고 웨이브 형성력이 강하다 불휘발성으로 모발에 친화성, 잔류성이 높아 두피자극 및 모발손상에 유의해야 한다.

㉡ 중성염

중성염은 알칼리도가 높은 반면에 pH의 상승이 적기 때문에 모발의 팽윤도가 작아 웨이브 형성력이 낮다. 자극적인 냄새가 없고 모발손상 및 피부의 자극이 적다. 약알칼리제로서 탄산수소암모늄이나 탄산수소나트륨, 인산수소나트륨 등이 사용되고 있고 그 중에 탄산수소암모늄이 가장 많이 사용되고 있으며 암모니아와 아민류 등 다른 알칼리제와 같이 사용한다.

ⓒ 암모니아

암모니아는 강알칼리제로 퍼머넌트 웨이브의 형성력이 강한 반면 암모니아의 높은 휘발성에 의해 특유의 냄새가 강하고 자극적이나 잔류도가 적어 모발손상 및 피부자극이 적다. 시술과정에서 환원제의 방치시간 내에 암모니아가 휘발되면서 용액의 pH도 저하된다.

(2) 산화제

산소를 방출하는 물질로 브롬산염류와 과산화수소를 주로 사용한다.

① 브롬산염류

브롬산나트륨과 브롬산칼륨은 무색의 결정분말로 냄새가 없다. 브롬산칼륨은 찬물에 용해되기 어려워 짙은 농도로 사용하기 어렵고, 브롬산나트륨은 상온에서 물에 잘 녹기 때문에 진한 수용액으로 만들어 산화제의 처리 시간이 단축된다. 사용농도가 높으면 잔존률이 높아 모발의 손상을 일으킬 수 있어 5~6%가 적당하다.

② 과산화수소

과산화수소는 적은 양으로도 브롬산염류보다 산화력이 뛰어나며 짧은 시간 내에 웨이브를 얻을 수 있다. 약산성으로 환원제에 의해 알칼리성으로 된 모발을 산성을 돌려놓는 장점이 있는데 반해 산화제의 시간이 길어지면 모발의 탈색 및 푸석거리는 단점이 있다. 현재 사용하는 과산화수소는 브롬산염에 비해 화학적으로 불안정하고 햇빛이나 미량의 중금속에 쉽게 분해되기 때문에 다른 특수한 보조제를 배합하여 비중을 무겁게 하여 사용한다.

③ 그밖의 첨가제

퍼머넌트 웨이브용액의 안정성, 사용감, 냄새 등을 좋게 하기 위해 pH, 산화력 및 시험법과 유효성 안전성에 영향을 미치지 않는 범위 내에서 각종 첨가제를 환원제나 산화제에 배합이 가능하다. 화학적 처리에 따른 모발 손상을 방지하기 위해 각종 유성성분과 실리콘류, 양이온성 폴리머 등을 배합하고 있다.

pH 조정을 위해 구연산, 구연산나트륨을 사용하고 향료는 천연향료에 가까운 향을 보유하기 위하여 천연 식물의 꽃잎 등에서 얻을 수 있는 정유를 배합시킨다.

피부의 염증을 막는 목적으로 아줄렌, 글리칠리친, 감광소 알란트린 등의 항염증제를 첨가한다. 특히 케라틴 및 콜라겐 가수분해물질은 그 조성 내에 시스틴을 함유하고 있기 때문에 환원제 처리 후에 모발 내의 케라틴 단백질의 손실을 보충하기 위하여 배합하고 있다.

㉠ 안정제

티오글리콜산 및 시스테인은 금속 및 알칼리에 쉽게 산화되기 때문에 금속봉쇄제인 킬레이트제를 안정제로 첨가하여 산화를 방지한다.

ⓛ 습윤제

습윤제는 모발의 건조를 막고 약제 침투를 촉진시키기 위해 첨가한다. 손상모의 회복 또는 모발 보호의 목적으로 글리세린, 프로필렌글리콜을 보습제로 널리 사용되고 있다.

ⓒ 모발 보호제

모발에 영양분을 공급하고 모발 보호를 위한 지방성분인 라놀린, 스쿠알렌, 올리브유, 야자수 등과 유동파라핀과 와세린 등을 사용한다.

ⓔ 침투제

침투제는 퍼머넌트 시술 시 퍼머넌트 용액이 모발 내부까지 원활하게 침투되어 모발 감촉 향상과 웨이브 형성을 용이하게 하기 위하여 사용한다. 침투제로 첨가하여 사용하는 계면활성제는 친수기와 친유기를 가지고 이온성을 띠고 있으며 이온성에 따라 음이온 계면활성제, 양이온 계면활성제, 양면 계면활성제, 비이온계면활성제로 분류한다.

3) 퍼머넌트용액 분류

(1) 1욕법(one step wave)

1욕법의 퍼머넌트용액은 환원제로 티오글리콜산 또는 그 염류를 사용하고 산화는 공기 중에 산소에 의한 자연 산화한다. 환원된 모발은 서서히 건조되면서 공기 중의 산소를 흡수하며 망간, 철 등의 촉매역할로 자연 산화되어 시스틴을 재결합시키므로 퍼머넌트 웨이브를 고정시킨다.

(2) 2욕법(two step wave)

콜드퍼머넌트 2욕법은 환원제와 산화제를 사용하는 방법으로 현재 미용실에서 주로 사용하는 방법이다. 환원제는 티오글리콜산과 그 염류가 주성분인 것과 시스테인이 주성분인 퍼머넌트 용액으로 구분한다.

① 환원제(processing solution)

환원제는 티오글리콜산(thioglycolic acid)과 시스테인으로 모발의 시스틴 결합을 절단한다. 알칼리성 퍼머넌트용액은 pH가 약 9~11 정도로 모발을 팽윤·연화가 쉽다. 산성 퍼머넌트용액은 pH 4~6으로 모발에 작용이 약해서 염색모, 탈색모 등의 다공성모에 사용되어 주로 알칼리성 퍼머넌트용액을 많이 사용한다.

㉠ 티오글리콜산과 그 염류가 주성분인 퍼머넌트용액

주성분인 티오글리콜산은 산성이므로 산에서는 환원력이 약하고 알칼리에서는 환원력이 강해지는 성질이 있다. 따라서 알칼리제를 첨가한 용액으로 모발을 팽윤·연화시키고 시스틴 결합을 환원 절단하는 역할을 한다.

환원제의 티오글리콜산의 적정농도는 2~7%, pH는 4.5~9.6으로 퍼머넌트용액의 기준으로 정하여 사용하고 환원력이 강하기 때문에 저항성모, 발수성모, 건강한 두발에 적용시키는 것이 효과적이다.

ⓛ 시스테인 주성분의 퍼머넌트용액

시스테인 퍼머넌트용액의 알칼리제는 모노에탄올아민 또는 폴리에탄올아민과 같은 유기아민이 사용된다. 자극취가 적고 모발의 팽윤도가 낮아 건강모발보다 손상모발에 적용 시 효과적이다.

티오글리콜산으로 시술한 퍼머넌트 보다 20~30% 정도 웨이브가 자연스러우며 시술 시 웨이브 반응 촉진을 위해 가온할 필요가 있다. 가격이 비싸고 환원력이 약하며 시스테인의 농도는 3.0~7.5%이지만 시판되는 제품은 5~7.5%이며 pH는 4~9이고 2제인 산화제는 브롬산염을 사용한다.

ⓒ 산성 퍼머넌트용액

산성 퍼머넌트 용액의 환원제는 주성분이 티오글리콜산 이며 약한산을 혼합하여 pH를 낮추고 유리알칼리가 포함되어 있지 않다. pH는 모발의 pH와 근접한 4~6 정도의 약산성으로 모발이 거의 팽윤하지 않으므로 알칼리에 저항력이 약한 염색 모발, 탈색 모발 및 손상 모발에 사용되며 환원제를 재도포한 후 스티머 혹은 적외선램프 등으로 열처리를 하고 산화제에는 취소산염류(브롬산염류)인 과초산나트륨이나 과산화수소를 주성분으로 사용한다.

② 산화제(Neutralizer)

산화제는 환원제에 의해 절단된 시스틴 결합을 재결합시키는 역할을 하며 브롬산나트륨과 브롬산칼륨 및 과산화수소를 사용한다. 과산화수소는 모발을 탈색시키는 작용이 커 일반적으로 브롬산염류를 많이 사용하고 있지만 유럽과 미국에서는 80~90%가 과산화수소를 사용하고 10~20%가 브롬산 염류를 사용한다.

㉠ 브롬산염류 산화제

브롬산염류는 브롬산칼륨과 브롬산나트륨이 주로 사용되며 산화작용에 관한 것은 같으나 브롬산칼륨이 브롬산나트륨보다 물에 녹는 양은 적다.

브롬산염류는 3~5%의 수용액을 사용하며 3% 이하가 되면 산화력이 떨어지고 5% 이상이 되면 모발의 멜라닌 색소를 탈색시킬 수 있다. 브롬산칼륨은 0℃에서 물 100 ml에 약 3 g이 녹으나 브롬산나트륨은 약 28 g이 녹는다. 20℃에서는 브롬산칼륨 약 7 g에 비해 브롬산나트륨은 약 35 g으로서 약 5배의 용해도를 가지고 있다. 따라서 브롬산나트륨이 상온에서 진한 수용액이 만들어지고 제2제의 짧은 처리시간으로 많이 사용되고 있다. 시판되는 산화제는 5.0~7.5%가 많다.

ⓛ 과산화수소 산화제

과산화수소는 pH 2.5~3.5이며 산성에서 안정되고 알칼리에서는 불안정하며 햇빛이나 미량의 중금속에 쉽게 분해되기 때문에 사용 시 주의가 필요하다. 또한 모발색을 탈색시키므로 주로 금발이 많은 유럽과 미국에서 많이 사용한다. 중화시간이 빠르고 잔류물이 없어 부드러운 감촉을 주고 탄력 있는 웨이브를 만들 수 있다.

퍼머넌트 웨이브 시술시 과산화수소는 중간 플레인 린스 후 산성 린스를 도포하고 나서 산화제를 도포하면 안정성이 유지되므로 더 좋은 효과를 볼 수 있다.

③ 3욕법(three step wave)

제 1액은 두발을 팽윤·연화시키기 위한 용액으로 사용하며 2액이 환원작용을 한다. 환원작용을 하는 2액을 바른 후에는 히팅캡이나 스티머 등을 사용하지 않는다. 3액은 산화제로 2욕법의 제 2제와 동일하다.

4) 퍼머넌트웨이브의 원리

모발은 단백질과 18종의 각종 아미노산들이 펩타이드 결합에 의해 강하게 결합하여 폴리펩타이드 쇠사슬로 길게 연결되어 있다. 측쇄결합 중 가장 강한 시스틴 결합이 퍼머넌트 웨이브를 형성시키는 데 중요한 역할을 한다. 시스틴 결합은 매우 단단하고 안정된 구조이며 케라틴을 형성하고 있는 아미노산중에서 가장 비중이 높은 결합이며 황의 함유량이 많다. 또한 시스틴 결합은 물과 알코올, 약산에 비교적 강한 저항력을 가지고 있으나 알칼리에는 불안정한 성질이 있다.

(1) 퍼머넌트웨이브의 물리적 원리

모발은 모피질이 80~95%를 차지하고 있으며 폴리펩타이드 결합을 한 경단백질로 되어 있다. 모발이 자연 상태일 때 α케라틴이라 하고 늘어난 상태를 β케라틴이라고 한다. α케라틴이 β케라틴으로 될 때 시스틴이 절단되어 시스테인이 되며 시스테인은 불안정하여 공기 중의 산소에 의해 산화되어 α케라틴이 되돌아오는 성질을 가지고 있다. 즉 로드에 수분을 가한 모발을 와인딩하면 바깥쪽 분자는 늘어나고 안쪽분자는 줄어들고 이를 자연건조하면 컬이 형성된다.

(2) 퍼머넌트웨이브의 화학적 원리

퍼머넌트의 화학적 원리는 모발의 측쇄결합 중 가장 강한 결합인 시스틴 결합을 화학적으로 절단하여 퍼머넌트 웨이브 또는 스트레이트 시술 후 산화제 사용으로 산화과정을 거치면 모발의 형태가 고정되는 원리이다. 따라서 모발에 환원제를 도포하여 케라틴을 연화시키면 시스틴 결합(S-S)이 절단된다. 이때 시스틴 결합이 티오글리콜산의 수소(H)와 결합하여 시스테인이 된다. 다음으로 사용하는 산화제는 산소를 방출하여 케라틴의 끊어진 이황화물 교차 결합을 다시 이어주는 원리이다.

$$\underset{\text{시스틴}}{|-S-S-|} \; \underset{+O(\text{산화})}{\overset{+2H(\text{환원})}{\rightleftarrows}} \; \underset{\text{시스테인}}{|-SH\ HS-|}$$

4. 퍼머넌트의 시술과정

1) 블로킹

블로킹은 퍼머넌트를 시술하기 용이하도록 모발을 나누는 것을 말하며 와인딩 시간을 줄여 작업이 빠른 시간에 이루어지도록 한다.

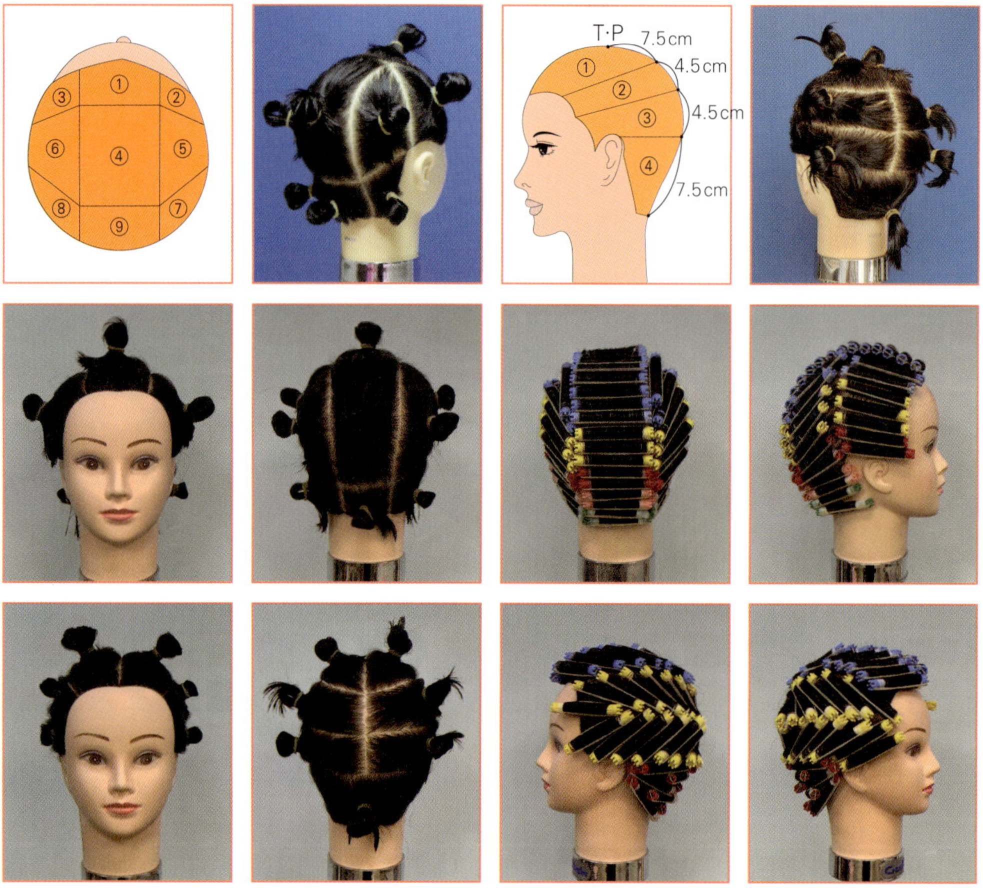

2) 슬라이스 방법 분류

슬라이스는 블로킹 후 로드배열과 와인딩 방법에 따라 더욱 세밀하게 나누는 작업으로 슬라이스의 크기는 모발의 밀도, 로드의 크기, 모발의 질에 따라 달라진다.

슬라이스의 모양과 방향은 디자인에 따라 할 수 있으며 수직(세로)슬라이스, 수평(가로)슬라이스, 사선(대각선)슬라이스로 나눈다.

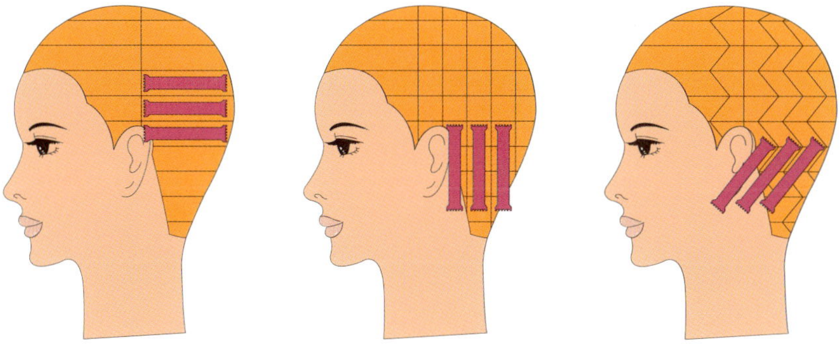

〈슬라이스 종류〉

3) 와인딩 방법 분류

(1) 크로키놀식 와인딩(croquignole winding) 방법

모간 끝에서 시작하는 와인딩 기법으로 오버랩식 와인딩이라고도 한다. 짧은 모발과 긴 모발에 다양하게 와인딩 할 수 있으며 모간 끝의 웨이브가 가장 가늘고 모근으로 올라갈수록 점차적으로 웨이브가 굵어진다. 일반적으로 많이 사용되는 방법이며 수평 와인딩(horizontal winding), 수직 와인딩(vertical winding), 사선 와인딩(diagonal winding)으로 구분된다.

와인딩 방법	효 과
수평 와인딩	• 로드를 수평으로 하여 와인딩한다.
	• 볼륨감과 강한 웨이브 형성
	• 모발 양이 적은 경우 효과적
수직 와인딩	• 로드를 세로로 와인딩한다.
	• 모발 숱이 많고 모질이 굵은 경우
	• 자연스러운 웨이브 형성
사선 와인딩	• 웨이브에 알맞은 볼륨감과 방향감을 준다.

(2) 스파이럴식 와인딩(spiral winding) 방법

스파이럴식 와인딩은 모근에서부터 시작하여 모간 끝으로 와인딩하는 방법과 모간 끝에서부터 모근 쪽으로 와인딩하는 방법이 있다. 모근과 모간 끝이 거의 동일한 웨이브가 형성되고 두피 쪽의 볼륨이 크지 않다.

모발을 나선형으로 꼬면서 로드에 와인딩하면 강한 웨이브가 형성되며 모발을 꼬지 않은 상태에서 나선형으로 와인딩하여 부드러운 웨이브를 얻을 수 있다.

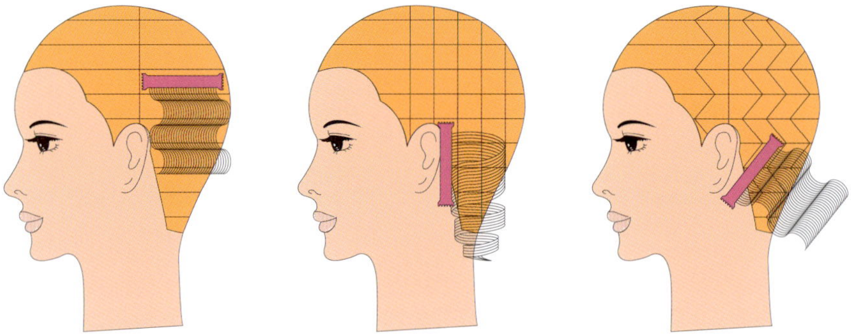

4) 로드선택 방법

고객의 헤어스타일에 맞는 퍼머넌트 디자인에 따라 로드선정을 한다. 로드의 굵기와 형태에 따라서 다양한 웨이브의 형상이 형성되며 고객의 선호도와 디자인 및 모발의 길이 및 상태에 따라서 알맞게 선정을 해야 한다.

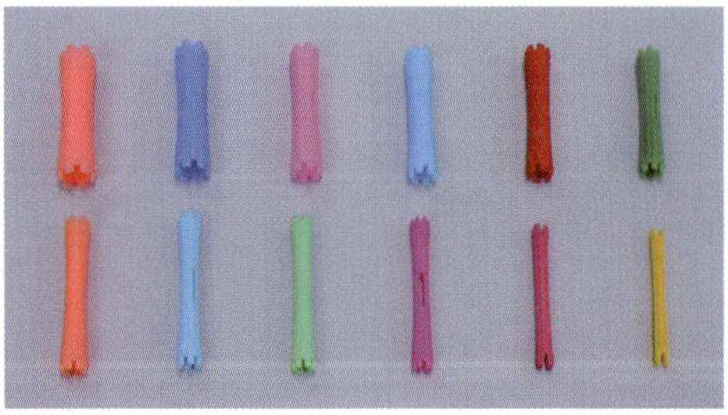

(1) 모발길이에 따른 로드 선정

모발 길이에 따라 로드 선정을 한다. 모발 길이가 짧은 경우에는 가는 로드를 사용하고 중간 길이는 중간로드를 사용하며 모발이 긴 경우에는 굵은 로드를 사용한다. 로드 굵기에 따라 퍼머넌트 후의 모발의 길이가 달라진다. 굵은 로드를 사용했을 경우 가는 로드를 사용 후보다 모발 길이가 더욱 길어 보인다.

(2) 모발상태에 따른 로드 선정

모발이 가늘수록 작은 크기의 로드를 사용하고 베이스 슬라이스를 작게 한다. 보통 굵기의 모발은 중간 크기의 로드를 사용하며 베이스 슬라이스를 작게 한다. 굵은 모발은 지름이 큰 로드를 사용하고 베이스를 작게 한다. 손상모는 베이스를 작게 하고 지름은 큰 로드를 사용하지만 모발이 늘어지는 현상이 있으며 너무 가는 로드로 시술하면 모발이 지글거림이 있어 강한 웨이브는 되도록 하지 않는 것이 좋다. 건강모는 탄성이 크기 때문에 환원제의 흡수가 느려 생각했던 로드보다 1~2단계 작은 로드를 선정 사용한다.

명 칭	형 태
내로 웨이브 (narrow wave)	리지와 리지 폭이 좁아 파장이 많고 전체가 곱슬곱슬한 웨이브 스타일 
와이드 웨이브 (wide wave)	섀도 웨이브보다 뚜렷한 웨이브 스타일 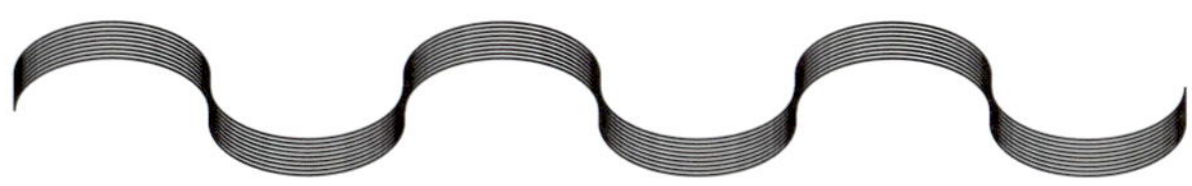
섀도 웨이브 (shadow wave)	리지가 흐릿할 정도로 두드러지지 않고 느슨한 웨이브 스타일 

5) 와인딩 방법

와인딩은 모발을 가지런하게 빗질을 한 후 일정하게 텐션을 주어 로드에 모발을 감는 작업이다. 와인딩 시 좌우로 흔들리지 않고 텐션을 균형감 있게 주어 매끄럽고 균일하게 와인딩을 해야 균일한 웨이브를 얻을 수가 있다.

① 꼬리빗으로 로드의 굵기만큼 슬라이스를 떠서 각도에 맞춰 스트랜드를 가지런히 빗질한다.

② 빗질을 한 다음 왼손의 검지와 중지로 스트랜드를 잡고 오른손으로 스트랜드를 약간 모아 다시 왼손의 검지와 중지로 스트랜드를 잡는다.

③ 앤드페이퍼의 끝 부분을 오른손으로 왼손의 검지 위에 올려놓는다. 그리고 왼손의 엄지로 앤드페이퍼가 움직이지 않도록 눌러 준다.

④ 오른손의 검지와 중지를 왼손의 검지와 중지다음에 놓고 균일한 텐션과 두피에 대해 평행을 유지하면서 페이퍼가 스트랜드 끝보다 조금 더 나왔을 때 오른손을 떼어낸다.

⑤ 롯드를 스트랜드 밑에 두고 와인딩한다.

(2) 베이스 조절방법

퍼머넌트웨이브 시술 시 로드의 지름과 슬라이스의 베이스 넓이를 동일하게 설정하고 디자인에 따라 베이스의 위치를 달리 할 수 있다. 볼륨에 따라 베이스의 위치는 온베이스(on base), 오프 베이스(off base), 하프 오프 베이스(half-off base)로 나눈다.

① 온 베이스(on base)

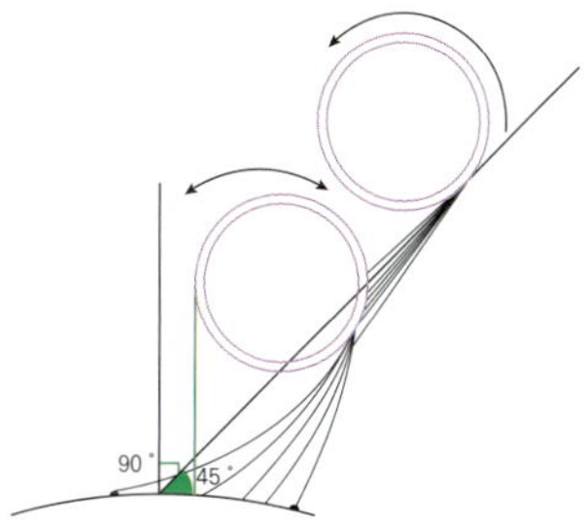

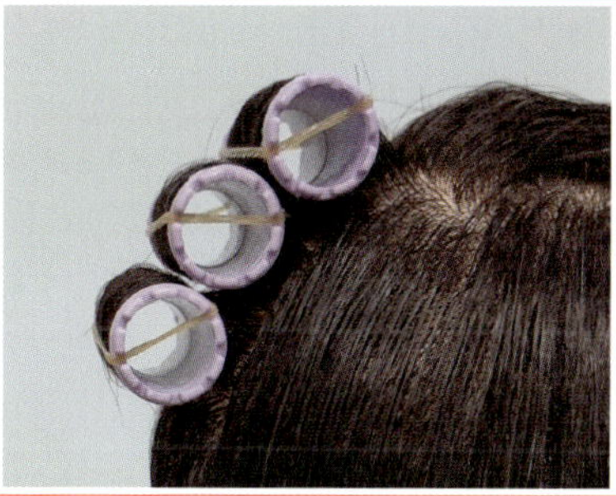

- 로드의 1직경 베이스 슬라이스
- 시술각은 베이스 중앙에서 위쪽으로 45°로 빗질
- 135°의 시술각으로 와인딩하여 로드가 베이스에 놓인 형태
- 볼륨이 가장 크게 형성된다.
- 논 스템 컬이다.

② 하프 오프 베이스 (half off base)

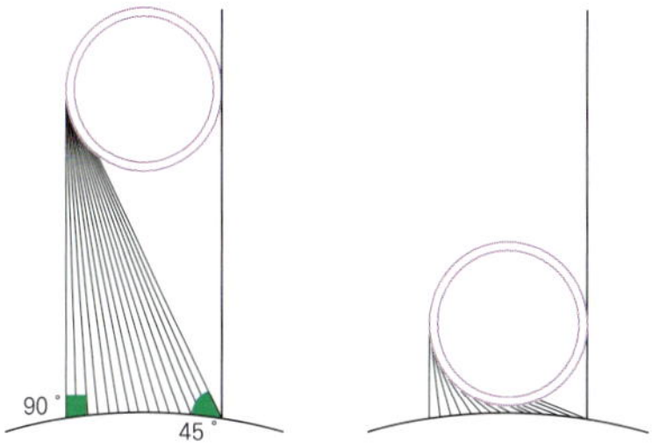

- 로드의 1직경 베이스 슬라이스
- 시술각은 베이스 중앙에서 위쪽으로 90°로 빗질
- 로드의 1/2은 베이스 안에 있고 나머지 1/2은 베이스 밖에 걸쳐있는 상태
- 퍼머넌트 웨이브 시술 시 다른 컬과의 연결감을 좋게 한다.
- 퍼머넌트 시술 시 가장 많이 사용되는 각도이다.
- 하프 스템 컬이다.

③ 오프 베이스 (off base)

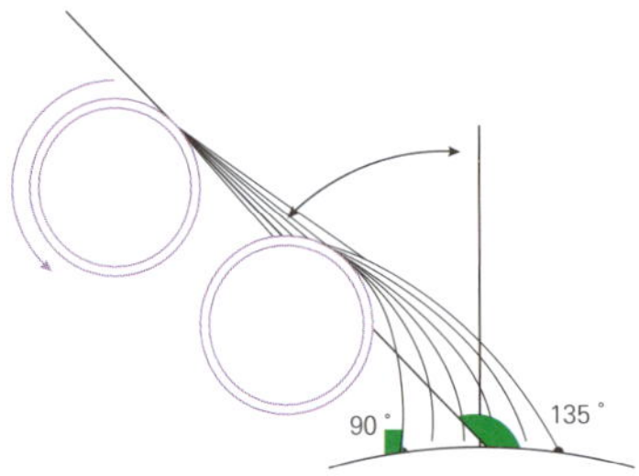

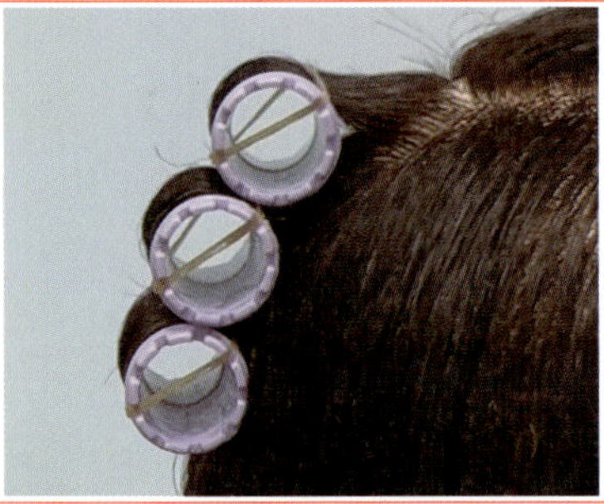

- 슬라이스 후 시술각은 베이스 중앙에서 아래쪽으로 45°로 빗질 후 와인딩
- 로드가 베이스 슬라이스로부터 벗어나 베이스의 아래에 놓인다.
- 퍼머넌트웨이브 시술 시 주로 네이프에 사용되며 볼륨은 거의 없고 두상에 밀착감을 준다.
- 롱 스템 컬이다.

6) 빗질과 엔드페이퍼 사용 방법

(1) 빗질 방법

퍼머넌트 디자인에 맞도록 블로킹 후 슬라이스는 꼬리빗(rattail comb)의 빗 꼬리로 로드 폭만큼 뜬다. 이때 꼬리빗은 끝이 뾰족하여 두피를 자극하지 않는 것이 좋다. 꼬리빗의 재질은 부드럽고 표면이 매끄러워야 하며 금속성 재질은 화학반응을 일으키므로 피하며 빗살은 촘촘하여 균일한 웨이브를 형성할 수 있도록 고르게 빗질을 한다.

(2) 엔드페이퍼 사용 방법

엔드페이퍼는 모발이 로드에서 빠져 나오지 않고 와인딩할 수 있도록 할 뿐만 아니라 모발 길이가 일정하지 않을 경우에 와인딩하기 쉽도록 한다. 또한 모발 끝이 꺾기거나 모발손상을 줄여주며 모발에 환원제가 지나치게 흡수되는 것을 막고 컬과 웨이브가 고르고 매끄럽게 단일한 컬이 형성되도록 한다.

① 1장으로 사용하는 경우

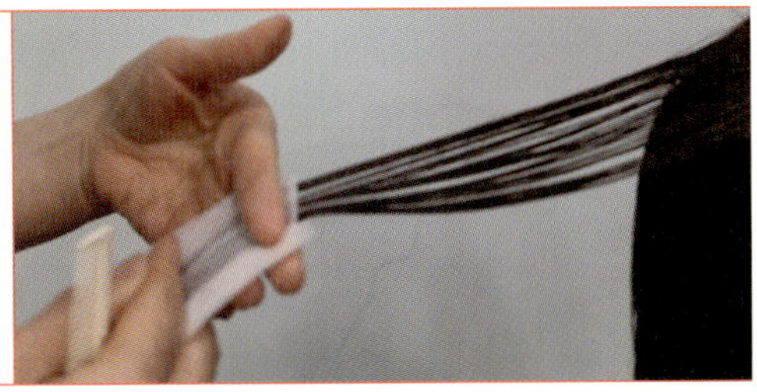

- 스트랜드의 윗쪽에 페이퍼를 놓고 와인딩하는 방법이다.
- 모발의 길이가 일정할 경우에 사용한다.
- 건강모일 경우에 사용한다.
- 크로키놀식 와인딩 할 경우에 사용한다.

② 2장으로 사용하는 경우

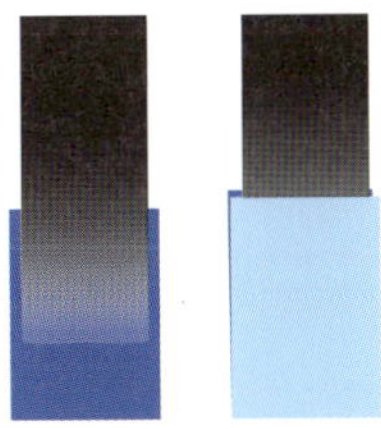

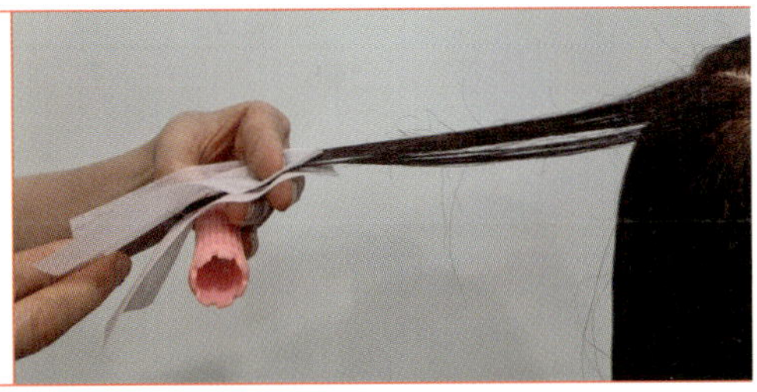

- 모발길이가 심하게 치이니기니 모발 끝이 손상이 심한 경우
- 스트랜드의 위와 아래에 각각 페이퍼를 놓고 와인딩하는 방법이다.
- 열기구를 이용한 세팅 퍼머넌트 경우, 디지털 퍼머넌트 시 사용한다.

③ 반으로 접어 사용하는 경우

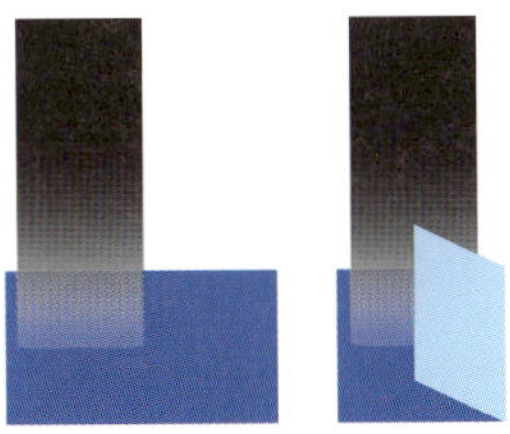

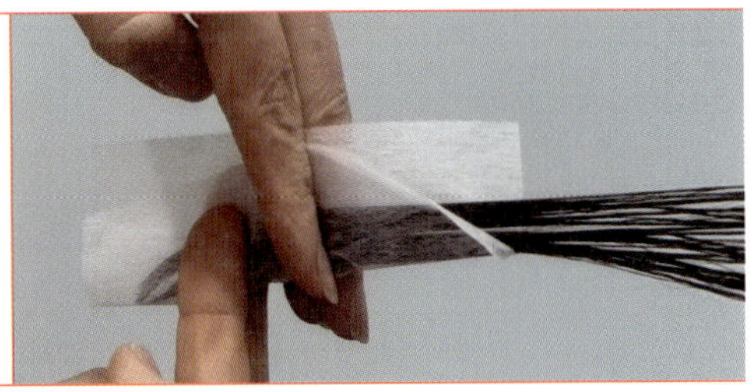

- 디자인 퍼머넌트와 같이 세로 슬라이스를 와인딩 할 경우 사용
- 스트랜드를 작게 할 때 엔드 페이퍼를 반으로 접어 모발을 감싸는 방법
- 스파이럴식 와인딩을 할 경우 사용

7) 고무(replacement rubber) 밴딩 방법

와인딩 후 모근 가까이에 강하게 밴딩할 경우 고무줄 부분에 환원제가 고여서 그 곳의 모발만 더욱 팽윤되어 모발이 꺾이거나 고무줄에 눌린 자국이 남으며 단모의 원인이 된다. 산화제를 도포할 때 고무줄이 있는 부분도 섬세하게 도포한다. 고무 밴드 방법은 십일자형, 엑스자형, 십일자 엑스형 등의 방법이 있다. 와인딩 한 모발을 고정시킬 때 반드시 스트랜드와 고무 밴드가 평행이 되도록 해야 한다. 고무줄의 위치가 다를 경우에는 텐션과 웨이브의 각도가 달라 웨이브 형이 고르지 못하다.

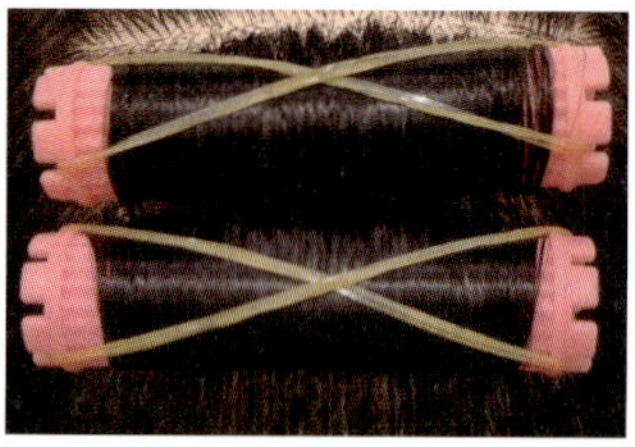

엑스형

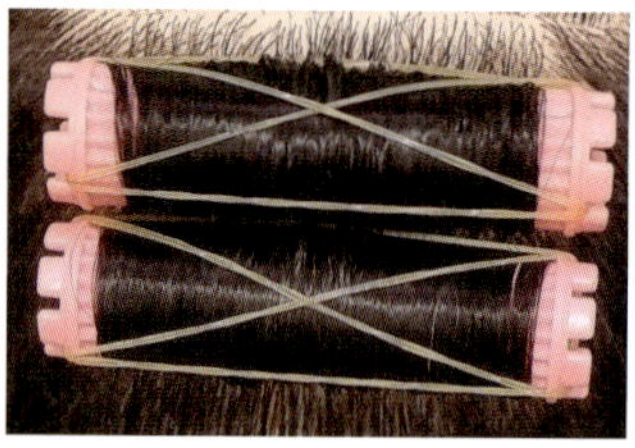

십일자 엑스형

십일자형

8) 스틱(stick) 사용 방법

와인딩 후 모근쪽 모발에 고무줄 자국이 남지 않도록 하고 균일한 텐션을 주며 환원제와 산화제가 고이지 않도록 로드와 로드의 중앙을 스틱으로 연결하여 사용한다.

9) 헤어밴드(hair band) 사용 방법

퍼머넌트 용액이 얼굴에 흘러내리는 것을 방지하기 위해 타올 또는 헤어밴드를 둘러준다. 수건이나 헤어밴드가 젖어 있는 경우 즉시 마른 타올 또는 헤어밴드로 바꿔 준다.

10) 환원제의 도포 방법

와인딩하는 동안 환원제가 자연 산화되어 알칼리 성분이 다소 휘발되었기 때문에 와인딩 종료 후 환원제를 재도포 시 균등한 웨이브를 얻을 수 있다.

- 헤어라인 부위에 피부보호 크림을 바르고 타올 또는 헤어밴드를 한다.
- 네이프에서 도포하기 시작하여 프론트 쪽으로 점차적으로 도포한다.
- 가로와인딩(크로키놀식) 한 경우는 로드 중앙에서 시작하여 환원제를 재도포하고 손가락으로 골고루 펴 발라준다.
- 세로와인딩(스파이럴식)은 로드의 세로방향으로 환원제를 재도포 하면 아래로 흐르므로 로드를 들어 올려 로드 안쪽으로 도포해 준다.

- 환원제를 재도포 할 때는 두피에 흘러내리지 않도록 주의하고 로드를 하나하나 정확하게 전체적으로 도포한다.
- 환원제의 사용은 모발의 양이나 길이에 맞춰 필요량을 재도포한다. 미디움 길이의 두발에 약 80ml의 웨이브용액를 사용하는 것은 기본이다.

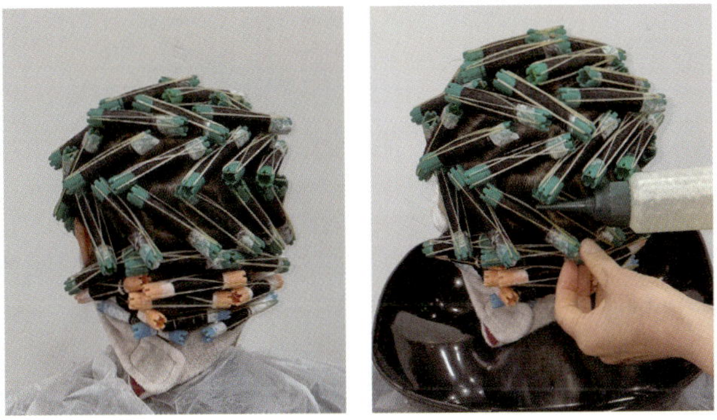

〈환원제 도포방법〉

11) 비닐캡 사용 방법

비닐캡은 환원제에 함유된 알칼리 성분의 휘발을 막아 일정한 pH를 유지하게 한다. 또한 비닐캡의 사용으로 두피에서 발생하는 열을 이용 환원제의 알칼리가 공기로 인한 자연 산화와 건조를 방지하여 퍼머넌트 웨이브의 형성을 돕는다.

환원제는 도포한 뒤 가온을 하면 화학반응이 빠르게 진행되도록 도와주게 되므로 환원제 방치시간 때 비닐캡을 하거나 온도를 높여 주지 않으면 반응이 진행되지 않는다. 산화제는 발열반응으로 열이 발생하는 화학반응을 하므로 산화제를 도포한 후 방치시간 때는 비닐캡을 하지 않는다.

12) 방치 시간(processing time)

환원제를 도포하고 캡을 씌운 후부터 반응하는 시간을 방치시간 또는 프로세싱 타임이라 한다. 일반적으로 15~20분 정도이며 환원제의 종류와 농도, 모발의 성질과 상태, 체온 및 실내온도 등에 따라 차이가 나며 반드시 테스트 컬을 실시하여 방치시간을 결정한다.

환원제는 대개 30℃ 전후에서 반응하며 온도가 10℃ 정도 더 올라가면 반응은 배로 강해져 웨이브의 형성률이 높아지기 때문에 환원제의 프로세싱의 타임을 반으로 줄이는 것이 좋다. 프로세싱 타임이 20분을 넘게 되면 환원제의 환원력이 서서히 저하되어 웨이브의 효율이 더 이상 높아지지 않는다.

over processing	• 강한 컬 형성 • 모발이 거칠어지고 건조해져 손상모가 된다. • 저항성모나 건강모는 방치시간을 길게 보아야 한다.
under processing	• 약한 웨이브 형성 • 염색모, 손상모, 연모, 건성모는 알칼리에 대한 저항력이 약해 방치시간 짧게 한다.

13) 테스트 컬(Test curl)

퍼머넌트 와인딩 후 환원제를 재도포한 후 10~15분 정도 경과한 다음 환원제의 작용으로 퍼머넌트 웨이브가 형성되었는지 확인하기 위해 로드를 두 바퀴 반 정도를 풀어서 두피 쪽으로 살짝 밀어보았을 경우 S자의 웨이브의 형태가 형성되었는지 확인한다. 이를 테스트 컬이라 한다.

Tip

- 프로세싱 타임이 지나도 컬의 형성이 약할 때는 진행 중인 환원제를 깨끗이 헹구어 내고 다시 환원제를 재도포하여 방치 시간을 둔다.
- 5분 정도 경과 후 테스트 컬 다음 중간 린스를 한다.

14) 중간 린스 방법

모발에 남아 있는 환원제를 미온수로 헹구어 내면 산화제의 작용이 원활하게 이루어져 탄력 있는 웨이브가 형성된다. 염색 모발 또는 다공성 모발 및 손상 모발은 반드시 중간 린스를 한다. 이때 중간 린스 후 로드 사이사이를 티슈나 마른 타월로 수분을 닦아낸 다음 산화제를 도포한다.

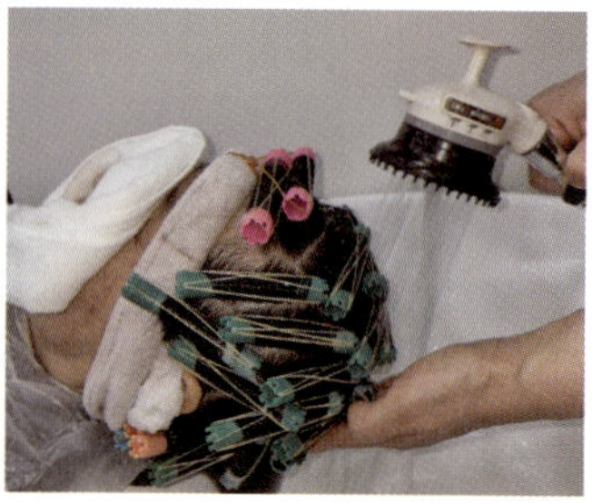

브롬산염	• 산성에는 강하게 작용하고 알칼리에서는 작용이 약하다. • 중간 린스를 않고 산화제 도포는 환원제의 알칼리와 반응하여 웨이브 형성이 불완전해진다.
과산화수소	• 산화제로 사용한 경우 모발이 탈색되고 손상을 줄 우려가 있다.

15) 산화제의 도포 방법

타월 또는 헤어밴드를 헤어라인에 두르고 귀와 목덜미에 티슈로 더 감싸준 다음 산화제가 흘러내리지 않도록 골고루 도포한다. 이때 퍼머넌트 프로세싱 시간이 된 로드를 선정, 와인딩되어 있는 상태에서 테스트 컬을 한 후 컬이 형성되었다고 판단되면 중간 린스를 한 다음 산화제를 도포한다. 산화제 도포는 음 도포 후 5~10분 지난 다음 재도포한다. 후두부에서부터 두정부 쪽으로 도포하며 전체적으로 최소한 2회 이상 도포한다. 산화제의 도포가 적게 될 경우 웨이브가 균일하게 나오지 않을 수도 있으므로 정확한 도포를 한다.

Tip

환원제에 의해 팽윤·연화된 모발에 산화제(2제, 중화제)를 도포하면 환원제의 환원작용을 중지시키고 환원제에 의해 환원되어 절단된 시스틴 결합을 산화시켜 새결합 웨이브의 형태를 고정시켜준다.

[산화제 도포 시 주의 사항]

- 테스트컬 시 원하는 웨이브보다 강한 경우는 산화제 도포 후 5~7분 정도 지난 다음 로드를 풀고 원하는 웨이브 형태로 손질한 다음 산화제를 재 도포한다.
- 산화제의 발열 반응으로 열이 필요 없어 비닐 캡을 씌울 필요 없다. 겨울철에는 산화제를 따뜻하게 데워서 산화제의 흡수를 도와준다.
- 처리 시간이 짧으면 산화가 완전하게 이루어지지 않아 모발 손상의 원인이 되며 웨이브의 형성이 어렵고 처리시간이 길면 완전 산화는 되지만 시술 후 모발손상의 원인이 된다.
- 긴 모발의 스트레이트와 롤 스트레이트는 로드를 풀고 모발 안쪽까지 산화제가 침투할 수 있도록 도포한다.

16) 로드 제거(Rod off)

산화제의 도포시간이 15~20분이 경과되면 와인딩 된 로드를 제거하며 와인딩 된 각도와 웨이브 형태를 유지하면서 로드를 풀어야 균일한 웨이브를 얻을 수 있다. 긴 두발은 두발 끝까지 산화가 충분히 이루어지지 않을 수도 있기 때문에 두발의 끝에 산화제를 재도포한다.

17) 린스

퍼머넌트 시 로드제거 후 미온수로 헹구어 준다. 이때 산성린스로 헹구어 주면 모발에 잔류해 있는 산화제로 인해서 탈색되고 모발이 거칠어지고 알칼리화된 모발을 중화시켜 약산성으로 만들어준다.

Tip

- 퍼머넌트 웨이브시술 직후에 샴푸제를 사용하면 시스틴 재결합이 불충분한 부분의 웨이브를 약하게 하여 탄력성을 저하시켜 웨이브가 쉽게 풀어지는 원인이 되므로 린스만 사용한다.
- 시술 직후의 모발은 손상되기 쉬우므로 시술 후의 드라이를 사용하는 것을 주의해야 한다.

요점정리

1. 퍼머넌트(permanent)란 자연 상태의 모발에 물리·화학적 방법을 가하여 모발의 구조와 형태에 변형을 주어 오랫동안 지속되는 웨이브 또는 스트레이트를 형성시키는 것을 의미한다.

2. 1905년 영국의 찰스 네슬러(Charles Nessler)에 의해 붕사와 같은 알칼리제를 풀(pastimess) 상태로 만들어 모발에 도포하고 와인딩 한 후 열을 가하여 일어나는 화학반응으로 퍼머넌트 웨이브가 영구히 지속된다는 것에 착안하였다. 많은 여성들이 짧은 단발 스타일을 하면서 모간 끝에서 모근쪽으로 와인딩하는 크로키놀 와인딩(croquignole winding) 기법이 1925년 조셉 메이어(Joseph Mayer)에 의해 고안 되면서 짧은 모발에도 퍼머넌트 웨이브를 시술할 수 있게 되었다.

3. 1936년 영국의 스피크먼(J. B Speakman)에 의해 아황산 수소 나트륨을 이용하여 실온 40℃의 온도에서 퍼머넌트 웨이브를 할 수 있으며 머릿결을 부드럽게 연화 할 수 있는 액체의 웨이빙 로션을 발견하였다. 예전에 110℃의 높은 온도를 사용했던 것에 비해 실온에서 퍼머넌트 웨이브를 얻을 수 있어 Cold라는 명칭이 붙여졌다.

4. 측쇄결합은 모피질의 세포간물질 즉 비결정영역에서 일어난다. 염 결합, 펩타이드 결합, 시스틴결합, 수소결합, 그리고 소수결합 등은 폴리펩타이드가 가지고 있는 측쇄와 인접한 폴리펩타이드가 가지고 있는 측쇄가 서로 교차 연결된 수백만개의 폴리펩타이드 결합으로 구성되어 있다.

5. pH는 수소이온농도지수(power of hydrogen ions)로 산성, 중성, 알칼리 등을 측정하는 단위다. 건강한 모발은 약산성으로 pH는 4.5~5.5이며 강산성은 섬유조직의 파괴 없이 모발을 거칠게 한다. 반대로 pH 10 이상이 되면 모발의 심한 팽윤·연화로 섬유조직 파괴되어 손상되는 반면 약알칼리성은 모발을 부드럽게 해서 부풀리고 큐티클층을 거칠게 한다.

6. 퍼머넌트웨이브의 화학적 원리는 모발에 환원제를 도포하여 케라틴을 연화시키면 시스틴 결합(S-S)이 절단된다. 이때 시스틴 결합이 티오클리콜산의 수소(H)와 결합하여 시스테인이 된다. 다음으로 사용하는 산화제는 산소를 방출하여 케라틴의 끊어진 이황화물 교차 결합을 다시 이어주는 원리이다.

7. 퍼머넌트 용액은 환원반응으로 모발의 이황화물(disulfide)결합을 깨뜨리고 수소이온을 첨가시켜 모발은 환원되고 퍼머넌트 용액은 산화된다. 환원제는 티오글리콜산 또는 시스테인류를 주성분으로 하며 암모니아수, 아민류, 중성소다, 무기 알칼리 등의 알칼리제로 구성되어 있다. 환원제는 pH 9.0~9.6 정도의 약알칼리성을 많이 사용하고 있으며 산화제는 pH 4.0~6.0 정도의 브롬산나트륨($NaBrO_3$) 및 과산화수소 (H_2O_2)를 주로 사용하고 있다.

8. 시스틴 결합은 측쇄 결합 중 가장 강하며 물이나 약산에는 끊어지지 않고 열, 알칼리, 환원제 등의 화학반응에 의해 절단된다. 시스틴 결합은 펩타이드 결합보다 약하지만 수소나 염 결합보다 더 강하며 모발 전체 강도의 1/3을 책임진다.

단원 문제

1. 퍼머넌트(permanent)란 자연 상태의 모발에 (　　　), (　　　) 방법을 가하여 모발의 구조와 형태에 변형을 주어 오랫동안 지속되는 웨이브 또는 스트레이트를 형성시키는 것을 의미한다.

2. 모발의 측쇄결합은 (　　　), (　　　), (　　　), 펩티드 결합으로 구성되어 있다.

3. 퍼머넌트웨이브 와인딩 방법은 찰스네슬러에 의해 개발된 (　　　　) 방법과 조셉메이어에 의해 개발된 (　　　　) 방법이 있다.

4. 모발에서 퍼머넌트웨이브 형성과 직접 관련있는 아미노산은?

① 시스틴　　② 알라닌　　③ 멜라닌　　④ 티로신

5. 퍼머넌트웨이브의 굵기를 조절하는 가장 올바른 방법은?

① 로드의 굵기로 조절한다.
② 약액의 강약으로 조절한다.
③ 시간으로 조절한다.
④ 와인딩 시 텐션으로 조절한다.

6. 퍼머넌트웨이브 시술 중 테스트 컬을 하는 목적으로 가장 적합한 것은?

① 2액의 작용 여부를 확인하기 위해서이다.
② 굵은 두발 혹은 가는 모발에 로드가 제대로 선택되었는지 확인하기 위해서이다.
③ 산화제의 작용이 미묘하기 때문에 확인한다.
④ 정확한 프로세싱 타임을 결정하고 웨이브 형성 정도를 조사하기 위해서이다.

7. 콜드 웨이브 제2액 작용을 바르게 설명한 것은?

① 환원작용을 한다.
② 산화작용을 한다.
③ 웨이브를 형성하는 역할을 한다.
④ 주제는 티오글리콜산염이다.

8. 화학약품의 작용으로 웨이브를 형성하는 콜드 웨이브를 발명한 사람은?

① 스피크먼　　② 조셉메이어
③ 마셀　　④ 찰스네슬러

9. 퍼머넌트웨이브 시술 시 모발의 시스틴 결합이 절단되는 원리는 무엇인가?

① 제1액인 티오글리콜산의 환원작용에 의해
② 제2액인 취소산칼륨의 산화작용에 의해
③ 제2액의 성분인 과산화수소수의 산화작용에 의해
④ 제1액인 브롬산나트륨의 환원작용에 의해

10. 퍼머넌트웨이브의 진행과정에 대한 내용이다. 다음 빈칸에 들어갈 내용을 쓰시오.

퍼머넌트웨이브의 진행과정을 프로세싱이라 한다. 이때 중화제를 도포하기 전까지의 시간은 (　　　　)이라 하며, 이를 이상으로 방치했을 때 (　　　　), 이하로 방치했을 때를 (　　　　)이라 한다.

정답

1. 물리적, 화학적
2. 염결합(이온결합), 시스틴결합, 수소결합
3. 스파이럴식 와인딩, 크로키놀식 와인딩
4. ①
5. ①
6. ④
7. ②
8. ①
9. ①
10. 프로세싱타임, 오버프로세싱타임, 언더프로세싱타임

08
헤어 컬러링

1. 헤어 컬러링

학습목표

- 헤어 컬러링의 정의를 설명할 수 있다.
- 색의 원리 및 3속성을 설명할 수 있다.

1) 헤어 컬러링의 정의

헤어 컬러링은 헤어 틴트(hair tint)와 헤어 블리치(hair bleach)로 나누며, 탈색 또는 착색에 의해서 모발 색을 원하는 색조로 변화시키는 예술이며 테크닉이다.

자연적인 모발에 인위적으로 색을 염색시키거나 블리치 된 모발에 인위적인 색을 내는 것을 '헤어 틴트', 모발을 염색하는 것을 '헤어 컬러링', '헤어 다이(hair dye)'라고 한다.

2) 헤어 컬러링의 목적

과학의 발달과 헤어컬러 트랜드로 다양한 합성 염모제가 개발되어 백발을 염색하거나 자신의 기호나 분위기 또는 복장 등에 맞춰 자연의 모발 색에 인공색소를 착색하여 원래의 모발색보다 매력적인 색조로 표현할 수 있게 되었다.

염색은 흰 모발을 원래의 색으로 되찾고자 할 때, 이미 염색된 모발에 인공색소를 착색하여 원래의 자연색으로 되찾고자 할 때, 탈색 모발에 인공색소를 착색할 때 등 모발에 색을 착색시켜 미용효과를 적극적 또는 예술적으로 표현하는 방법이다.

3) 색의 원리

고객과 디자이너가 만족하는 색의 효과를 얻기 위해서는 색의 기본원리를 이해하고 응용할 수 있어야 한다. 색은 일반적으로 무채색(achromatic color)과 유채색(chromatic color)으로 나뉜다. 무채색은 색상이 없고 밝고 어두움만을 갖는 색이다. 즉 흰색, 회색, 검정색 등 색감이 없고 색의 밝기만 존재하는 것이다. 따라서 흰색과 검정색 사이의 모든 색은 색감이 없는 무채색에 속한다.

(1) 무채색(achromatic color)

무채색은 밝을수록 차갑고 어두울수록 따뜻하게 느껴진다. 고명도는 한색 느낌을 주고 중명도는 중성색이 되며 저명도는 난색 느낌이 증가하여 검정에 가까워지면 난색이 된다.

흰색(White)	• 어떤 물체가 보이는 것은 빛이 물체에 투사되어 보이기 때문이다. • 투사된 빛을 '산광'이라 한다. • 산광이 완전하게 반사 되었을 때 백색이 생긴다. • 반사될 때 일부는 흡수가 되는데 이때 회색이 약 20% 섞여 있다.
회색(Gray)	• 반사광의 일부는 분해되지 않고 흡수된다. • 반사광이 많아질수록 회색의 명도가 높아진다. • 반사광이 적어질수록 회색의 명도가 낮아진다.
검정색(Black)	• 물체에 투사되는 빛의 흡수율이 100%가 되었을 때 나타난다. • 이 때 약 10%의 빛을 반사한다.

(2) 유채색(chromatic color)

무채색을 제외한 모든 색을 말한다. 실제 눈으로 식별이 가능한 색은 약 300여종이며, 일상생활에서는 약 50여종이 쓰이고 있다.

4) 색의 3속성

빛의 3속성은 빛의 파장 자체를 나타내는 색상(hue), 그리고 명암, 즉 밝고 어두운 정도를 나타내는 명도(value)와 색 파장의 순수한 정도이자 색의 포화의 강약을 나타내는 채도(chroma)를 말한다. 즉 색상, 명도, 채도를 말한다.

(1) 색상(hue)

색상은 빨강, 파랑, 노랑 등의 서로 구별되는 색의 고유 속성을 말하며 색조와 거의 비슷한 뜻으로 사용된다. 색명으로 구별되는 모든 색들은 감각으로 느낄 수 있으며 이러한 색의 속성을 색상이라 한다.

색상은 색 파장에 따라 결정되어 빨강, 주황, 노랑, 초록, 파랑, 남보라, 보라, 붉은보라에서 다시 빨강으로 되돌아온다. 색상은 순수할수록 지각하기 쉽지만 혼합된 색일 경우 색상이 분명하게 드러나지 않아 색을 지각하기 어렵다. 따라서 무채색이라 할 수 있는 흰색, 검정색, 회색을 제외한 모든 색은 순색이 지닌 색상을 조금씩이라도 갖고 있다. 색상환에 있어서 가까운 거리에 있는 색을 유사색, 서로 반대의 위치에 있는 색을 보색이라 한다.

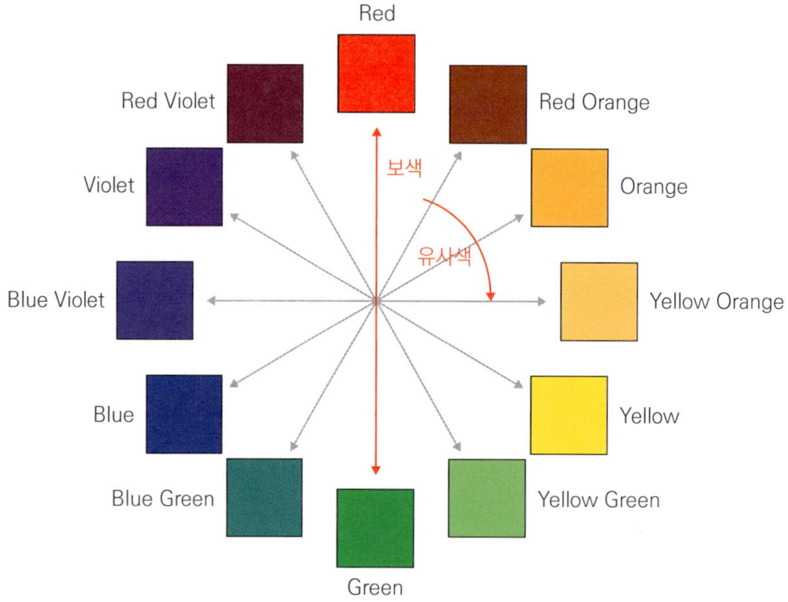

(2) 명도(value)

명도는 밝기의 정도를 말하며 주어진 광원을 중심으로 반사의 정도를 말할 때는 명도를 밝기라고도 말한다. 명도가 같은 색이라도 주어진 광원의 밝고 어두운 정도에 따라 명도가 다르게 느껴지기도 한다. 명도단계는 무채색을 11단계로 나누었으며 흰색을 10, 검정색을 0으로 하여 그 사이의 회색 단계를 10등분하여 번호를 순서대로 정하여 모든 색의 명도를 이것과 비교하여 정한다.

(3) 채도(chroma)

채도는 색의 강도나 선명함의 정도를 말하며 색상환의 색은 순색이며 회색과의 거리가 가까울수록 채도가 낮다고 말한다. 그러므로 채도가 낮은 색은 무채색이라 할 수 있고, 이 무채색은 채도가 0이 된다.

5) 톤(tone)

톤은 색채학에서 색의 명암이나 농담, 강약 등의 차이를 말한다. 예를 들면 순색에 검정색을 섞으면 명도는 높아지고 채도는 낮아진다. 같은 톤은 색상이 달라도 감정효과는 거의 같다고 볼 수 있다. 예를 들면 청량하고 부드러운 인상을 주고 싶을 경우는 밝음과 부드러움으로, 어른스러운 분위기를 내고 싶을 때는 어두운 톤인 다크 톤으로 사용할 수 있다. 이처럼 명도와 채도를 관련시켜 생각할 수 있다.

명청색	순색에 흰색만이 섞인 색
중간색(탁색)	순색에 흰색과 흑색이 섞인 색
암청색	순색에 흑색만이 섞인 색

2. 모발의 색

학습목표

• 모발의 색을 설명할 수 있다.

1) 모발색상의 생성

모발은 모표피(cuticle), 모피질(cortex), 모수질(medulla)로 구성되어 있다. 모발의 색은 모피질이 함유한 멜라닌 색소로 결정된다. 표피층 중심부 가장 아래에 있는 기저층에 피부색을 결정하는 멜라노사이트가 분포되어 있으며, 모모세포층에서 분화하여 모발 색을 결정짓게 된다.

멜라닌은 표피의 기저층에 있는 멜라닌 세포 내에서 티로신의 티로시나아제란 산화 효소작용으로 만들어진다. 티로시나아제의 의해 티로신이 산화되어 도파가 되며, 최종적으로 멜라닌 색소가 만들어진다. 멜라닌의 유형과 분포량에 따라 흑멜라닌, 적멜라닌, 혼합 멜라닌으로 나뉘며, 이들과 과립을 형성하여 모발의 밝기를 결정한다. 따라서 멜라닌 색소의 양이나 종류에 따라 흑발, 갈색의 모발, 금발 등이 된다.

2) 멜라닌의 종류

멜라닌의 합성 경로는 타이로신을 산화한 다음 도파(DOPA)로 다시 산화하여 도파퀴논이 생성되는 단계에서 티로시나아제(적혈구)에 의해 옮겨진 티로신이라는 산화효소를 함유한 아미노산을 변화시켜 멜라닌 색소 과립을 만들며 멜라닌은 작은 단백질과 결합하여 멜라노사이트의 돌기 끝부분에서 방출되고 이 멜라닌 색소는 모발이 각화하기 전에 세포 안에 들어가 성장하고 모발의 피질에 들어가 모발 색상을 구성한다.

모발 색상은 멜라닌의 분포 정도, 빛의 합성 정도 등에 따라 결정된다. 모피질 내에 존재하는 멜라닌 과립은 금발, 회색, 갈색과 검정을 구성하는 유멜라닌 색소의 붉은색과 노란색의 페오멜라닌 색소 입자에서 기인한다.

색소형성은 멜라닌 생성 과정에서 노란 색소가 먼저 형성되고 다음으로 어떤 효소가 노란 색소를 붉은 색소로 변화시키며, 또 다른 효소가 붉은 색소를 검정 색소로 변화시킨다.

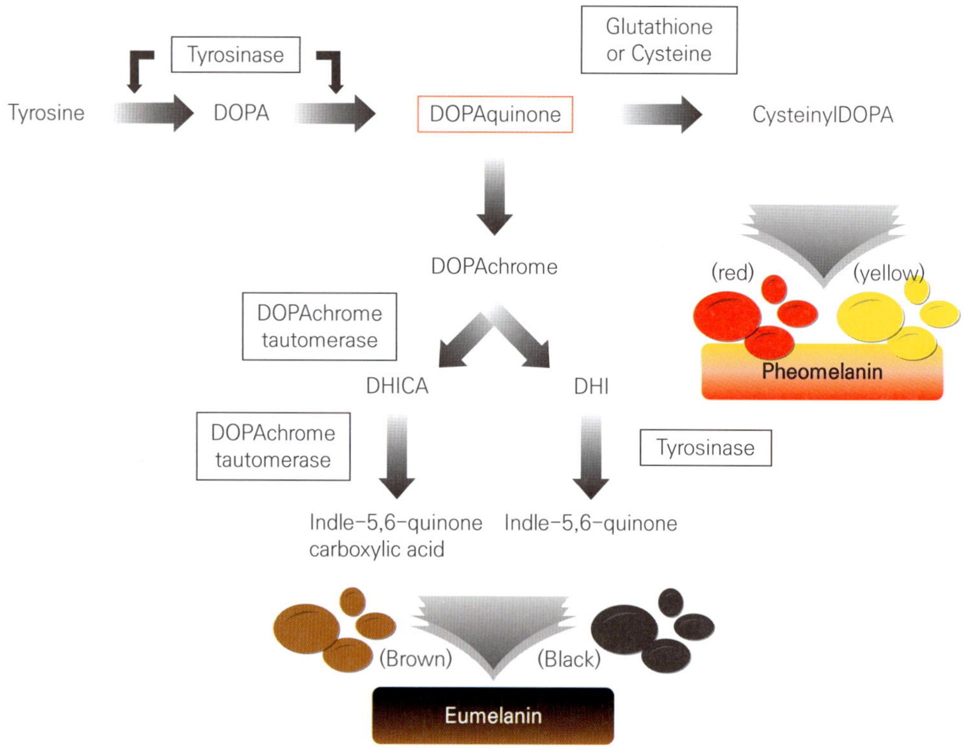

Tip

모발의 색이 다른 원인

- 멜라닌 색소의 함량과 종류에 따라 다르다.
- 멜라닌 과립 중에 함유된 미량 금속의 종류에 따라 다르다.
- 멜라노사이트의 산화 중합 정도에 따라 다르다.
- 고열병 및 정신적 쇼크에 의해 다르다.

(1) 유멜라닌(eumelanin)

유멜라닌은 크기가 크고 막대 모양의 입자형 색소로 아시아인에게 많으며 유멜라닌이 페오멜라닌보다 많아 모발 색상이 서양인보다 어둡다. 유멜라닌인 제일 진한 색소로 갈색과 검정 모발의 색을 만들며 유멜라닌이 크고 많을수록 모발의 색은 어두워진다. 붉은 모발 색상은 붉은 색소와 검정 색소에 의해 나타나고 금발은 붉은 색소와 노랑 색소의 혼합이며 유멜라닌은 화학적으로 쉽게 파괴된다.

흑갈색의 모발을 H_2O_2로 탈색하면 약간 붉은 색상으로 보이는 것은 유멜라닌이 먼저 파괴되고 페오멜라닌이 남아 있기 때문이다.

(2) 페오멜라닌(pheomelanin)

페오멜라닌은 분사형 색소라고 하며 페오멜라닌이 많을수록 모발 색은 밝아지고 붉은색과 노란색과 같은 밝은 색을 결정한다. 붉은 모발 생상은 붉은 색소와 검정 색소에 의해 나타나며 금발은 붉은 색소와 노란 색소의 혼합으로 인한 결과 색으로 서양인에게 많다.

페오멜라닌은 크기가 작고 화학적으로 안정된 구조를 하고 있다. 시스테인 함량이 많은 모발에는 페오멜라닌이 많이 존재한다.

3) 모발염색의 조건

염색은 실온 22~30℃ 상태에서 시술하며 염색시간은 정상모는 20~30분, 손상모는 15~25분, 발수성모는 35~40분 정도 소요된다. 손상모는 정상모에 비해 염색이 빨리 이루어지고 발수성모는 정상모에 비해 시간이 더 걸리므로 염색시간을 줄이기 위해서 헤어 스티머 등을 사용한다.

염색 후에 퍼머넌트는 콜드 퍼머넌트 용액의 환원제에 의해 모발 퇴색이 더 일어나게 되므로 염색보다 퍼머넌트를 먼저 시술하며 1주일 정도 후 염색시술이 바람직하다. 만약 퍼머넌트와 염색을 하루에 연결 시술할 경우 오일 트리트먼트를 하여 두피와 모발의 손상을 막도록 한다.

4) 염색 시 주의사항

- 염·탈색제 사용 시 미용사의 안전을 위해 장갑과 앞치마 등의 보호장비를 착용한다.
- 두피에 상처나 질환이 있을 때에는 모발 염색을 하지 않도록 한다.
- 사용 전에 반드시 제조회사의 설명서를 읽는다.
- 염색 전 48시간 동안 패치 테스트를 한 다음 피부가 붉어지거나 부어오르거나 가려움, 물집 등이 생기면 다른 염모제를 사용하거나 염색을 중지한다.
- 염모제의 혼합은 반드시 사용 직전에 정확하게 실시하며, 남은 염색약은 재사용할 수 없으므로 버린다. 시술 시 반드시 고무장갑을 끼고 약액을 혼합할 때는 금속 용기를 사용해서는 안 된다.
- 두피나 헤어 라인에 염모제가 묻었을 경우 비눗물과 물을 탈지면에 소량으로 묻혀서 깨끗이 닦아낸다.
- 염색과 탈색시술 전후 일주일은 퍼머넌트 웨이브를 하지 않도록 한다.
- 염색 또는 탈색한 모발은 건조하기 때문에 필요에 따라 컬러링 후의 손질로서 헤어 리컨디셔닝을 하도록 한다.
- 개인 신상기록 카드를 작성하여 패치 테스트의 결과와 사용한 약제 등 기타 필요사항을 기입하여 참고로 한다.

5) 색상 선정방법

색상 선정은 고객에게 자신의 피부색과 나이에 어울리는 색상을 알고 있는지 확인하여 색상 범위와 명칭, 종류 등을 알기 위해 컬러 차트를 사용하여 선정한다.

올바른 색상의 선정은 태양광선이 잘 들거나 백열등을 갖춘 실내에서 해야 한다.

Tip

모발 색은 깨끗하고 마른 상태에서 확인하여 올바른 색상을 선정한다.

(1) 명도

모발의 밝기를 1에서 10의 숫자로 나타낸다. 숫자가 높을수록 밝은 색상의 명도로 나타내고 낮은 숫자일수록 어두운 색상을 나타낸다.

구 분	자연 모발 명도 10단계		
10	가장 밝은 황금색	lightest blonde	
9	아주 밝은 황금색	very light blonde	
8	밝은 황금색	light blonde	
7	황금색	blonde	
6	어두운 황금색	dark brown	
5	밝은 갈색	light brown	
4	갈색	brown	
3	어두운 갈색	dark brown	
2	아주 어두운 갈색	darkest brown	
1	흑색	black	

(2) 색상

색상은 실제로 볼 수 있는 색을 말하며 색상의 숫자는(.)이나 사선(/) 뒤에 표기한다.

<계면활성제의 작용>

로레알 반사빛		웰라 반사빛	
.1	잿빛	/0	블랙
.2	보랏빛	/02	매트브라운
.3	금빛	/03	옐로우브라운

(3) 믹스 톤

염모제만으로 표현하기 어려울 때와 색소만 있고 명도가 없어 색을 강조할 때 사용하며, 5~30%로 혼합하거나 또는 믹스 톤만 사용 가능하지만 색소가 쉽게 빠질 수 있다. 혼합비율에 따라 채도를 선명하게 혹은 탁하게 조절할 수 있다는 장점이 있다.

로레알 마지렐 믹스컬러
그린, 블루, 바이올렛, 레드, 커퍼

웰라 콜레스톤 퍼펙트 컬러컨트롤
브라운, 베이지, 스모키, 덜, 핑크, 클리어

3. 염·탈색 종류와 작용원리

학습목표

- 염색과 탈색의 원리를 설명할 수 있다.
- 염색과 탈색의 종류를 알고 설명할 수 있다.

1) 염모제의 종류

염모제는 염모제의 침투도 및 특징과 염색 색상이 퇴색되어 남아 있는 기간으로 분류하며 일시적인 것과 반영구적인 것, 영구적인 것으로 나누어진다.

(1) 영구염모제(산화염모제)

영구염모제는 염료와 알칼리제로 이루어진 1제, 산화제인 2제가 있다. 알칼리제의 영향으로 모표피가 팽창되면 산화제가 모피질로 침투하여 멜라닌 색소를 파괴하고 염료가 안착하여 원하는 색상인 멋내기 염색이 이루어지며 유지기간이 길다. 백모의 경우에는 100% 커버할 수 있다.

① 식물성 염모제

식물성 염모제는 고대 이집트와 페르시아에서 오래 전부터 사용되어 왔다. 그 종류로는 인디고(indigo; 남색), 캐모마일(camomile; 짙은 밤색), 살비아, 이집트산 헤너(henna; 붉은 색) 등이 있다. 헤너는 로소니아(lowsonia)라는 식물에서 채취하며 뿌리는 흑색, 잎은 적색, 줄기는 자연색을 나타내며 모발에 윤기를 제공한다.

독성과 자극성이 없어 알레르기 체질에도 안전하지만 적색으로 색상이 한정되어 있고 염색시간이 50~60분으로 오래 걸린다.

② 금속성 염모제

구미에서 오래 전부터 사용되어 온 염모제로 납과 화합물이며, 구리, 니켈, 코발트 등의 화합물이 사용된다. 케라틴 속에 존재하는 유황과 금속이 반응하고 모발에 금속의 피막이 형성되어 색이 나온다. 염색 후에는 콜드 웨이브가 형성되지 않아 현재 사용하지 않는다.

③ 합성염모제(산화염모제)

현재 많이 사용되고 있는 염색으로 산화염료나 알칼리제가 주성분인 1제와 과산화수소수 등의 산화제를 주성분으로 한 2제로 나눠져 있어 산화염모제라고도 한다.

1제는 암모니아와 색조로 구성되어 있으며 암모니아는 모발을 팽윤시켜 모표피를 열어 색조가 모피질의 침투를 도와준다. 2제는 색의 입자를 모피질 층에 넣어주는 역할을 하며 잔존해 있는 자연모의 색상과 화학적인 인공염료가 더해져 모발에 최종 색상을 만든다.

Tip

유기합성 염모제의 제1제는 액상의 것과 튜브에 넣은 고형의 것 두 종류인데, 혼합하기가 용이하다는 점에서는 액상이 좋으나 업소에서는 보존성과 안전성을 고려해 튜브에 넣은 것을 많이 사용한다. 유기합성 염모제는 광물성 염모제와 마찬가지로 시스틴의 결합 상태를 바꾸지 않기 때문에 모발을 손상시키는 정도가 작고 색의 종류가 많다는 장점이 있다.

파라페닐렌디아민 (paraphenylene diamine)	- 백발을 흑색으로 염색하는데 사용한다.
파라트릴렌디아민 (paratrilene diamine)	- 산화하면 다갈색이나 흑갈색을 나타낸다. - 파라페닐렌디아민과 함께 사용되거나 단독으로 사용된다.
모노니트로페닐렌디아민 (monnitro phenylene diamine)	- 산화하여 적색을 나타낸다. - 이밖에 아미노페놀설폰산(황금색), 레조르시놀 (황갈색) 등이 있다.

(2) 반영구염모제(산성염모제)

반영구염모제는 산화염모제에 비해 입자가 커 염료가 모발 내부로 침투하지 못하고 모표피 층에 안착 이온결합을 한다. 헤어매니큐어, 코팅 등이 산성염모제에 속하며, 밝은 모발에 시술할 경우 선명한 색상을 내는 장점이 있다. 이에 반해 어두운 모발에 도포했을 때는 원하는 색상을 반사빛으로만 나타낼 수 있다. 산화제를 사용하지 않기 때문에 모표피 내로 침투하지 못해 퇴색도가 빠르다는 단점이 있으나

영구적 염모제에 비해 지속성이 짧아 4~6주 동안은 지속되며 샴푸 횟수에 의해 조금씩 차이가 난다. 반복 시술하면 모발이 건조해지고 뻣뻣해지는 단점이 있다.

백모가 25% 이하일 경우 원래의 자연 모발 색에 영향을 미치지 않으면서 백모의 아름다움을 증대시키고 모발의 자연색에 윤기를 부여하기 위해 사용한다. 제1제로만 구성되어 있는 약산성 제품으로 모발에 손상을 주지 않으며 손상된 모발에는 윤기를 주며 최신 트렌드에 민감하거나 금방 실증을 느끼는 고객에게 좋다. 코팅 컬러 또는 산성 컬러라고도 하며, 헤어 매니큐어, 다이렉트 염색이라고도 부른다.

① 컬러 린스

- 유기합성 염모제와 같이 아미노페놀이나 파라페닐렌디아민 사용한다.
- 산화제를 사용하여 모간부에 침투시켜 염색한다.
- 파라페닐렌디아민을 함유한 경우 헤어 틴트와 같이 패치 테스트한다.
- 최근 컬러 샴푸에는 영구적인 것이 많아 1회의 샴푸만으로 씻겨 내려가지는 않는다.

② 프로그레시브 샴푸 틴트

- 컬러 샴푸라고 하며 컬러 린스제와 같은 염모제와 비누를 사용하여 샴푸를 하며 염색을 하는 것
- 일반 샴푸와 달리 바로 헹궈내지 않고 염모제 침투 시까지 방치
- 파라페닐렌디아민 함유 시 컬러 린스와 같이 패치 테스트한다.
- 발색에 시간이 소요되므로 점효성 염색이라고도 한다.

③ 컬러 크림

- 헤어 크림 속에 디아민계의 염료, 유기염료를 혼합 정발 시 염색
- 공기 중의 산소에 의해 산화 발색시키는 것
- 즉시 염색되지는 않는다. 발색의 정도도 컬러 샴푸보다 약하다.
- 가늘고 손상된 모발에 윤기를 준다.
- 본래의 자연 모발 색을 변화시키지 않으며 착색만 가능하다.
- 다공성 모의 손상된 부분을 일정 기간 메워줄 수 있다.
- 자연 모발 색에 영향을 주지 않으면서 25% 이하의 백모 커버
- 검은 모발에는 아주 밝은 색을 도포해야 색깔이 나타난다.
- 블리치를 후에 원하는 색을 도포하여 색상을 표현할 수 있다.
- 산성 염모제를 반복 시술시 모발이 건조해지고 뻣뻣해지는 단점

(3) 일시적 염모제(temporally hair tint)

일시적 염모제는 색소가 모표피 층에 일시적으로 붙어있도록 하는 원리를 이용한 직접 염색법이다. 1~2회의 샴푸로 쉽게 제거되어 지속력은 없다.

암모니아(NH_4)나 과산화수소(H_2O_2)가 들어있지 않아 여러 번 사용해도 모발이 건조해지거나 쉽게 부스러지지 않아 손상이 적다. 자연모의 색상을 더욱 선명하게 할 수 있으며 백발의 커버와 윤기를 더해준다. 이온결합에 의해 큐티클 최외층 표면에 안료 또는 염료를 접착 흡착시켜 염색한다.

① 컬러 린스(color rinse)

- 반지속성의 컬러 린스와 구분하여 워터 린스(water rinse)라 한다. 물과 혼합된 염모제를 린스제로 사용한다.
- 크림이나 젤, 무스의 형태로도 사용된다.
- 모발에 하이라이트 또는 색을 정착, 다음 샴푸 때까지 색상을 유지. 윤기가 없는 모발을 적당한 색조로 착색하는 것이다.

② 컬러파우더(color powder)

- 모발에 부분적으로 사용하는 분말 착색제
- 전분 소맥분 및 초크(chalk) 등을 원료로 하여 착색
- 물과 혼합 브러시를 이용하여 헤어에 도포한다.

- 샴푸로 제거되지 않는 구리, 알루미늄, 철 등의 금속가루가 모발에 남아있는 경우에는 블리치, 헤어 틴트 등을 시술할 때에 해가 된다.

③ 컬러 크레용(color crayon)

- 크레용 코스메틱(crayon cosmetic)이라 한다.
- 비누나 합성 왁스를 혼합해서 착색시킨 막대 모양의 착색연필이다. 부분염색에 사용, 새로 자라난 모발에 대한 수정
- 헤어 다이(리터치) 중간에 사용된다.
- 새치 커버용으로 많이 사용하며 다양한 색상을 이용할 수 있다.

④ 컬러 스프레이(color spray)

- 분무식 착색제로 헤어 라커 속에 염료를 넣어 모발 표면에 분사
- 일시적인 모발 색 교체
- 지속성 염모제 사용 못 하는 사람에게 쓰는 에어졸 타입의 착색제

⑤ 컬러 크림(color cream)

- 컬러 크레용과 같은 성분을 포함한 크림 모양의 착색료
- 브러시로 사용하며 쉽게 지워지기 때문에 대개 무대용으로 사용

⑥ 컬러 마스카라(color mascara)

- 속눈썹에 색을 더해주기 위해 바르는 마스카라와 같은 형태
- 모발의 특정 부분 또는 몇 가닥에만 색상을 입히고 싶을 때 사용

2) 주의사항

- 모발과 두피의 상태분석을 한 다음 염색과 탈색에 필요한 제품을 선택하여 적절하게 혼합하여 사용한다. 제1제와 제2의 혼합 시 2제보다 1제의 양을 많이 첨가하면 산소방출량의 부족으로 산화작용을 약화시킨다. 산화작용이 약화되면 반사빛이 약화되거나 뿌연 색상이 드러나 원하는 결과 색상보다 어둡게 된다.
- 제2제인 과산화수소(H_2O_2)가 제1제보다 더 많이 들어갔을 경우 많은 양의 산소방출로 인해 염모제가 과다하게 산화되므로 발색이 완벽하지 못하여 백모의 커버가 불충분하게 되며 쉽게 탈색되고 원하는 색상이 결과보다 밝게 나올 수 있다.
- 염모제의 제2제(과산화수소 6%)가 멜라닌 색소를 제거하는 시간은 약 20분이다. 제1제가 안정적으로 색을 정착시키는 시간은 25~35분 정도이다. 모발은 사람마다 조금씩 다르기 때문에 시간의 차이를 느낄 수 있다. 또한 염색 시 배합한 염모제를 많이 도포하거나 혹은 적게 도포하는 것은 큰 차이가 없다. 그러나 건강모발의 경우에는 많이 도포하는 것이 좋다.
- 염색과 탈색을 하고 난 다음에는 일반 샴푸를 사용하지 말고 산성 샴푸를 쓴다. 그러나 산성 샴푸는 세정력이 떨어지기 때문에 염색과 탈색 시 바로 산성 샴푸로 세척해주고 집에서는 일

반 샴푸를 사용하면 된다. 하지만 일반 샴푸는 큐티클이 열린 상태에서는 세정력을 가지고 있기 때문에 단백질과 간충물질을 빼내버린다.

- 제1제와 제2제가 혼합되었을 때 공기 중의 산소에 의해 중화작용을 하는데, 이때 수용성에서 불용성으로 변하면서 모피질 속으로 색소분자가 침투하면서 산화되어 색소분자가 거대화된다. 모피질 속에서 거대화된 색소분자가 영양소를 밀어내기 때문에 손상이 많아진다. 여기서 수용성은 과산화수소가 멜라닌 색소를 분리하는 것을 말하고, 불용성은 모발에 색소를 남기는 것을 의미한다.

구 분	영구염모제	반영구염모제
작용	색소가 큐티클을 통과한 후 과산화수소수의 도움으로 코텍스의 멜라닌 색소를 파괴한 후 염착	색소가 큐티클과 코텍스 일부에 침투하고 이온결합에 의해 염착
색상지속력	영구적으로 색상이 보존	보통 2~4주 후 퇴색
구성	1제와 2제로 구성	1제로만 구성
탈색력	탈색력이 있어서 모발의 명도가 올라간다.	탈색력이 없으므로 모발의 명도가 올라가지 않음
pH	pH 9 이상의 알칼리	pH 2~4의 산성 상태
모발 손상	모발 탈색작용으로 손상이 있고 두피 알러지도 발생한다.	모발 표면의 코팅에 의한 트리트먼트 효과가 있으며 손상은 거의 없다.
주의사항	• 금속성 용기는 피한다. • 임신, 투병 중에는 시술금지 • 두피염증 시 시술금지	• 염색 후 모발이 젖은 경우 색이 묻어날 수 있다. • 약액이 묻은 경우 즉시 제거한다.

3) 탈색

(1) 탈색의 목적

탈색(헤어 블리치)은 모발의 자연적, 인공적 색조를 전체적으로 또는 부분적으로 제거하는 것을 말한다. 모발색을 단순히 원하는 색조로 옅게 탈색하거나 선호하는 색조로 염색하기 위해 탈색하거나 또는 부분적인 탈색으로 무늬를 만들 수 있다.

블리치제의 1제는 알칼리제이며 2제는 과산화수소로 1제와 2제를 혼합하여 사용한다. 촉진제인 브스타를 첨가하거나 피로 아황산소다를 1제에 넣어 산화 환원의 반응열을 이용한 타입도 있다.

탈색은 모발 중의 멜라닌을 산화 분해하며 이때 배출된 산소는 먼저 유멜라닌을 제거하고 점차로 페오멜라닌을 제거한다. 탈·염색시술을 받은 모발에 부분적으로 얼룩이 지거나 마음에 들지 않을 때 이를 바로잡아 주는 역할을 하며 블리치(bleach) 또는 헤어 라이트닝이라고도 한다.

(2) 탈색의 원리

모발의 모피질에 함유되어 있는 멜라닌 색소는 알칼리와 산, 산화제, 환원제 등에 의해 분해된다. 모표피는 알칼리제에 의해 팽창하고 과산화수소로부터 발생된 산소가 유색 멜라닌 색소를 무색의 옥시 멜라닌으로 산화시키므로 모발의 탈색이 진행된다. 즉 헤어 블리치는 산화제의 작용으로 멜라닌 색소를 분해시켜 모발의 색소를 옅게 해주는 것이다. 과산화수소의 농도가 높을수록 산소를 많이 발생시킨다.

과산화수소로부터 1 Vol.의 산소가 만들어지는데 소요 시간은 약 1분이며, 대개 6% 농도의 과산화수소수는 20볼륨(volume)의 산소가 발생하여 약 20~30분이 소요된다. 일반적으로 6%의 과산화수소수 90 cc에 28%의 암모니아수 30~40방울(약 3~4 cc)을 더해 사용한다.

과산화수소는 알칼리성이 강할수록 분해가 촉진되므로 암모니아수를 소량 더해서 사용하면 산소 발생을 촉진시켜줄 뿐만 아니라 과산화수소가 사용 전에 분해되는 것을 막기 위해 안정제를 첨가하면 약산성 pH로 중화시켜준다.

(3) 탈색제의 작용과 성분

산화제와 탈색제를 혼합, 사용하여 모피질 속에 있는 멜라닌을 분해시켜 모발 색을 원하는 만큼 밝게 한다. 산화제에서 배출된 산소는 유멜라닌을 먼저 제거하고 점차로 페오멜라닌을 없애며 모발색의 변화단계(level)는 영구적 염모제보다 높다. 현재 사용되고 있는 과산화수소의 농도는 3%(10volume), 6%(20volume), 9%(30volume) 등을 사용하며 가끔 과황산염도 촉진제로 첨가되고 있다.

6% 탈색제는 처음 6분간 강한 탈색작용을 가지며 도포 후 원하는 밝기(기여색상)에 따라서 50분까지 방치할 수 있으며 최대 1시간 정도의 탈색 과정이 지속된다. 따라서 도포 후 1시간 이상이 지났는데도 원하는 밝은 색상이 나오지 않으면 닦아내고 탈색제를 재도포한다.

탈색 시 적멜라닌은 흑멜라닌 보다 시간이 더 걸리므로 적멜라닌(pheomelanin)은 한 번 이상의 탈색제 도포를 필요로 한다. 탈색은 붉은 색의 반사빛에서 점차로 오렌지색 반사빛 - 노란색 반사빛 - 흰빛이 되면서 탈색이 정지된다.

(4) 탈색제의 종류

모발탈색제는 액체, 크림 분말 유상액, 오일 라이트닝, 샴푸 라이트닝, 세트 로션 등의 형태로서 산화제를 이용하며 모발 손상을 줄이기 위해 지방물질 컨디셔닝제를 첨가하고 있다.

① 액상 탈색제

- 암모니아와 과산화수소의 혼합에 의해 모발을 탈색하도록 제조
- 탈색 진행 정도를 살피면서 원하는 시간에 작용을 끝낸다.
- 많은 양의 도포는 탈색이 지나치게 되거나 흘러내릴 수 있다.
- 1회의 샴푸로 끝낼 수 있기 때문에 경제적이다.

② 크림 탈색제

- 일반적으로 사용하는 타입, 도포한 부분을 육안으로 확인할 수 있다.
- 사용 양의 조절이 쉽고 지나치게 덧바르는 것을 막을 수 있다.
- 컨디셔닝제가 포함되어 두피와 모발에 보호 효과를 준다.
- 시술할 동안 산화제가 건조해지지 않기 때문에 전체 탈색 시 사용
- 액상이나 크림 탈색제는 촉진제와 함께 사용

③ 분말 탈색제

- 다른 형태의 탈색제보다 탈색반응이 빠르고 강하다.
- 두피, 모발이 손상될 수 있으므로 수시로 진행 상태를 확인해야 한다.
- 시술 시 두피로부터 1~1.5 cm 정도 떨어져 사용, 강한 모발에 적용

④ 오일 타입 탈색제

- 투명한 액체 형태, 탈색작용 빠르고 진행 정도를 쉽게 파악
- 버진 헤어, 경모의 탈색 시 많은 시간을 소요하지 않는다.
- 침투력이 높고 강하여 탈색이 지나치게 되거나 모발 손상이 큰 단점
- 샴푸 시 점도가 높은 타입보다 산성 린스나 약산성 샴푸로 마무리
- 오일 제품을 사용하면 두피가 건조해지지 않는다.
- 도포 직전에 H_2O_2와 혼합하여 사용한다.

⑤ 블리치 바스(bleach bath) 샴푸

- 라이트닝 샴푸라고도 한다.
- 일시적 또는 반영구적 염모제에 의한 원치 않는 색 제거 시 사용
- 탈색제(powder) 10 mg : H_2O_2 30 ml : 물 60 cc + 샴푸 6 mg을 혼합 사용

(5) 탈색 시 주의사항

- 시술 전 샴푸 시 두피에 자극을 주지 않으며 브러싱을 하지 않도록 한다.
- 두피에 상처나 질환이 있는 경우에는 시술하지 않도록 한다.
- 고무장갑을 착용하여 시술자의 손을 보호한다.
- 탈색한 모발은 최소 일주일은 지나야 퍼머넌트 헤어 웨이브를 할 수 있다.
- 탈색한 모발의 상태는 자연 상태의 모발에 비해 건조하며 케라틴 등이 유출되어 다공성모가 되므로 헤어 리컨디셔닝을 하도록 한다.
- 탈색제는 사용 직전에 혼합하고 사용 후 남은 탈색제는 버린다.
- 공기 중에 노출되거나 장기간 보관하면 자연 분해되어 작용이 약해지기 쉬우므로 냉암소에 밀폐시켜서 보관한다.
- 원하는 밝기로 탈색이 되지 않았을 경우 모발을 미온수로 헹궈내고 건조시킨 후 탈색제를 재도포한다.

- 탈색의 진행 과정을 5분마다 살펴 고객이 원하는 밝기로 한다.
- 탈색을 시술한 고객에 대한 카드를 작성해 둔다.

4) 산화제(과산화수소)

과산화수소(H_2O_2)는 산화반응을 일으키기 때문에 산화제 또는 촉매제라 부르며, 모피질 층에 있는 멜라닌 색소를 파괴시키면서 모발의 자연색소를 밝게 하고 산화염모제(1제)에 들어있는 색소를 착색시키기 위해 사용된다.

과산화수소(H_2O_2)는 분자 하나에 방출될 수 있는 자유산소의 수이며 볼륨 또는 %로 표기하며 100단위의 산화용액에서 H_2O_2가 얼마나 많이 발견되는가 하는 세기를 말한다. 1Volume은 1분자의 H_2O_2가 방출할 수 있는 산소의 양을 나타낸다. 따라서 6%의 산화제 속에 20배에 해당하는 산소가 들어 있어 20볼륨이라고 하며 6%(20볼륨), 9%(30볼륨), 12%(40볼륨) 등이 있다. 볼륨이 높을수록 명도는 밝게 되지만 모발의 손상이 심하고 퇴색이 빠를 뿐만 아니라 케라틴을 용해시키거나 모발의 인장 강도를 떨어뜨려 모발을 느슨하게 하며 30볼륨 이상의 H_2O_2는 모발 아미노산인 황을 유출시킨다.

과산화수소는 여러 가지 첨가제를 가해서 액상(liquid), 크림형(cream), 분말상(powder)으로 사용된다. 분말 형태는 액상제의 과산화수소 용매에 볼륨을 높이는데 사용되며, 크림 과산화물은 밀도가 높은 부가물의 형태로 농축 첨가물에는 안정화시키기 위해 산을 첨가시킨다.

5) 과산화수소 사용 시 주의사항

- 1제와 2제의 혼합 시 1제보다 2제의 양이 많을 경우 묽어져 탈색시간이 더 오래 걸리며 탈색 레벨도 밝아지지 않는다.
- 혼합 시 산화제 양이 적으면 걸쭉하게 반죽되어 탈색이 잘 되지 않으므로 제조사의 지시에 따라 혼합한다.
- 과산화수소의 볼륨이 클수록 산소의 방출이 많아지고 탈색의 레벨 폭이 크며 다양한 밝기의 탈색을 얻을 수 있다.
- 강한 볼륨의 과산화수소는 안정성이 보장되지 않을 경우 사용해서는 안 된다.
- 암모니아 첨가량이 많을수록 짧은 시간에 방출되는 산소의 양과 함께 탈색이 더욱 가속화된다.
- 탈색의 크기는 변함없으나 시간적으로 단축시킬 수 있으며 붉은 빛의 반사 빛을 강하게 나타낸다.
- 암모니아수는 모발을 손상시키므로 임의로 양을 늘려 사용해서는 안 된다.
- 과산화수소수는 금속성의 그릇과 유기체(박테리아) 등에 쉽게 분해된다.

H_2O_2의 세기	작 용
3%(10볼륨)	• 퍼머넌트 후 바로 어두운 멋내기 염색 시 • 백모 커버 시술 시 • 명도에 변화 없이 따뜻한 또는 차가움만의 색조를 내고자 할 때 • 탈색작용은 안 되며 착색작용만 한다. • 1분자의 H_2O_2 10vol은 10개의 산소원자를 방출하며 3%의 H_2O_2를 포함 • 100% 용액에 물 97g에 H_2O_2 3g 포함하고 있음을 나타낸다. • 명도를 1/2 tone 이상은 상승시키지 않는다.
6%(20볼륨)	• 자연모발을 1~2레벨 정도 밝게 할 때 30분 정도 소요된다. • 모발을 어둡게 하거나 같은 톤으로 할 때 • 백모나 새치 커버를 할 경우, 일반적인 염색을 할 경우 • 6%의 H_2O_2 1/2과 물 1/2을 희석하면 H_2O_2 3%를 만들 수 있다. • 100% 용액에 대하여 물 94g에 H_2O_2 6g을 포함하고 있다. • 1분자의 H_2O_2 20vol은 20개의 산소원자를 방출하며 6%의 H_2O_2를 포함
9%(30볼륨)	• 모발의 2~3레벨 정도 밝게 하고자 할 때 45분 정도 소요된다. • 착색보다 탈색 작용이 더 크다. • 20볼륨보다 모발의 손상도가 크다. • 경모에 멋 내기 염색 시 • 1분자의 H_2O_2 30vol은 30개의 산소원자를 방출하며 9%의 H_2O_2를 포함 • 100% 용액에 대하여 물 91g에 H_2O_2 9g 포함하고 있다.

4. 염·탈색 시술방법

학습목표

- 염색 시술방법을 설명할 수 있다.
- 탈색 시술방법을 설명할 수 있다.

고객이 만족하는 모발염색을 위해 체계적인 기술과 절차에 따라 시술해야 하며, 염색 시술에 필요한 재료와 도구 및 사용할 제품에 대한 정확한 지식을 갖추어야 한다. 염모제는 염모제의 특징과 염색 색상이 퇴색되어 남아있는 기간으로 분류된다. 이 같은 분류 기준은 모발 색소의 화학적 합성과 분자의 크기 또는 무게에 따라 모발에 얼마만큼의 흡수력과 퇴색도를 갖게 되는가에 따라 달라진다.

컬러리스트는 고객의 선호도와 상태 및 각 제품 유형의 차이점을 잘 파악하여 모발에 맞는 제품을 선택하며 고객의 염색시술에 대한 기록을 남겨 지속적인 관리를 해야 한다.

1) 염·탈색 시술 방법

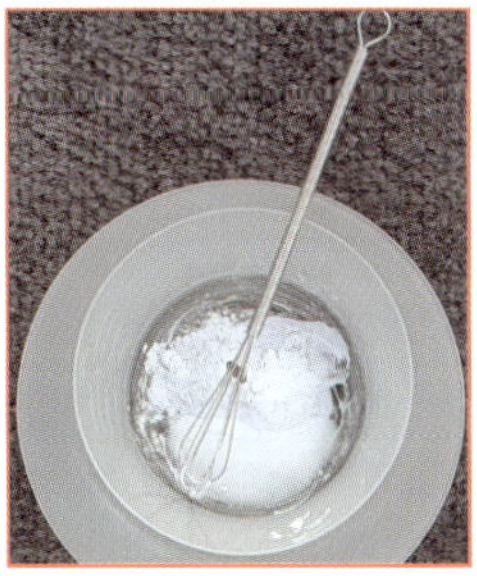

① 탈색제와 산화제를 1:3 비율로 혼합하여 준비한다.

② 탈색제와 산화제가 고루 섞이도록 저어준다.

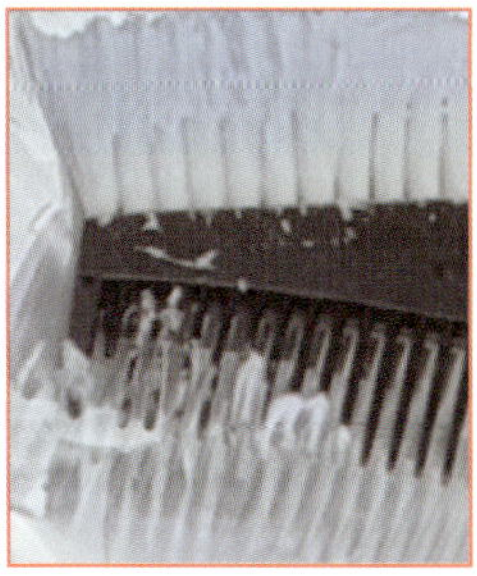

③ 브러쉬를 탈색하고자 하는 모발에 탈색제를 도포한다.

④ 과도한 빗질은 모발이 손상될 수 있으므로 이에 유의하며 골고루 도포한다.

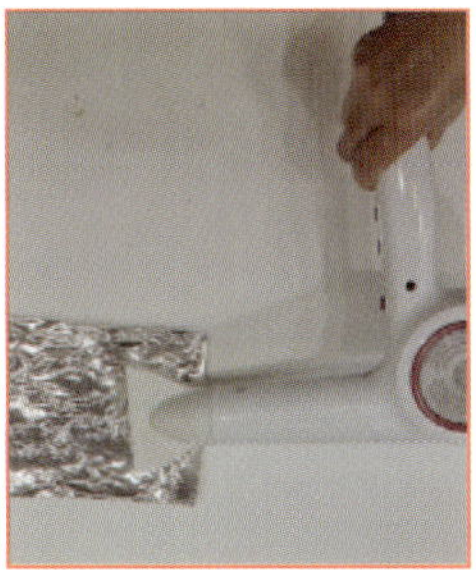

⑤ 호일로 감싼 피스에 가온처리를 해준다.

⑥ 원하는 레벨에 따라 방치시간을 달리 해준다.

⑦ 방치시간이 끝나면 미온수로 깨끗하게 헹구어 준다.

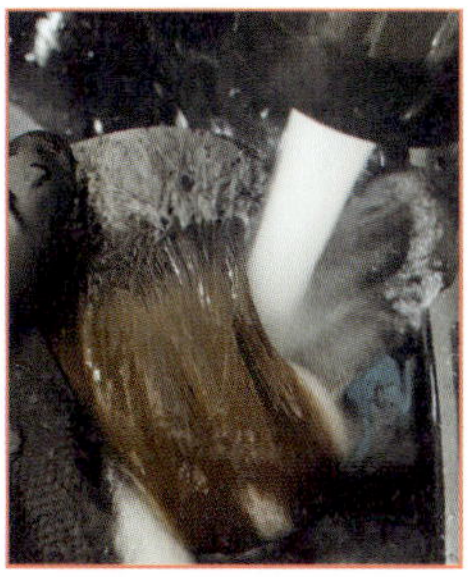

⑧ 탈색제가 헹구어지면 염색 전용 샴푸로 샴푸를 하여 미온수로 헹구어 준다.

〈탈색을 통한 명도 10단계 만들기〉

2) 브러시의 각도에 따른 염모제 도포량 차이

90°	• 브러시가 세워져 염모제가 도포되는 양이 적다. • 손상된 모발의 끝 부분이나 두피와 근접한 부분에 체온의 영향을 생각하여 염모제의 양을 소량으로 조절하여 바르기에 적합한 각도이다.
60°	• 염모제를 적정량 도포되는 일반적인 도포 방법이다. • 전체 모발을 도포하기에 좋다. • 멋 내기 염색 시 온도가 쉽게 올라가는 버진헤어의 뿌리부분에 적용한다.
30°	• 염모제가 도포되는 양이 매우 많다. • 염색이 잘 되지 않는 부분, 백모나 발수성모, 경모부분에 적합하다.

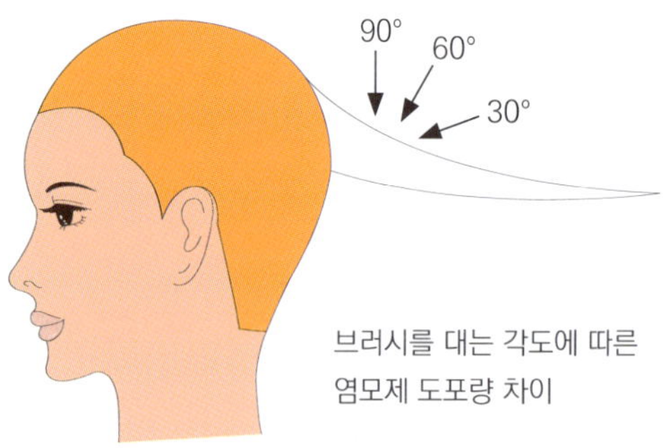

브러시를 대는 각도에 따른
염모제 도포량 차이

3) 염모제 도포량

건강모에 모발을 밝게 하는 염색을 할 경우 염모제 양을 모발 끝부분으로 갈수록 더 많게 한다. 손상모일 경우 모발을 어둡게 염색할 경우에는 뿌리 부분에 더 많은 염모제를 도포한다.

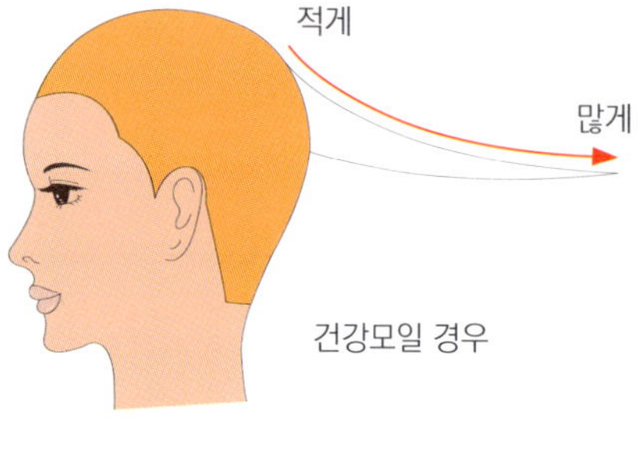

건강모일 경우

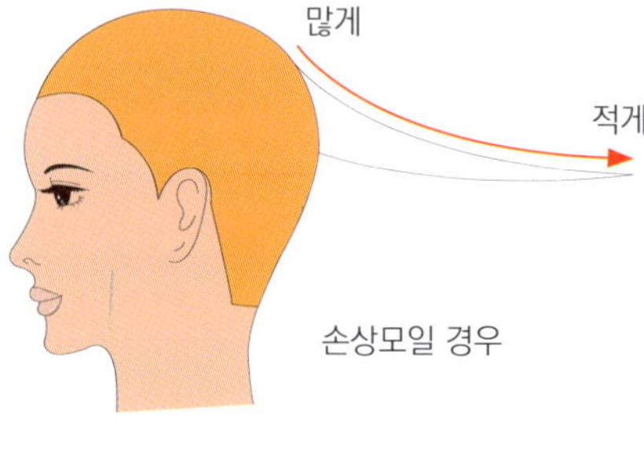

손상모일 경우

4) 염·탈색 시술 순서

(1) 모발 진단 및 색상 선정

상담을 통한 고객의 모발을 진단과, 원하는 색상을 파악하고 상세하게 기록한다. 알레르기가 있는 경우 패치테스트를 실시한다.

(2) 블로킹

시술에 용이하도록 센터파트로 나눈 뒤 이어 투 이어 파트로 4등분 한다.

(3) 염·탈색제의 혼합

제조사의 제품에 명시되어 있는 대로 혼합한다. 일반적으로 염모제는 1:1인 경우가 많으나 명도나 제조사에 따라 1:1.5, 1:2, 1:3인 경우도 있다. 탈색의 경우 1:3으로 혼합한다.

(4) 염·탈색제의 도포

멋내기 염색인 경우 비교적 모발의 굵기가 두꺼운 후두부부터 도포하며 새치 염색인 경우 새치가 많은 앞쪽이나 가르마부터 도포한다. 일반적으로는 모발의 중간부분이 가장 염색이 안 되는 부분이라 중간부분에 먼저 도포하고 이어서 끝부분으로 도포한다. 모발의 뿌리 부분은 두피의 열에 의해 쉽게 염색이 발색되기 때문에 가장 마지막에 도포하는 것이 바람직하다.

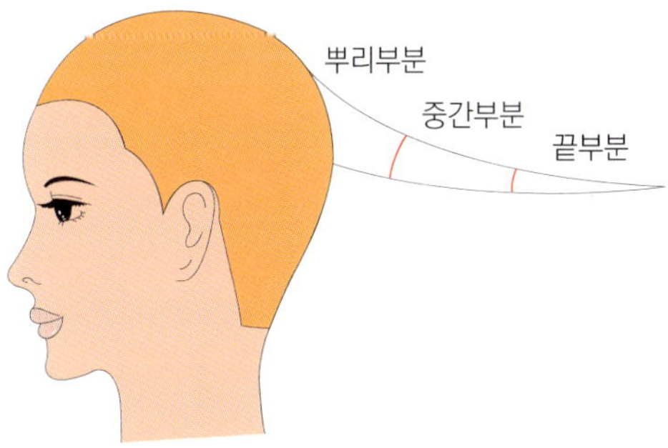

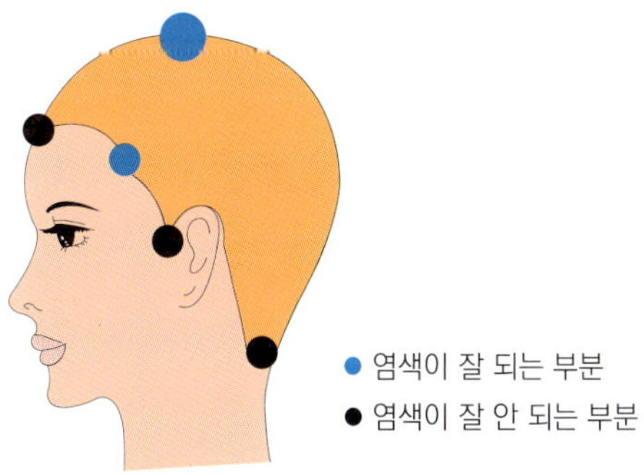

(5) 방치시간

산화염모제는 산소와 반응하여 색상이 발현되므로 자연방치하고 산성염모제인 경우 비닐캡을 씌워 열처리를 하기도 한다. 제조사에 따라 방치시간이나 열처리 방법이 다르므로 제품에 명시된 방법을 준수한다.

(6) 스트랜드 테스트

방치시간이 됐을 경우 손, 브러쉬, 젖은 타올 등을 사용하여 모발에 있는 염·탈색제를 닦아내고 색상이 나왔는지 확인한다.

(7) 유화작업(액상화 작업)

에멀젼이라고도 하며 염모제가 모발에 묻어 있는 상태에서 두피와 모발을 부드럽게 마사지하는 방법이다. 미온수를 약간 도포한 후 마사지 해주면 모발에 얼룩이 생기는 것을 방지하고 두피에 남은 염료를 깨끗이 제거하기 쉽다.

(8) 샴푸 및 트리트먼트

염색 후 알칼리화된 모발의 모표피는 열려있는 경우가 많으며 이때 약산성의 염색전용샴푸를 사용해 주면 모표피가 닫혀 모발의 색을 더 오래 유지할 수 있도록 할 뿐만 아니라 모표피도 안정시킬 수 있다. 샴푸 후 트리트먼트를 하여 모발에 유·수분을 보충하여 준다.

(9) 스타일링

드라이로 모발의 수분을 건조하고 색상을 체크한다. 수분이 남아있을 경우 모발의 색상이 어두워 보이므로 완전히 건조한 후 체크하도록 한다. 후처리로 에센스를 도포하여 준다.

5. 헤어퍼스널 컬러

학습목표

- 헤어 컬러 이미지를 설명할 수 있다.
- 이미지에 따른 색의 조화를 설명할 수 있다.
- 얼굴색과 모발색의 관계를 설명할 수 있다.

1) 헤어 컬러링 이미지

헤어 컬러링에 있어서 따뜻해 보이는 난색은 눈에 잘 띄고 추워 보이는 한색은 난색보다 눈에 덜 띄게 된다. 모발의 색이 지나치게 강조될 경우 피부색이 선명하게 보이지 않을 수도 있으므로 주의해야 한다. 온도감은 색상에 의한 효과가 가장 강하지만 채도가 낮거나 명도가 낮아지면 같은 색상이라도 온도감이 바뀔 수 있다.

예를 들어 빨간색은 따뜻한 느낌이 드는 색이지만 명도와 채도가 낮은 경우에는 차가운 느낌의 빨간색으로 보일 것이다. 이러한 색채의 온도감은 그 색채를 좋아하는 사람의 성격 특성과도 관련이 있는 것으로 알려져 있다.

또한 이러한 색의 온도감을 이용하여 자신이 원하는 분위기를 표현하기 위한 수단으로 사용할 수도 있는데, 따뜻하고 귀여운 느낌의 분위기를 연출하기 위한 경우나 차분하고 가라앉은 분위기를 연출하기 위한 적절한 색상을 헤어 컬러링이나 메이크업에 응용할 수 있겠다.

명도가 밝은 색은 가볍게 느껴지고 명도가 낮은 어두운 색은 무겁게 느껴지는 것을 느껴보았을 것이다. 이러한 색의 중량감은 안락감과도 관계가 있어서 가벼운 색이 한결 더 편안하고 부드러운 느낌을 주게 된다.

머리색이 무겁고 너무 검은 사람이 밝은 색으로 염색을 했을 때 왠지 부드러운 인상을 받게 된다거나 훨씬 경쾌하게 보이는 것을 경험해 본 적이 있을 것이다. 모발이 얼마나 밝고 어두운지에 따라서도 대단히 많은 이미지를 변화시킬 수 있는 것이 사실이다.

과거에는 모발을 한 가지 색으로 염색하는 것이 일반적이었지만 최근에는 모발에 여러 가지 색을 사용하여 더욱 풍부한 느낌을 얻게 하는 경우가 많이 있다. 예를 들어 모발의 윗부분은 약간 밝게, 아랫부분은 약간 어둡게 염색하여 모발을 더욱 볼륨감 있게 보이게 하거나 어두운 모발에 포인트를 줄 수 있는 하이라이트를 주어 훨씬 동적으로 보이게 하는 것 등이다.

윤택감을 주는 색은 짙고 어두운 색인데 상한 모발에는 어둡게 염색하면 윤기가 나게 보이게 할 수 있다. 부드럽고 유연한 질감은 따뜻하면서 밝은 톤의 색들이며 이것을 응용하여 숱이 많은 모발은 밝게 염색하면 훨씬 부드럽고 자연스러운 느낌을 가질 수 있다. 또한 명도가 밝은 색상들은 모발에 광택감을 줄 수 있다.

검정	• 얼굴을 하얗게 보이게 하고 화려하면서 매력적인 이미지를 줄 수 있다. • 엄숙함과 경건함, 무게감이 있어 약간 무거운 느낌을 준다 • 모발 숱이 부족한 사람에게 적당한 볼륨감을 줄 수 있다.
갈색	• 동양인의 눈동자와 피부 톤과 무난하게 어울려 우아한 느낌을 준다. • 성숙한 분위기와 차분한 느낌을 준다.

2) 계절별 패션과 헤어 컬러링

헤어 컬러링은 유행하는 트렌드만을 고집하기보다는 자신의 얼굴색과 맞는 것을 선택해 자신의 장점을 최대한 부각시킨다. 계절별로 겨울에는 난색, 여름에는 한색을 선택하는 것이 일반적이지만 전혀 다른 계통의 색을 선택하는 경우도 있기 때문에 계절감을 강조하기는 어렵다.

봄	 • 따뜻함과 생동감이 넘치며 경쾌한 이미지를 표현한다. • 노랑, 연두, 녹색, 초록계의 파스텔 톤이 많이 선택한다. • 부드러운 소재, 은은한 컬러, 밝은 느낌의 컬러 선택이 편안한 느낌을 준다. • 피부색은 아이보리, 피치 베이지, 골든 베이지 등이 어울린다. • 헤어 컬러링은 브라운 계통으로 소프트 브라운, 다크 브라운, 레드 브라운, 미디엄 브라운 등의 색을 선호하여 산뜻하고 세련된 이미지를 연출한다.
여름	 • 무채색이나 강한 순색에 가까운 색상이 어울린다. • 파랑, 감청, 한색계인 물색, 옅은 청록, 옅은 보라 등 시원한 느낌의 색 선호 • 피부색은 핑크와 베이지 계열의 색이 이상적이다. • 헤어 컬러링은 아주 밝은 갈색, 밝은 황갈색, 금빛 밝은 황갈색 등
가을	 • 봄보다는 차분하고 침착한 이미지에 맞는 약간 채도가 강한 색 • 주황, 귤색, 노랑, 빨강, 다홍 등의 색과 밝은 갈색 등이 잘 어울린다. • 피부색으로는 아이보리, 파치, 골든 베이지, 어두운 베이지, 베이지 등의 색조 • 헤어는 어두운 브라운, 브라운 블랙, 밤색, 미디엄 브라운, 골든 브라운 등

겨울	 • 빛을 흡수하는 따뜻한 느낌을 주는 색인 검정, 빨강, 다홍, 주황, 자주, 연지 • 피부색은 화이트, 화이트 핑크, 베이지, 연한 올리브 등의 색 • 헤어는 블루 블랙, 블랙, 다크 브라운, 실버 그레이 등

3) 이미지에 따른 색의 조화

(1) 내추럴

자연과의 조화 속에서 오는 온화함, 정겨움 등에 대한 심리적 표현과 자연스러우며 따스함이 느껴지는 색으로 베이지, 아이보리 등의 소박하고 편안한 색이 주를 이룬다. 이때 배색은 오렌지 계열이나 노랑 계열의 색상이 주를 이루면서 부드럽고 밝은 회색 톤으로 이미지를 연출한다.

(2) 로맨틱

낭만적이며 부드러운 이미지의 여성다운 부드러움과 우아함, 귀엽고 소녀적인 이미지를 말한다. 이 이미지에 어울리는 색상은 가볍고 감미로운 느낌이 나는 핑크로 빨강에 흰색의 양을 조절하여 빨강보다는 좀 더 부드럽고 고요한 느낌이 나도록 배색하는 것이 좋다. 핑크, 노랑 계열, 보라 계열을 주 조색으로 나타내고 톤을 조절하면서 사용하면 온화하고 부드러운 로맨틱 이미지를 연출할 수 있다.

(3) 엘레강스

사람의 품위를 나타내는 표현으로 우아하며 고상한 이미지를 의미한다. 곡선의 부드러움, 온화한 분위기를 연출하는 색상을 고려해야 한다. 강한 대조보다는 색의 대비가 약한 색상으로 은은한 그라데이션을 주면서 톤을 적용하는 것이 바람직하다.

(4) 클래식

고전적이고 고상하며 전통적인 이미지를 의미하며 오랫동안 익숙해짐을 연상케 하는 깊이감과 격조감이 내포되어 있어 분위기를 뜻한다. 어두운 색상을 중심으로 갈색 계통, 그리고 와인골드, 다크 그린 등의 중후한 이미지를 표현할 수 있는 색이 적합하다.

배색은 따뜻한 색상으로 배색하는 것이 효과적이며 차가운 색을 배색할 때는 황금색을 섞어줌으로서 고전적인 느낌을 더 할 수 있다.

(5) 캐주얼

자유로운 분위기와 활동적이고 밝은 이미지, 명랑하고 화려한 이미지 등을 의미한다. 적합한 색상은 화려한 배색이 주조를 이루며 그에 어울리는 부드러움과 청명함을 위한 배색이 조화를 이루어야 한다. 원색과 파랑 계열, 그리고 노랑이나 빨강 계열을 화려하게 사용하여도 효과적이다. 2~3가지의 색을 사용하여 밝고 활동적인 느낌을 주는 배색을 한다.

(6) 댄디

남성에 대한 이미지를 나타내는 말로 지성미와 자유로움과 함께 강하고 깔끔하며 고급스러움을 나타내기 위해서는 어두운 색조를 주조로 하며 고정적인 형식에 너무 얽매이지 않음을 나타내야 한다.

색상으로는 검정, 어두운 회색, 그리고 갈색계를 중심으로 회색계와 청색을 혼합하여 서로 조화를 시키는 배색이 안정적인 세련미를 돋보이게 한다.

(7) 모던

도시적이고 현대적인 개성미를 나타내며 깔끔한 이미지를 추구한다. 차가운 색을 기본으로 하며 명도대비와 색상대비를 과감하게 주는 것도 효과적이다. 따뜻한 색을 배색할 경우 활동적이면서 동시에 도시적인 이미지를 표현할 수 있으며, 강조색을 너무 넓게 하지 않도록 하여 전체적인 분위기를 끝까지 연장시키도록 해야 한다.

4) 얼굴색과 모발색의 관계

(1) 검은빛이 도는 얼굴

얼굴빛과 같이 어둡고 짙은 색으로 염색할 경우 자칫하면 더 검게 보이기 때문에 피하는 것이 좋고 금발이나 오렌지, 밝은 갈색이 어울린다.

(2) 노란빛이 도는 얼굴

브라운이나 오렌지 계열이 잘 어울리나 얼굴형에 따라서 명도의 차이를 주어야 한다.

(3) 하얀빛이 도는 얼굴

오렌지, 레드, 핑크계열의 컬러가 어울린다. 레드계열을 얼굴빛을 더 하얗게 보이게 할 수 있으므로 자칫하면 창백해 보일 수 있어서 저채도의 레드를 선택해야 한다.

Yellow base	Blue base
주로 노란색을 띄는 따뜻한 느낌을 주는 색으로 기본적으로 노란색과 황색을 지니고 있다. 모든 색에 노란색이 혼합되어 조색을 이루며 무채색과 은색은 포함하지 않는다. 따뜻한 색은 풍요롭고 생동감을 주는 이미지를 가지고 있으며 온화하면서도 동적인 이미지를 지니고 있어 감성적인 능력과 능동적인 성격을 가지고 있다.	주로 파란색을 띄는 차가운 느낌을 주는 색으로 기본적으로 푸른색과 흰색, 검은색을 지니고 있으며 모든 색이 푸른색과 혼합되어 조색을 이룬다. 차가운 색의 이미지는 이지적이면서도 부드러움을 지니고 있으며 정적인 이미지를 지니고 있어 이성적인 성격을 가지고 있다.

요점정리

1. 헤어 컬러링은 헤어 틴트(hair tint)와 헤어 블리치(hair bleach)로 나누며, 탈색 또는 착색에 의해서 모발 색을 원하는 색조로 변화시키는 예술이며 테크닉이다. 자연적인 모발에 인위적으로 색을 염색시키거나 블리치 된 모발에 인위적인 색을 내는 것을 '헤어 틴트', 모발을 염색하는 것을 '헤어 컬러링', '헤어 다이'라고 한다.

2. 색은 일반적으로 무채색(achromatic color)과 유채색(chromatic color)으로 나뉜다. 무채색은 색상이 없고 밝고 어두움만을 갖는 색이다. 즉 흰색, 회색, 검정색 등 색감이 없고 색의 밝기만 존재하는 것을 말하며, 무채색을 제외한 모든 색을 유채색이라 한다.

3. 빛의 3속성은 빛의 파장 자체를 나타내는 색상(hue), 그리고 명암, 즉 밝고 어두운 정도를 나타내는 명도(value)와 색 파장의 순수한 정도이자 색의 포화의 강약을 나타내는 채도(chroma)를 말한다. 즉 색상, 명도, 채도를 말한다.

4. 멜라닌은 표피의 기저층에 있는 멜라닌 세포 내에서 티로신의 티로시나아제란 산화 효소작용으로 만들어진다. 티로시나아제의 의해 티로신이 산화되어 도파가 되며, 최종적으로 멜라닌 색소가 만들어진다. 멜라닌의 유형과 분포량에 따라 흑멜라닌, 적멜라닌, 혼합 멜라닌으로 나뉘며, 이들과 과립을 형성하여 모발의 밝기를 결정한다. 따라서 멜라닌 색소의 양이나 종류에 따라 흑발, 갈색의 모발, 금발 등이 된다.

5. 모발 색상은 멜라닌의 분포 정도, 빛의 합성 정도 등에 따라 결정된다. 모피질 내에 존재하는 멜라닌 과립은 금발, 회색, 갈색과 검정을 구성하는 유멜라닌 색소의 붉은색과 노란색의 페오멜라닌 색소 입자에서 기인한다.

6. 염모제는 염모제의 침투도 및 특징과 염색 색상이 퇴색되어 남아있는 기간으로 분류하며 일시적인 것과 반영구적인 것, 영구적인 것으로 나누어진다.

7. 탈색(헤어 블리치)은 모발의 자연적, 인공적 색조를 전체적으로 또는 부분적으로 제거하는 것을 말한다.

8. 블리치제의 1제는 알칼리제이며 2제는 과산화수소로 1제와 2제를 혼합하여 사용한다. 촉진제인 브스타를 첨가하거나 피로 아황산소다를 1제에 넣어 산화 환원의 반응열을 이용한 타입도 있다.

9. 헤어 블리치는 산화제의 작용으로 멜라닌 색소를 분해시켜 모발의 색소를 옅게 해주는 것이다. 과산화수소의 농도가 높을수록 산소를 많이 발생시킨다.

10. 과산화수소(H_2O_2)는 산화반응을 일으키기 때문에 산화제 또는 촉매제라 부르며, 모피질 층에 있는 멜라닌 색소를 파괴시키면서 모발의 자연색소를 밝게 하고 산화염모제(1제)에 들어있는 색소를 착색시키기 위해 사용된다.

단원 문제

1. 색의 3속성은?

2. 색은 일반적으로 (　　　　)과 (　　　　)으로 나눈다.

3. 헤어 컬러링 기술에서 만족할 만한 색채효과를 얻기 위해서는 색의 기본적인 윤리를 이해하고 이를 응용할 수 있어야 되는데 색의 3속성 중 명도만을 갖고 있는 무채색에 해당되는 것은?

① 적색　② 황색　③ 청색　④ 백색

4. 염색 후 새로 자라난 부분의 두발에 염색하는 것을 무엇이라 하는가?

① 블리치 터치 업
② 다이 터치 업
③ 버진 헤어
④ 액상 블리치

5. 염모제의 제1액과 제2액에 대한 설명으로 옳지 않은 것은?

① 제1액은 발색제인 산화염료이다.
② 제1액은 알카리성이다.
③ 제2액은 산화제이다.
④ 제2액은 산화제로서 암모니아수가 대표적이다.

6. 감색법의 3원색에 해당되는 것은?

① 빨강, 파랑, 주황
② 녹색, 보라, 오렌지
③ 파랑, 빨강, 노랑
④ 빨강, 노랑, 녹색

7. 산화염모제의 제1액 중 알칼리의 주역할은?

① 제2제의 환원제를 분해하여 수소를 발생시킨다.
② 머리카락 속의 색소를 분해하여 탈색시킨다.
③ 산화염료를 직접 발생시킨다.
④ 머리카락을 팽창시켜 산화염료가 잘 침투되도록 한다.

8. 염색 시술 전 알레르기 유무를 확인하기 위해 하는 테스트는?

① 패치 테스트 ② 컬 테스트
③ 컬러 테스트 ④ 웨이브 테스트

9. 백발을 흑색으로 염색할 때의 주가 되는 성분은?

① 과산화수소 ② 프로시스틴
③ 암모니아 ④ 파라페닐렌디아민

10. 멜라닌은 표피의 기저층에 있는 멜라닌 세포 내에서 만들어진다. 이러한 멜라닌의 유형은 (   )과(   )으로 나뉘며, 분포량 등에 의해 모발의 밝기가 결정된다.

정답

1. 색상, 명도, 채도
2. 무채색, 유채색
3. ④
4. ②
5. ④
6. ③
7. ④
8. ①
9. ④
10. 유멜라닌, 페오멜라닌

09
블로우 드라이 & 아이론

1. 블로우 드라이

학습목표

- 블로우 드라이의 정의를 설명할 수 있다.
- 블로우 드라이의 시술영역을 설명할 수 있다.

블로우 드라이는 바람이 불다의 "블로우(blow)"와 건조라는 의미인 "드라이(dry)"의 합성어이다. 즉 드라이어의 열과 바람을 이용한 모발건조와 브러시를 이용한 헤어스타일을 완성하는 것을 말한다. 블로우 드라이는 커트와 화학적인 시술 후, 또는 업스타일 연출을 위한 사전작업과 헤어스타일의 완성에 중요한 과정이다.

아이론 또한 볼륨감 형성과 웨이브, 스트레이트 등의 헤어스타일 연출에 활용도가 높다.

1) 블로우 드라이의 정의

블로우 드라이는 젖은 모발의 건조와 헤어스타일 연출을 위한 테크닉이다. 블로우 드라이는 업스타일 위한 사전작업과 커트 및 화학적 시술 후 마무리 단계에서 완성도를 높여주는 스타일링 방법으로 고객의 요구와 시술 목적에 적합한 디자인을 빠르고 쉽게 헤어스타일을 연출한다.

블로우 드라이는 모발에 수분이 있는 상태에서 실시하여 수소결합의 절단과 재결합으로 인해 스타일링을 완성하는 원리이며, 젖은 모발에 시술한다는 뜻에서 '습식 드라이'라고도 한다. 블로우 드라이 시술은 적정한 수분, 텐션, 온도, 속도, 브러시, 각도, 패널 등의 요소를 고려하여 자연스러운 헤어스타일을 연출할 수 있다.

2) 블로우 드라이 시술의 형성원리

블로우 드라이는 수소결합의 절단과 재결합의 원리를 이용한 것이며 건조한 모발은 열에 강하지만 젖은 모발의 경우 열에 의해 쉽게 손상된다. 모발 내에 수소결합은 수분에 의해 절단되고 수분이 증발하면서 다시 재결합된다.

습식 드라이는 수소결합이 끊어진 상태인 젖은 모발에 브러시와 블로우 드라이어로 수분을 건조해주면 수소결합이 재결합되면서 스타일이 연출된다. 건식 드라이는 모발에 수분이 없는 상태에서 아이론을 사용하여 시술을 하는데 건조된 모발이라 할지라도 10~15% 정도의 수분을 함유하고 있기 때문에 드라이가 가능한 것이다.

모발은 블로우 드라이어와 아이론, 전기 세트 롤과 같은 전열 기구 등의 적정 온도를 지켜서 사용할 경우 모발에 적당한 광택과 세팅력을 부여하고 원하는 헤어스타일을 연출할 수 있다. 그러나 적정 온도를 지키지 않을 경우 모발 손상을 입는 경우가 많다. 블로우 드라이어의 경우 90℃ 정도의 온도가 적당하다.

아이론의 경우 적정온도는 120~140℃ 정도의 온도가 적당하고, 전기 세트 롤의 경우 130~140℃의 온도가 적당하지만 모발상태에 따라서 적정 온도 조절이 필요하다.

3) 블로우 드라이의 요소

(1) 수분

샴푸를 끝내고 타올 드라이한 후 건강모는 30%, 손상모는 40%의 수분이 남을 때까지 프리 드라이한 후 스타일링 드라이를 시술하여야 한다. 이는 수분이 없는 건조한 상태에서 드라이를 하게 되면 건조 후에도 남아있어야 할 수분을 제거하게 되므로 모발 손상의 원인이 될 뿐만 아니라 컬이나 웨이브가 형성이 잘 되지 않는다.

(2) 텐션

텐션(tension)은 모발을 잡아당기는 힘에 의해 늘어나는 팽창력을 말하며, 블로우 드라이 시 텐션을 적절하게 조절하면서 드라이 시술을 하면 윤기 있고 탄력 있는 웨이브가 형성된다. 이때 롤 브러시는 항상 회전시켜야 하며, 고르게 텐션이 들어가야 한다. 웨이브를 만들 때 텐션을 주지 않고 브러시에 모발을 와인딩하게 되면 많은 열을 가하더라도 웨이브의 형태가 명확하게 형성되지 않는다. 그러나 너무 강항 텐션도 브러시에 모발이 엉키면서 브러시 자국을 만들게 되어 모발 손상을 초래하게 된다.

(3) 온도

블로우 드라이 스타일링 시 드라이어의 열이 고온일수록 손쉽게 모발의 변형을 줄 수 있으나 모발의 수분양이 과도하게 제거되어 모발이 거칠어지게 되고 윤기를 잃으며 손상도가 커진다. 일반적으로 블로우 드라이 시술 시 열풍의 온도는 89~90℃이다.

(4) 패널(모발단)

패널(panel)은 사용하는 브러시의 폭을 기준으로 브러시 길이의 70~80%가 되도록 하여 시술하는게 효과적이며 원하는 헤어스타일과 브러시에 따라 패널의 크기와 두께는 달라진다.

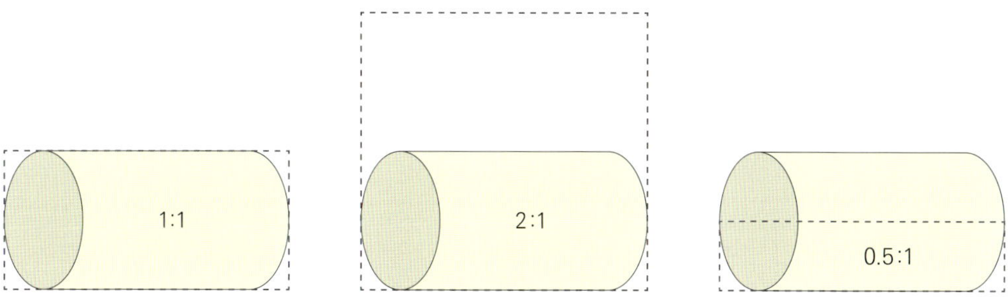

〈브러시 직경과 베이스〉

Tip

패널의 폭이 과다하게 넓을 경우에는 시술 시 패널이 브러시 밖으로 튀어나가 가장자리 모발에 정확히 시술이 되지 않고, 여러 번 시술해야 하는 경우가 생긴다. 반대로 베이스가 심하게 좁을 경우에는 시술 시간이 길어진다.

(5) 각도

볼륨을 주고자 할 때는 패널을 위쪽으로 들어 올려주어야 한다. 패널의 각도에 따라 볼륨의 형성이 달라진다. 사람의 두상은 둥근 형태이므로 두상의 위치에 따라 각도가 달라진다. 그러므로 패널의 양과 두상의 부분적인 각도의 조화가 잘 이루어져야 원하는 볼륨을 형성시킬 수 있다.

(6) 브러시

모발의 길이 또는 원하는 컬이나 웨이브 또는 볼륨 정도에 따라 사용할 브러시를 선택한다.

4) 블로우 드라이의 종류

(1) 블로우 드라이

드라이어의 열풍 또는 냉풍을 이용하여 젖은 모발을 건조시키고, 스트레이트 및 웨이브 등과 같이 일시적으로 헤어스타일의 변화를 줄 수 있는 방법으로 방향감과 볼륨감을 주어 헤어스타일을 연출할 수 있다.

(2) 프리 드라이

블로우 드라이 시술 전에 표현하고자 하는 헤어스타일의 형성이 쉽도록 손이나 하프라운드 브러시를 이용하여 모발의 방향성 및 모류 조절과 함께 볼륨을 형성하여 건조하는 작업이다.

(3) 내추럴 드라이

타월 드라이 후 무스, 에센스 등의 제품을 도포한 후 손가락을 이용하여 드라이어로 자연스럽게 건조하면서 헤어스타일을 연출하는 방법이다.

5) 블로우 드라이어 및 도구 사용방법

(1) 블로우 드라이어(blow dryer) 사용방법

블로우 드라이어는 핸들과 노즐, 팬, 모터, 발열기, 바람 조절기로 구성되어 있으며 드라이어 안의 팬 회전으로 바람이 형성되는 구조로서 열풍, 온풍, 냉풍의 스위치 변환 조작으로 원하는 헤어스타일을 할 수 있다. 특히 드라이어는 모터 소리가 크지 않고 가볍고 작동이 간편하여야 효과적으로 작업을 할 수 있다.

- 손잡이 부분을 잡고 시술할 경우는 웨이브 또는 컬을 형성시킬 수 있다.
- 디자이너와 고객과의 거리는 25~30cm 정도를 유지한다.
- 정확한 각도로 컬의 방향과 형태를 표현할 수 있다.
- 모발에 드라이어의 노즐 부분을 바짝 붙이면 모발을 손상시킬 수 있다.
- 직접적으로 열이 두피에 닿지 않도록 드라이어를 두피 가까이 붙이지 않도록 한다.

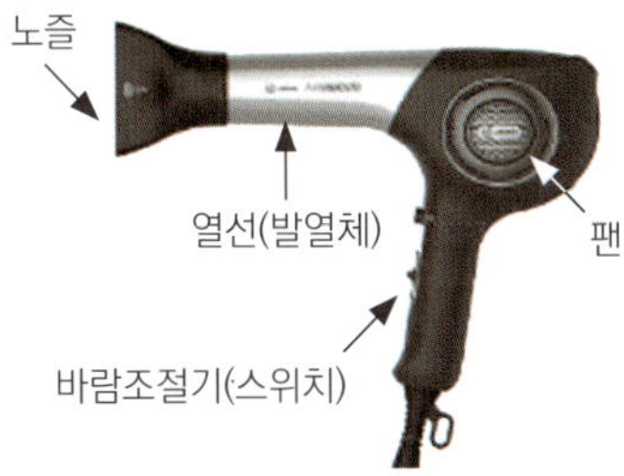

브러시는 재질과 형태에 따라 그 종류가 다양하므로 모발의 길이나 시술하고자 하는 헤어스타일에 따라서 적절한 브러시를 선택하여야 한다.

(2) 브러시 종류

① 롤 브러시(라운드 브러시)

롤 브러시는 웨이브와 컬을 연출하기에 적합한 브러시로 라운드 형태로 빗살이 위치하고 있으며 모발에 윤기를 주고자할 때 사용한다.

크기는 대·중·소로 구분할 수 있으며 모발 길이와 웨이브 크기에 따라 적절한 크기의 브러시를 선택하여 사용하여야 한다. 특히, 두피 쪽 모발에 볼륨을 형성하거나 모발 끝부분에 컬을 연출하기에 적합하며 소재에 따라 돈모, 나일론모, 혼합모 등이 있다.

② 하프 라운드 브러시

하프 라운드 브러시는 반원 형태로 빗살이 위치하고 있다. 모발에 볼륨을 주거나 가볍게 펴주는 시술에 적합하다. 쇼트, 미디움 길이의 모발에 텐션과 윤기를 부여하고 빠른 시간에 커트라인을 돋보이게 연출할 때 적합하다. 종류로는 덴멘, 쿠션, 스켈레톤 브러시가 있다.

롤브러시

하프 라운드 브러시

③ 금속성 브러시

금속성 브러시는 금속성 알루미늄으로 제작되어 높은 열전도율로 빠른 세팅에 효과적이다. 그러나 열 조절을 잘못하면 브러시의 과열로 두피, 모발에 손상을 입거나 원하는 헤어스타일 연출이 어렵다.

④ 에스자형 브러시

에스자형 브러시는 몸체가 S자의 형태로 휘어져 있다. 다양한 형태의 여성 헤어스타일에 자연스러운 볼륨을 부여하거나 모발 끝에 방향성을 주고자 할 때 사용한다.

금속성 브러시

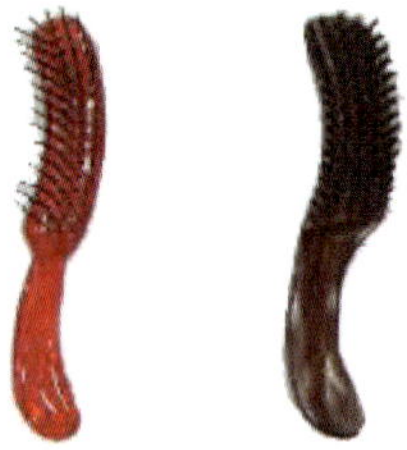

에스자형 브러시

(3) 브러시 사용법

롤 브러시를 사용은 손가락의 힘을 균등하게 분배한다. 블로우 드라이를 시술할 때 롤 브러시를 회전하기에 용이하도록 엄지와 검지로 가볍게 잡은 뒤 나머지 손가락을 안착시킨다. 호리존탈 섹션으로 시술할 경우는 섹션과 브러시가 수평으로 되도록 하고 버티컬 섹션으로 시술할 경우에는 수직으로 시술한다.

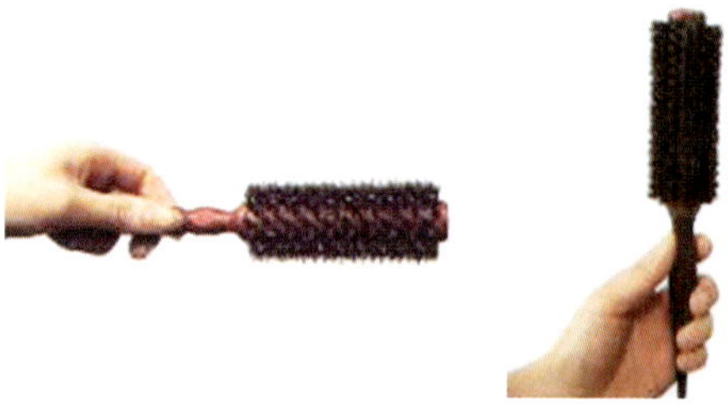

6) 블로우 드라이 시술 시 유의사항

① 고객의 얼굴형, 연령, 모발 길이, 사용 도구, 원하는 헤어스타일 등에 따라 브러시의 크기와 직경, 베이스의 넓이와 직경, 각도와 뷸륨, 드라이어 바람의 방향, 속도, 텐션, 온도 등을 고려한다.

② 고객의 피부에 직접 닿는 열풍방지와 시술 시 피탈된 모발이나 기타 이물질로부터 의복을 보호하기 위해 어깨보를 사용한다.

③ 드라이 시술 전 반드시 고객의 모발을 샴푸하여 때나 먼지, 과다한 유분기를 제거하고 샴푸제와 린스 또는 트리트먼트제를 깨끗이 헹군다.

④ 샴푸 후 가볍게 타올 드라이 한 후 프리 드라이로 약 70% 정도의 수분을 건조시켜야 한다. 약 30%의 수분이 남아있는 상태에서 스타일링 드라이를 시작한다. 만약 샴푸를 하지 않고 시술할 경우 물이나 헤어 제품으로 수분을 공급하여준다.

⑤ 시술자는 어깨넓이 정도로 양발을 벌리고 한쪽 발을 약간 앞으로 내민다. 팔의 높이를 어깨보다 낮게 한다.

⑥ 시술자와 고객 간 거리는 25~30 cm 정도의 적당한 간격을 유지하며 시술자의 가슴높이에 고객 머리를 위치시킨다.

⑦ 드라이어는 브러시에서 약 0.5~1 cm 정도 띄워서 열풍을 가해야 모발의 손상을 줄일 수 있다.

⑧ 블로우 드라이 시술은 열풍을 같은자리에 지속적으로 가하면 열이 분산되어 모발에 윤기를 줄 수 없어 매끄럽고 아름다운 스타일을 완성할 수 없다. 수분은 30% 이내로 하여 블로우드라이 시술을 하는 것이 바람직하다.

⑨ 손상된 모발은 정상모발보다 약 1.5~2배 정도 높은 열풍을 가하는 것이 효과적이다. 하지만 매끈함이 없다고 장시간 열을 가하게 되면 손상을 더욱 손상된다.

⑩ 드라이어 전선이 고객의 얼굴, 어깨 등의 신체에 직접적으로 닿을 경우 고객이 불쾌감을 느낄 수 있으므로 주의하여야 한다.

⑪ 고객의 두피에 열이 직접 닿게 되면 두피가 건조해지고, 화상의 우려가 있기 때문에 시술자는 항상 주의하여야 한다.

2. 아이론

학습목표

- 아이론의 정의를 설명할 수 있다.
- 아이론의 종류와 시술영역을 설명할 수 있다.

1) 아이론의 정의

아이론은 마른 모발에 웨이브와 스트레이트 등의 헤어스타일 연출을 위한 테크닉이다. 아이론은 블로우 드라이와 마찬가지로 업스타일 위한 사전작업과 커트 및 화학적 시술 후 마무리 단계에서 완성도를 높여주는 스타일링 방법이며 고객의 요구와 시술 목적에 적합한 디자인을 빠르고 쉽게 연출한다. 현재는 기구의 발달로 건조한 모발 외에 수분이 약간 있는 모발도 사용가능한 제품이 출시되고 있다.

우리나라는 60년대 산업의 발달과 함께 여성의 사회활동이 활발해지면서 1875년 마셀 그라또우(Marcel Gurateau)가 발표한 마셀 웨이브를 시술하였으며 아이론을 직접 열에 달구어서 사용하는 방식이었다. 이후, 80년대 들어서 블로우 드라이와 병행 시술하고 있으며 아이론(iron)은 점차적으로 전기 가열을 하는 플랫 아이론(flat iron)과 라운드 아이론(round iron), 트라이앵글 아이론(triangle iron)으로 확대 사용하고 있다.

2) 아이론 시술의 형성원리

아이론은 열판의 형태에 따라 원형 아이론과 플랫 아이론 두 종류로 분류되어진다. 아이론 시술 시 적정 온도는 120~140℃이며 고객의 모발 상태와 시술하고자 하는 헤어스타일에 따라 온도 조절을 한다. 원형아이론은 동그란 쇠막대 부분인 프롱과 프롱 핸들, 프롱을 감싸는 그루브와 그루브 핸들로 이루어져 있으며 프롱의 직경에 따라 웨이브의 굵기가 달라진다.

3) 아이론의 구조 및 사용방법

아이론은 쇠막대기 부분인 프롱과 홈 부분인 그루브와 손잡이로 구성되어 있다.

① 프롱(쇠막대기 부분): 위에서 누르는 작용

② 그루브(홈 부분): 웨이브를 고정시키는 작용

③ 핸들(손잡이): 아이론을 잡을 때는 프롱(prong)은 위로, 그루브(groove)는 아래로 놓여지도록 잡으며 사용온도는 120~140℃ 열이 과열되었을 때 핸들의 한 쪽을 잡고 여러 번 회전시키면서 식힌다. 아이론의 회전각도는 45도이다.

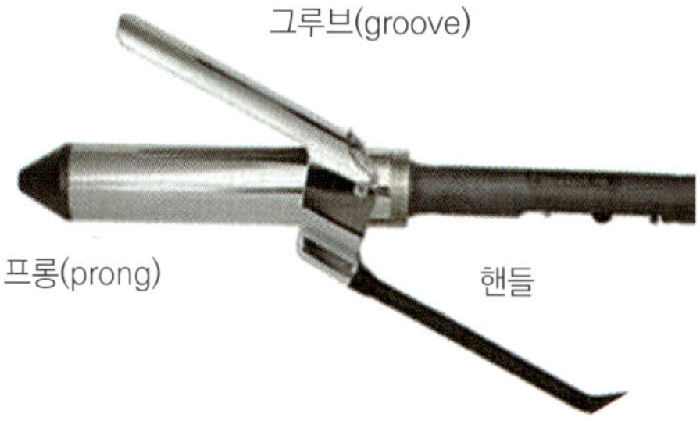

아이론의 구조

원형 아이론의 직경은 6~35mm까지 다양하며 주로 컬이나 웨이브를 연출할 때 사용한다. 프롱의 직경은 웨이브의 형태와 직접적인 관계가 있어 모발의 길이와 원하는 웨이브 형태에 따라 프롱의 직경을 선택하여 사용한다.

플랫 아이론은 열판의 넓이에 따라 대·중·소로 나눌 수 있고 모발 길이에 따라 적합한 사이즈를 선택하여 사용하여야 한다. 종류는 플랫과 같은 일자형과, 트라이앵글 아이론이나 물결 아이론처럼 열판이 울룩불룩한 파형이 있다.

4) 아이론의 종류와 기능

아이론은 전기로 작동되는 전열식과 열에 달구어 사용하는 화열식으로 나눈다. 아이론은 형태적으로 원형 아이론, 프레싱 아이론으로 분류할 수 있으며, 프레싱 아이론은 플랫 아이론, 트라이앵글 아이론, 물결아이론 등이 있다.

(1) 원형 아이론

원형 아이론은 프롱의 직경이 6~35mm까지 다양하며, 아이론의 직경에 따라 다른 크기의 웨이브가 형성되므로 헤어스타일의 디자인에 따라 적절한 아이론을 선택하여 시술한다.

- 소형 아이론: 프롱의 직경 6~15 mm 정도
- 중형 아이론: 프롱의 직경 16~20 mm 정도
- 대형 아이론: 프롱의 직경 22~35 mm 정도

(2) 프레싱 아이론

프레싱 아이론(pressing iron)은 압착식 아이론으로 열판의 형태에 따라 트라이앵글, 물결, 플랫 아이론 등으로 나뉜다.

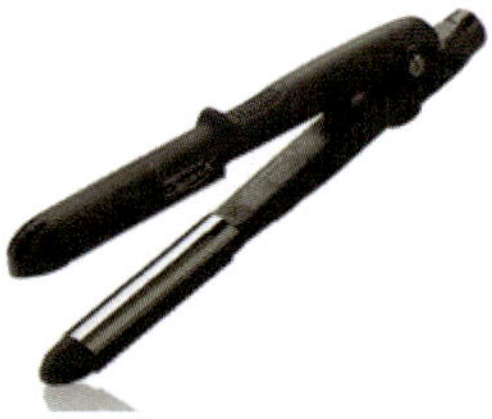

• 트라이앵글 아이론
: 열판이 삼각형의 형태로 두피 쪽의 볼륨과 함께 강한 웨이브 연출

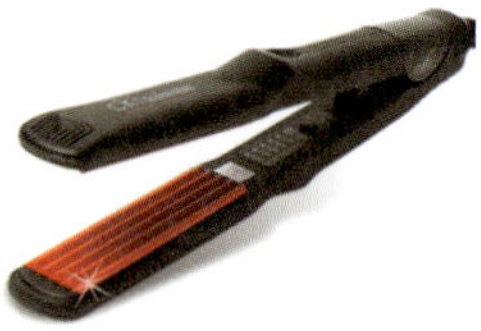

• 물결 아이론
: 열판이 물결모양의 형태로 롱 헤어와 미디움 헤어스타일에 물결모양 웨이브를 형성

• 플랫 아이론
: 플랫 아이론은 대·중·소의 크기로 나눌 수 있고, 크기에 다라 웨이브 연출이 가능하며 모발 길이에 따라 플랫 아이론을 선택하여 스트레이트를 할 수 있다.

5) 아이론의 유의사항

① 고객의 얼굴형, 연령, 모발 길이, 사용 도구, 원하는 헤어스타일 등에 따라 아이론의 크기와 직경, 베이스의 넓이와 직경, 각도와 볼륨, 텐션, 온도 등을 고려한다.
② 샴푸 후 반드시 드라이어로 건조한 후 아이론 시술을 하여야 모발손상을 줄일 수 있다. 만약 젖은 모발에 시술할 경우 수분에 의해 늘어난 상태에서 모발을 더 당겨주기 때문에 손상이 극대화된다.
③ 아이론 시술 시 열에 의한 모발의 단백질 파괴 및 멜라닌 색소의 변형 등의 손상예방을 위해 헤어로션 또는 에센스를 도포한 후 시술한다.
④ 아이론의 온도는 120~140℃가 적당하다. 그러나 모발 손상도에 따라 열 조절이 필요하다. 화열식 아이론은 마른 티슈를 집었을 때 갈변하면 과열 상태이므로 아이론의 핸들을 잡고 회전시키면서 열을 식혀 준다.
⑤ 아이론의 열에 의한 두피 화상에 주의하여야 한다.
⑥ 아이론의 프롱과 그루브 부분에 이물질이 있는지 확인, 제거 후 시술한다.
⑦ 젖은 손으로 콘센트 플러그를 만지는 등 감전사고에 주의하여야 한다.

3. 볼륨의 형태

볼륨은 전체적인 헤어스타일의 실루엣을 결정하는 중요한 요소이다. 인덴테이션(indentation)은 오목하게 빈 공간의 깊이를 뜻하며 볼륨과 대조를 이루는 부분이며 볼륨과 인덴테이션은 곡선과 직선 모양에 적용된다.

1) 곡선 볼륨

곡선 볼륨은 모근 쪽에서 볼륨을 형성하여 모간부가 S의 형태로 나타나며, 모근 쪽에 인덴테이션이 형성된다. 모근 쪽에 가장 높은 부피감의 볼륨을 형성으로 빈 공간이 생기고 모발의 중간 부분에 자연스러운 S컬이 형성되었다가 모발 끝은 바깥으로 향하여 곡선형태를 이룬다.

곡선 볼륨은 롱 헤어의 경우 인덴테이션이 받게 되는 하중이 커서 깊이감이 잘 형성되지 않기 때문에 미디움 길이의 헤어스타일에 적합하다.

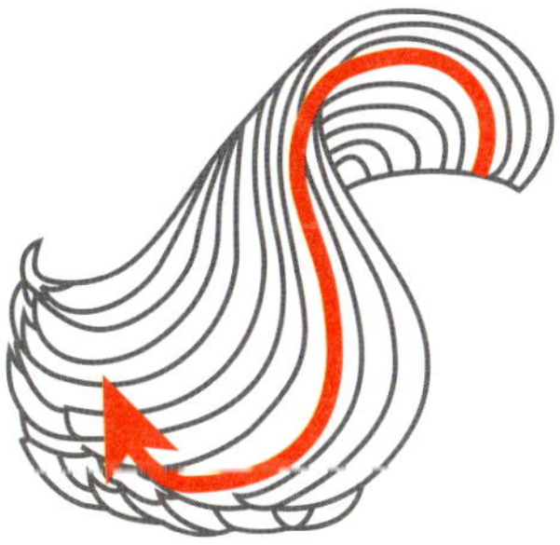

2) 직선 볼륨

직선 볼륨은 곡선 볼륨에 비해 비교적 완만한 형태의 볼륨이다. 모근 쪽에 볼륨을 형성하고 나머지 모간부는 자연스럽게 펴주듯이 연결한다. 모발 끝부분을 스트레이트로 펴주거나 인컬 또는 아웃컬로 시술한다.

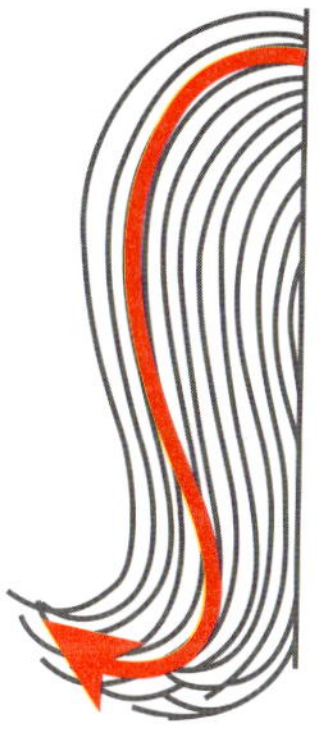

1) 컬의 상태에 따른 분류

(1) 스탠드업 컬(stand up curl)

스탠드업 컬은 볼륨감을 형성시키기 위한 컬로 두피에서 90° 각도로 루프(loop) 세워진 형태로 볼륨감이 형성된다.

(2) 플랫 컬(flat curl)

플랫컬은 루프가 두피와 0°로 두피에 편평한 형태로 누워있는 컬을 말한다. 볼륨감이 형성되지 않으므로 모발이 가늘고 모량이 적은 사람에게는 피하는 것이 좋고, 모량이 많은 사람에게 적합한 컬링 방법이다.

(3) 포워드 컬(foward curl)

포워드 컬은 루프의 방향이 귓바퀴 방향으로 와인딩되어 있는 형태이다. 즉, 모발이 얼굴 방향을 향함으로 얼굴형이 갸름해 보이는 효과를 줄 수 있다.

(4) 리버스 컬(reverse curl)

리버스 컬은 루프의 방향이 귓바퀴 반대방향으로 와인딩되어 있는 형태이다. 모발이 얼굴 반대방향으로 향해 있다.

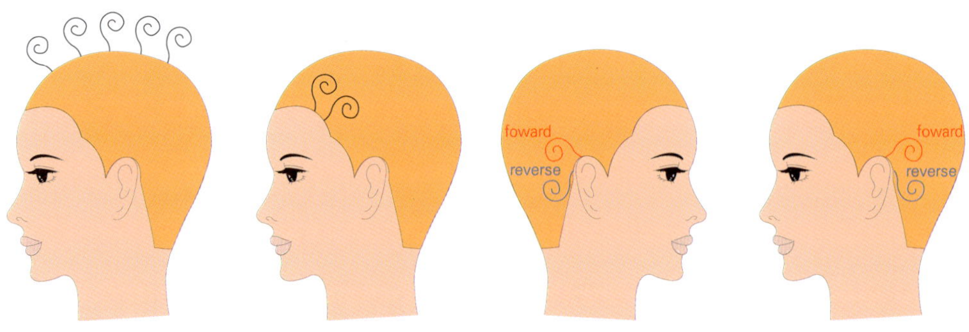

〈스탠드 업 컬〉 〈플랫 컬〉 〈포워드 컬, 리버스 컬〉

2) 섹션 방향에 따른 웨이브의 구분

(1) 호리존탈 웨이브(horizontal wave)

호리존탈 웨이브는 베이스와 브러시 모두 수평으로 하여 시술하는 것으로, 웨이브의 릿지가 수평의 형태로 나타난다.

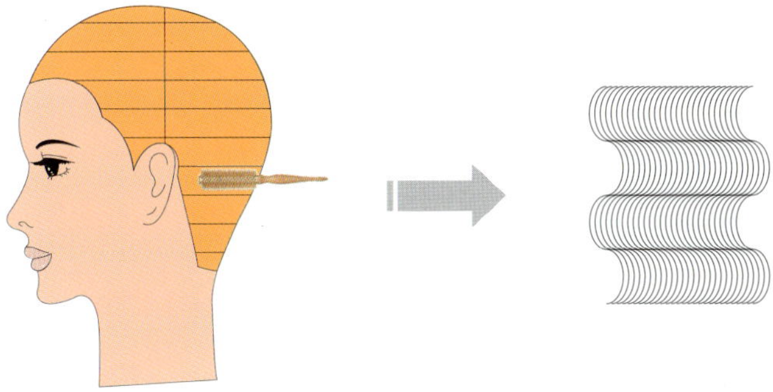

(2) 버티컬 웨이브(vertical wave)

버티컬 웨이브는 베이스와 브러시 모두 세로의 형태로 시술하게 되며 릿지의 형태가 수직으로 나타난다.

버티컬 웨이브를 중력의 방향으로 수직선상에 그대로 떨어뜨리면 포워드 컬이나 리버스 컬과 같은 형태를 나타낼 수 있으며, 가로로 고정 시키면 오른쪽 그림과 같이 물결치는 듯한 형태의 웨이브가 형성된다.

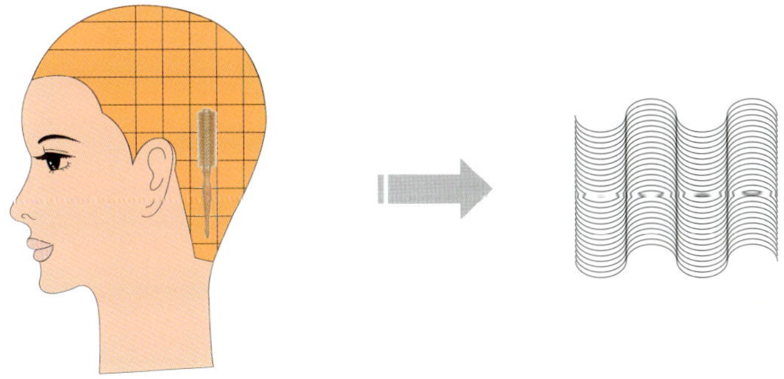

(3) 다이애거널 웨이브(diagonal wave)

다이애거널 웨이브는 베이스와 브러시가 대각선으로 시술하게 되며 웨이브의 릿지 또한 사선으로 표현된다.

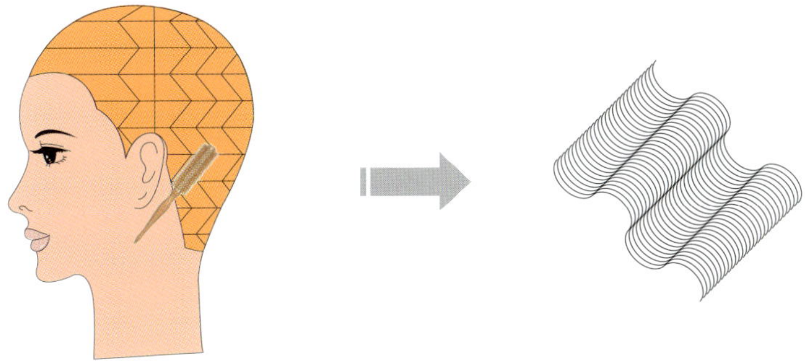

요 점 정 리

1. 블로우 드라이는 바람이 불다의 "블로우(blow)"와 건조라는 의미인 "드라이(dry)"의 합성어이다. 즉, 드라이어의 열과 바람을 이용한 모발건조와 브러시를 이용한 헤어스타일을 완성하는 것을 말한다.

2. 블로우 드라이는 수소결합의 절단과 재결합의 원리를 이용한 것이며 건조한 모발은 열에 강하지만 젖은 모발의 경우 열에 의해 쉽게 손상된다. 모발 내에 수소결합은 수분에 의해 절단되고 수분이 증발하면서 다시 재결합된다.

3. 블로우 드라이어의 경우 90℃ 정도의 온도가 적당하고, 아이론의 경우 적정온도는 120~140℃ 정도의 온도가 적당하며, 전기 세트 롤의 경우 130~140℃의 온도가 적당하지만 모발 상태에 따라서 적정 온도 조절이 필요하다.

4. 블로우 드라이어는 핸들과 노즐, 팬, 모터, 발열기, 바람 조절기로 구성되어 있으며 드라이어 안의 팬 회전으로 바람이 형성되는 구조로서 열풍, 온풍, 냉풍의 스위치 변환 조작으로 원하는 헤어스타일을 할 수 있다.

5. 아이론은 마른 모발에 웨이브와 스트레이트 등의 헤어스타일 연출을 위한 테크닉이다. 아이론은 블로우 드라이와 마찬가지로 업스타일 위한 사전작업과 커트 및 화학적 시술 후 마무리 단계에서 완성도를 높여주는 스타일링 방법이며 고객의 요구와 시술 목적에 적합한 디자인을 빠르고 쉽게 연출한다.

6. 샴푸 후 반드시 드라이어로 건조한 후 아이론 시술을 하여야 모발손상을 줄일 수 있다. 만약 젖은 모발에 시술할 경우 수분에 의해 늘어난 상태에서 모발을 더 당겨주기 때문에 손상이 극대화된다.

7. 아이론 시술 시 열에 의한 모발의 단백질 파괴 및 멜라닌 색소의 변형 등의 손상예방을 위해 헤어로션 또는 에센스를 도포한 후 시술한다.

8. 아이론의 온도는 120~140℃가 적당하다. 그러나 모발 손상도에 따라 열 조절이 필요하다. 화열식 아이론은 마른 티슈를 집었을 때 갈변하면 과열 상태이므로 아이론의 핸들을 잡고 회전시키면서 열을 식혀 준다.

단원 문제

1. 블로우 드라이는 ( ), ( )을 이용한 모발건조와 브러시를 이용한 헤어스타일을 완성하는 것을 말한다.

2. 헤어 드라이어의 설명 중 틀린 것은?

① 젖은 모발을 빨리 건조시킨다.
② 두발의 수분을 제거하여 두발을 건조하게 한다.
③ 피부의 지각신경을 자극하여 혈액이나 임파의 순환을 좋게 한다.
④ 젖은 모발보다 마른 모발에 시술하는 것이 윤기가 더 난다.

3. 블로우드라이의 원리에서 가장 밀접한 모발의 결합은 무엇인가?

① 수소결합 ② 시스틴결합 ③ 주쇄결합 ④ 염결합

4. 건강모일 경우 아이론의 적정온도는?

① 80~100℃
② 100~120℃
③ 120~140℃
④ 140~160℃

5. 베이스와 브러시 모두 세로의 형태로 시술하는 ( )는 릿지의 형태가 ( )이다.

6. 베이스와 브러시가 대각선으로 시술하며, 웨이브의 릿지 또한 사선으로 표현되는 것은?

7. 블로우드라이어의 적정 온도는?

정답

1. 열, 바람
2. ④
3. ①
4. ③
5. 버티컬웨이브, 수직
6. 다이애거널웨이브
7. 90°

참고문헌

고경숙, 윤복연(2009), 스캘프 헤어 샴푸 & 컨디셔닝, 훈민사

고경숙, 윤복연(2010), 최신 두피·모발관리학, 청구문화사

고경숙 외(2018), Basic & creative up-style, 청구문화사

지정훈, 장지연(2020), Basic hair permanent wave, 청구문화사

고경숙, 강정희(2019), 헤어미용교과교육론, 훈민사

찾아보기

INDEX

헤어미용학

2023년 09월 01일 초판인쇄
2023년 09월 10일 초판발행

지은이 : 장지연·서선민
펴낸이 : 이상태
펴낸곳 : 청구문화사
(03706) 서울특별시 서대문구 성산로11길 15
전 화 : 02-332-0541(代) FAX : 02-337-9577
등 록 : 1990년 11월 2일 제9-247호

가격 35,000원

ISBN 978-89-5616-917-0 93590